JN032545

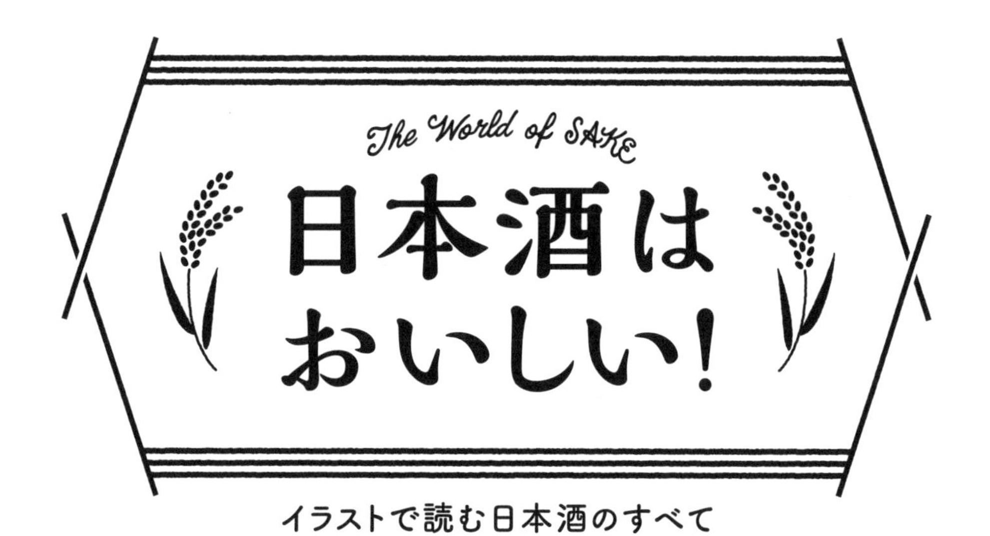

イラストで読む日本酒のすべて

清酒 商標
登録 商標
會津
ほまれ
芳醇無比
ほまれ酒造
登録 商標
奥の松
名聲布四海
奥の松酒造
登録
天下壹品
大七 吟醸
商標
登録 商標
七笑
笑門來福神
謹醸
登録 商標
大雪渓
清酒
長野県北安曇郡池田町大字会染
大雪渓酒造株式会社
登録
陶然として自ら楽しむ
宮坂醸造
MAI
静岡極みの酒
登録 商標
開運
縁起清酒
芳醇無比
土井酒造
登録 商標
久寿玉
酒國有長春
平瀬酒造
飛騨の酒
長壽比南山
商標
清酒
登録 商標
菊花
天長
天長島村酒造株式会社
登録 商標
世界一統
醇精保國粋
極味満點
芳味冠古今
醸造
逸品
かんきこう

はじめに

大吟醸酒か純米酒か。冷やで飲むかお燗してみるか。スパークリング、熟成酒、最近はクラフトサケなんていうのもある。たくさんの酒から、何を選んで、どう楽しむか。

現在、日本酒は進化の頂点にあるといわれている。そして、さらにおいしく、多様で、楽しい飲み物に変貌しようとしている。創業100年以上はざらの老舗酒蔵が、江戸時代に確立したといわれる伝統の酒造りを守り続け、先鋭的造り手たちが失われつつあったいにしえの醸造法や酒米を復活させる。

その一方で、最新のサイエンスを酒造りに採り入れ、ワインやクラフトビールからもヒントを得て、海外にまで醸造拠点や販路を拡大しつつある蔵もある。
尊いルーツへの大いなるリスペクトを中心に据えながら、どんな飲み物よりも現代的、かつ未来的な進化を遂げようとしているのが日本酒だ。

日本酒の楽しみ方は自由。何もわからなければ、レコードを選ぶように「ジャケ買い」だって楽しい。とはいえ、知れば知るほど、自分が飲みたい銘柄がはっきりとし、どんどんおいしさがわかり、沼のようにハマり、面白くなっていくのも真実だ。
本書は、知っておくべき基礎知識にプラスして、ちょっとマニアックな話題も随所にちりばめ、できるだけ最先端の事情を網羅することで、多くの人が日本酒に興味を持ち、「日本酒愛」を抱いてくれるような一冊を目指した。

さあ本書を片手に、最高に興味深く、おいしい日本酒の世界へ!

目次

Chapter 1

007 **日本酒とは何か？**

009 アルコール飲料全体の中の日本酒
010 日本酒の定義は？
012 造り方による日本酒の分類
013 純米酒・吟醸酒・本醸造酒
014 精米歩合とは？
015 特定名称酒の8分類
016 酒母の造り方による分類
017 速醸酛と生酛系酒母
018 山卸と山廃酛
019 搾り方による分類
020 槽で搾った順番による分類
021 おり引きと濾過
022 火入れや加水による分類
023 COLUMN 火入れとパスチャライゼーション
024 そのほかの製法による分類 ①スパークリング日本酒
025 そのほかの製法による分類 ②貴醸酒
026 そのほかの製法による分類 ③熟成古酒
027 COLUMN 「歴史的などぶろく」と「新しいどぶろく」
028 原料米に注目しよう
030 麹に注目しよう
032 酵母に注目しよう
033 酵母のいろいろ
034 業界の新潮流に注目しよう
036 ラベルをよく読んでみる
038 COLUMN 蔵元の妻が手がけるラベルデザイン

Chapter 2

039 **日本酒ニューワールド**

040 地図で見る世界のSAKE
042 海外での酒造り Q＆A
044 世界の蔵 ①from USA ＜ブルックリンクラ＞
046 世界の蔵 ②from France ＜昇涙酒造＞
048 世界の蔵 ③from France ＜KURA GRAND PARIS＞
050 海外でのSAKEの歴史 ―年表編―
052 海外でのSAKEの歴史 ―トピックス編―
054 データで見る日本酒輸出事情
056 日本酒の輸出にまつわる動き
057 日本酒普及の背景 ①教育のひろがり
058 日本酒普及の背景 ②ペアリングの提案
060 COLUMN 拡張する「SAKE」たち

Chapter 3

061 **日本酒を造る**

062 日本酒の造り方 ①原料処理
063 日本酒の造り方 ②製麹（せいぎく）
064 日本酒の造り方 ③酒母
065 日本酒の造り方 ④醪（もろみ）
066 日本酒の造り方 ⑤上槽（じょうそう）
067 日本酒の造り方 ⑥火入れ・出荷管理
068 日本酒の造り方 フローチャートで解説
070 日本酒造りのリーダー「杜氏（とうじ）」
071 杜氏のなりたち

072 杜氏集団と杜氏組合

073 全国杜氏マップ

074 杜氏を中心とした蔵人の組織

075 変わりゆく杜氏の存在

076 杜氏への道のり

077 COLUMN 「杜氏」にとって必要なもの

078 都道府県別の蔵数と各地の特色

080 酒屋万流 その1 ＜剣菱酒造＞

082 酒屋万流 その2 ＜新政酒造＞

084 酒屋万流 その3 ＜大七酒造＞

086 酒屋万流 その4 ＜美吉野醸造＞

088 酒屋万流 その5 ＜高嶋酒造＞

089 酒屋万流 その6 ＜今田酒造本店＞

090 酒屋万流 その7 ＜土田酒造＞

091 酒屋万流 その8 ＜高澤酒造場＞

092 新たに蔵をつくるには?

093 進化するどぶろく

094 新しい潮流、クラフトサケとは?

095 地図で見るクラフトサケ醸造所

096 クラフトサケをもっと知ろう

098 柔軟な発想で風土を醸すクラフトサケ
＜稲とアガベ醸造所＞

100 COLUMN SAKE HOME BREWING
日本酒の自家醸造について考える

Chapter 4

101 日本酒の味わい方

102 好きを見つけるテイスティングの心得

103 「見る・嗅ぐ・味わう・記録する」
テイスティングの4ステップ

104 情報の宝庫、香りを嗅いでみよう

105 日本酒のフレーバーホイールと香りの由来

108 日本酒の味覚について知る

109 日本酒を構成する4つの味
(甘味・酸味・うま味・苦味)

COLUMN 日本酒における甘口と辛口

110 日本酒のタイプを知る
(フルーティ・熟成・軽快・コク)

111 料理と合わせる基本的なポイント

112 4つのタイプ別相性のいい料理

114 COLUMN スペシャリストが広げる、
日本酒ペアリングの可能性

115 季節や行事で楽しむ様々な日本酒

116 自分がおいしいと思う温度を見つけよう

117 様々な方法で自分の好きなお燗を試してみよう

119 たしなみ方が見えてくる酒器の世界

120 日本酒を飲むうつわ

121 日本酒を注ぐうつわ・運ぶうつわ

122 COLUMN 「鳥獣戯画」に登場する銚子は
銚子ではない!?

123 広く使われる徳利

124 そのほかの様々なうつわ

126 COLUMN 意見が分かれる「もっきり」という飲み方

COLUMN 「正一合」って何？　酒の単位とうつわの話

127 日本酒を保管するには

128 日本酒を評価する

COLUMN かつて鑑評会を席巻した「YK35」

130 日本酒の資格を取る

Chapter 5

131 **日本酒の歴史**

132 米から造る酒の始まり —紀元前〜8世紀—
134 COLUMN 日本の麹とアジアの麹
136 宮廷で酒が造られた時代 —9〜13世紀—
138 寺院で酒が造られた時代 —14〜16世紀—
140 南都諸白 5つの技術革新
142 寒造りの始まりと下り酒 —江戸時代—
144 灘酒の大ブーム —江戸時代—
146 幕府の酒造政策 —江戸時代—
147 COLUMN 『山海名産図会』に見る江戸の酒造り
148 COLUMN 江戸の居酒屋
150 新時代の幕開けと日本酒の変容 —明治時代—
152 日本酒と近代科学の出合い —明治時代—
154 大震災と戦時下の日本酒 —大正・昭和時代—
156 四季醸造とナショナルブランド —戦後から高度成長期へ—
158 進化・多様化・国際化する日本酒 —1970年代〜現代—
160 日本酒年表
164 COLUMN 「酒博士」坂口謹一郎

Chapter 6

165 **日本酒ウェルビーイング**

166 ウェルビーイング(Well-being)で日本酒を考える
168 清酒・酒粕と健康
170 米糠と酒粕について
172 米糠と酒粕の取り組み
174 日本人と日本酒と「酔い」の文化
177 COLUMN 前割り燗を飲みながら音楽を楽しむ
COLUMN 「酩酊」と「恍惚」にこだわった学者、吉田集而
178 日本酒とローカル
182 日本酒イベント
184 索引
190 参考文献

記事構成
ワダヨシ：Chapter 1、3、5、6
浅井直子：Chapter 2、3、4

Chapter

1

日本酒とは何か？

What's Sake?

日本酒とは何か

まずはじめに、世界中の人々がたしなんでいる
アルコール飲料全体の分類の中で、
日本酒がどんな位置づけか、見てみよう。

アルコール飲料全体の中の日本酒

アルコール飲料の3大分類のうち、蒸留酒や混成酒ではなく醸造酒に含まれ、米を原料とし、日本で造られ、さらに一定の条件を満たしたものが日本酒だ。

アルコール飲料

醸造酒

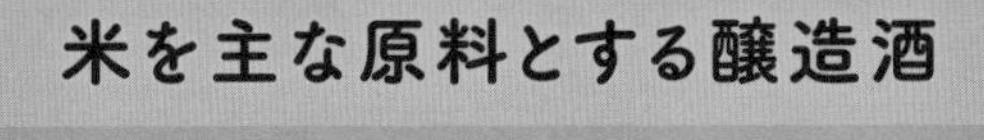

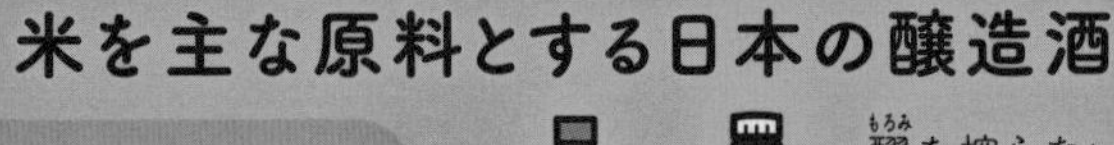

日本酒

醪(もろみ)を搾らない、副原料を添加する、掛米(かけまい)を加えず麹だけで造るなど、日本酒の定義から外れるものもある。

米を主な原料とする日本以外の醸造酒

韓国のマッコリ、中国の黄酒(ファンジョウ)（紹興酒が含まれる）などは米を主な原料とする醸造酒。ほかにも、ネパールのチャン、タイのサトーなど、東アジア～東南アジア～インド亜大陸の東部にかけて、米から造る濁酒の類は数多い。

米以外を主な原料とする醸造酒

ビール（大麦）、ワイン（ブドウ）、シードル／サイダー（リンゴ）、ミード（ハチミツ）、チチャ（トウモロコシ）など。芋から造った醸造酒もある。

蒸留酒

蒸留でアルコール度数を高めたもの。焼酎、ウイスキー、ウォッカなど。

混成酒

醸造酒や蒸留酒に果実、ハーブ、香辛料などを配合したもの。梅酒、サングリア、ベルモットなど。

日本酒の定義は？

日本酒と、ほぼ同じものを指す語に「清酒」と「SAKE（サケ）」がある。
いずれの語もほぼ同義ではあるが、法令上の定義や、語のニュアンスにおいて、
それぞれ違いがある。3つの呼び名が意味するところを知ろう。

― 清酒 ―

先に「清酒」という語について見ていこう。本来の意味は「澄んだ酒」であり、「濁酒」の対概念だ。酒税法においては「日本酒」ではなく「清酒」の定義が、以下の通り記されており、これを製造するには国の発行する清酒製造免許が必要になる。この免許のもとで酒を製造しているのが、いわゆる「日本酒の蔵」である。

- 米、米麹及び水を原料として発酵させて、こしたもの。
- 米、米麹、水及び清酒粕（かす）、そのほか政令で定める物品を原料として発酵させて、こしたもの。
- 清酒に清酒粕を加えて、こしたもの。
- 上記のいずれもアルコール度数は22度未満でなければならない。

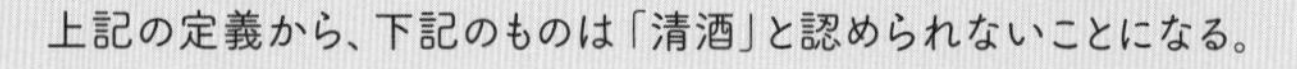
上記の定義から、下記のものは「清酒」と認められないことになる。

- 定められたもの以外の副原料を使用。
- こしていない濁酒。
- 米（掛米）を使用せず、米麹だけ（全麹）で造ったもの。
- アルコール度数22度以上。

…など

― 日本酒 ―

かつて「清酒」と「日本酒」は法令上も同義語として認識されていた。ところが、WTO（世界貿易機関）の協定が認める知的財産権のひとつ、地理的表示（GI）として「GI日本酒」が指定、保護された2015年以降は「清酒」のうち、日本産米を原料とし、日本国内で製造されたものしか「日本酒」と名乗れなくなった。

上記から、下記のものは「日本酒」と認められないことになる。

- 清酒であっても、海外産米を原料とするもの。
- 清酒であっても、海外で製造されたもの。

― SAKE（サケ） ―

「清酒」と「日本酒」の定義があるにもかかわらず、海外では「SAKE」という呼称が一般的だ。欧州で発祥したブドウの醸造酒＝ワインに類する存在として、日本の伝統的な米の醸造酒が「SAKE」の名ですでに浸透していることが、その背景にある。また、日本酒（NIHONSHU）が外国人には発音しづらいという理由もあるようだ。

国税庁と日本酒造組合中央会による資料「『清酒』と『日本酒』について」では、「『清酒』（SAKE）とは、海外産も含め、米、米こうじ及び水を主な原料として発酵させてこしたものを広くいいます」と表記され、SAKE＝清酒とされるが、文脈によって日本の米の醸造酒が広く「SAKE」と表現される場合もある。

本書では、酒税法と地理的表示（GI）で定義される「日本酒」を中心に、海外で製造されている「清酒」や、また「清酒」の定義から外れるけれど日本の米の酒の伝統に根ざすと考えられる「どぶろく」や「クラフトサケ」なども、広い意味で「日本酒文化」に属する飲み物と考え、紹介していくことにする。まずは次ページから、清酒の分類のひとつである「特定名称」について解説しよう。

それでは、長く豊かな伝統と、食文化の未来を感じさせる日本酒の世界を、次ページからたっぷり堪能しよう！

造り方による日本酒の分類

本Chapterでは、日本酒を選んだり購入したりする際、知っておくべき日本酒の分類を解説しよう。ラベルを見て（p36-37）、原材料や、造り方がわかれば、だいたいの分類ができ、味わいも予想できる。p62からの「日本酒の造り方」とあわせて読めば、より理解が深まるはずだ。

純米酒／吟醸酒／本醸造酒などの分類

「純米大吟醸」などの表記は何を意味するのか？ また、表記の違いで味わいにはどんな違いがあるのか？
（p13～15）

酒母の造り方による分類

蒸米・米麹・水を混ぜ合わせ、酒造りに必要な微生物を育てたものが酒母。「生酛」「山廃」などの表記は、この酒母がどのように造られたのかを表している。
（p16～18）

上槽（じょうそう）／濾過による分類

米や麹が溶けた粥状の「醪」を搾ると日本酒になる。その工程は「上槽」と呼ばれ日本酒の味わいに大きな影響を与える。また「濾過」のし方もポイントだ。
（p19～21）

火入れや加水による分類

酒造りの後半に行われる「火入れ」や「加水」。これを行うか、行わないか、どんなふうに行うかでも、日本酒の性格は大きく変わる。
（p22～23）

ラベルを見れば原料と造り方がわかる

どんな日本酒か分類でき味わいも予想できる

純米酒・吟醸酒・本醸造酒

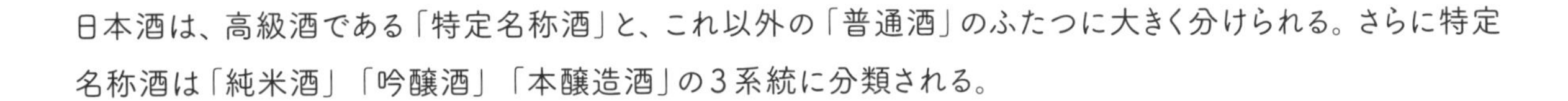

日本酒は、高級酒である「特定名称酒」と、これ以外の「普通酒」のふたつに大きく分けられる。さらに特定名称酒は「純米酒」「吟醸酒」「本醸造酒」の3系統に分類される。

特定名称酒

「純米酒」「吟醸酒」「本醸造酒」に分類されるのが特定名称酒であり、等級検査に合格した玄米を精米して使用すること、米麹の割合が白米総重量の15％以上であることも、その条件である。

純米酒

醸造アルコールを使用せず、米・米麹・水のみで造られたもの。過去に「精米歩合70％以下」という条件が存在したが、2004年に撤廃された。味わいのイメージとしては、米のうま味、コク、ふくよかさ、など。

吟醸酒

低温で長時間発酵させる吟醸造りで醸されたもの。精米歩合が60％以下なら「吟醸」、50％以下なら「大吟醸」と表示できる。精米歩合については次ページを参照。味わいのイメージは、繊細、華やか、フルーティ、フレッシュ。一般に「吟醸香」といわれる香りを持つ。

本醸造酒

精米歩合70％以下で、原料の米・米麹・水に、米の重量10％以下の醸造アルコールを添加して造られたもの。味わいのイメージは、ドライ、軽やか、さらっとした、など。

普通酒

日本酒における「テーブルワイン」的位置づけ。特定名称酒から外れる日本酒であり、定められた副原料を、米と米麹の総重量の50％を超えない範囲で使用できる。なかには、吟醸酒と同等の精米歩合なのにあえて「普通酒」と表示した商品や、等級のつかない米を原料としながらも、造りの素晴らしい「普通酒」も存在する。

あなたは純米派？ アル添派？

「純米」ではない特定名称酒には米・米麹・水以外の原材料として醸造アルコールが添加される。これに関連し、純米とアル添のどちらを良しとするかの議論が長年行われてきた。日本酒評価の指標となる「全国新酒鑑評会」(p128)ではアル添酒が主流だが、近年の一般市場では純米酒が浸透。令和3年度の国税庁統計によれば、それまで減少傾向だった純米酒の製造数量が前年度比で14.1％増加した一方、本醸造酒は3.0％減少した。また、同年度最も製造場数が少ないのも本醸造酒だった。ちなみに、2021年に国の登録無形文化財に登録された「伝統的酒造り」の定義には「水以外の物品を添加しないこと」とあり、アル添酒が含まれていない。

精米歩合とは?

原料の酒米(酒造好適米)には「山田錦」や「五百万石」など100ほどの品種が存在(p28)。食用米と異なり、粒が大きく割れにくい。また、アルコールのもととなるデンプンが多く、タンパク質、脂質が比較的少ないという特徴がある。精米の第一目的は、米の外側の硬い層を除去して、吸水性を上げ、麹を造りやすく、米を溶けやすくすること。また、削れば削るほど、外側のタンパク質や脂質が除去され、中心の「心白」に近づき、デンプンの割合が多くなる。玄米から30%精白すれば、精米歩合70%。高精白であるほど精米歩合は小さくなる。

精米歩合 35%
精米歩合35%で、ほぼ心白のみ残った状態となる。これ以上磨いても品質に変わりはないともいわれるが、一桁台やそれ以下の精米歩合の日本酒もある。

精米歩合 50%
純米大吟醸酒、大吟醸酒(次ページ)は精米歩合50%以下であることが条件。

精米歩合 60%
純米吟醸酒、吟醸酒(次ページ)は精米歩合60%以下であることが条件。

精米歩合 70%
本醸造酒(次ページ)は精米歩合70%以下であることが条件。米のタンパク質からうま味を引き出すため、あえて低精白で酒造りをする場合もある。

高精白 ↑ 低精白

精米歩合1%以下!

どれだけ高精白の酒米を使用するかの「精米歩合競争」が、たびたび業界の話題となる。近年、一桁台の精米歩合を競ういくつかの酒蔵は「超高精白酒」という新しい高級日本酒カテゴリーを築いた。究極は、楯の川酒造(山形)の「光明」と、新澤醸造店(宮城)の「零響 −Crystal 0−」だ(2023年現在)。前者は精米歩合1%、後者は1%未満。競争に終止符が打たれることはあるのだろうか?

扁平精米と原形精米

米の外側に多いタンパク質を効率的に除去する目的で開発されたのが「扁平精米」、そして「原形精米」が可能な精米機。従来の精米機では、米は磨くほど丸くなるが、扁平精米では米の全体を同じ厚みで削っていくため、精米後の米は縦長で薄くなる。原形精米では、米の全体を同じ割合で削っていくため、精米後はもとの米の形を変えずに小さくなる。雄町や八反錦など、比較的心白が大きい品種も含め、幅広い酒米に向くのは原形精米だ。

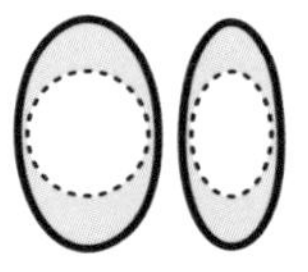
普通精米

原形精米

扁平精米

特定名称酒の8分類

特定名称酒は全部で8種類。そのうち純米酒タイプ、本醸造酒タイプ、吟醸酒タイプはそれぞれ4種。精米歩合が60％以下の場合、純米酒タイプなら「純米吟醸酒」と「特別純米酒」のどちらでも、本醸造酒タイプなら「吟醸酒」と「特別本醸造酒」のどちらでも名乗れるが、酒の主題が吟醸造りなのか、そのほかの「特別な醸造法」なのかで分類される。とはいえ「特別な醸造法」に明確な定義はない。

酒母の造り方による分類

「速醸（そくじょう）」「生酛（きもと）」「山廃（やまはい）」などの言葉は酒母の造り方を表しており、その違いは日本酒の味わいに影響を与える。酒母は、日本酒の発酵スターターであり、読んで字のごとく酒を生みだす「母」だ。酒のもとになるものとして、古くから「もと」とも呼ばれてきた。

酒母とは何か？

アルコールは酵母による糖の分解で生じる。例えばワインでは、ブドウそのものの糖が酵母に分解されてアルコールになる（単発酵）。ビールでは、初めに大麦デンプンを麦芽酵素で分解して糖を造り、そこへ酵母を加えてアルコール発酵させる（単行複発酵）。日本酒では麹菌の酵素による米デンプンの糖化と、酵母によるアルコール分解が同時に進む（並行複発酵）。糖化とアルコール発酵が同時に進むとはいえ、日本酒の原材料の全量を一度に混ぜると、乳酸の不足、また酵母の増殖不足による雑菌増殖やアルコール発酵の不全などが起きるため、最初に小容量で掛米、麹、仕込み水、酵母などを混ぜ合わせ、十分に酵母を育て、健全な発酵ができるように鍛えておく必要がある。この小容量の発酵スターターが酒母である。

酒母は、日本酒の並行複発酵を
スムーズに行うための、発酵スターター。

酒母に必要なのは麹菌・乳酸菌・酵母の働き

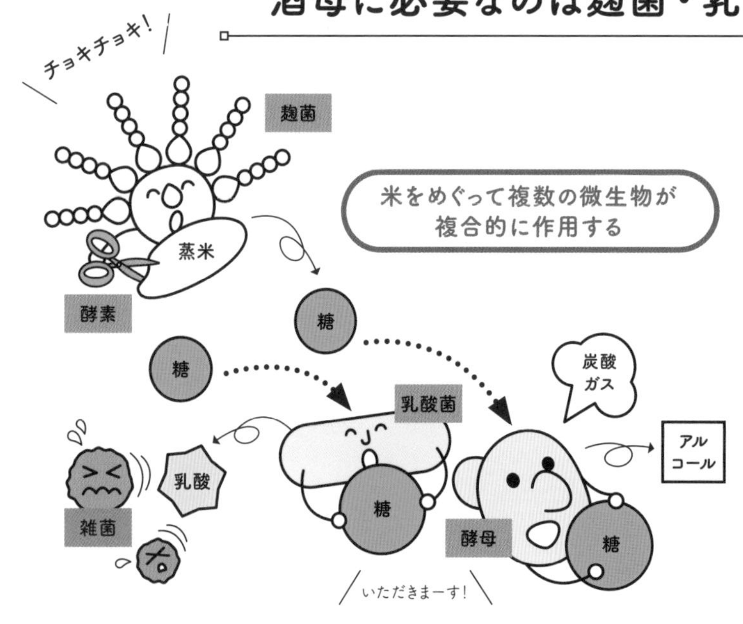

酒母づくりは水、酒母用に造られた糖化能力の高い麹、掛米を合わせるところから始まる。米のデンプンを麹の酵素（デンプンを分解するハサミにたとえられる）が分解し、十分な糖ができたところで、次に必須なのが乳酸だ。醸造用乳酸を添加する場合と、乳酸菌を利用する2通りの方法がある（次ページ）。後者の場合、乳酸菌が糖を乳酸に分解することで、酒母は酸性となり（pHが下がる）、雑菌の影響を受けづらい状態となる。
ここへ清酒酵母を添加、あるいは酵母を添加せず野生酵母を利用することでアルコール発酵をうながす。十分な糖があり、乳酸菌によって汚染がブロックされた理想的な環境で、酵母は糖をアルコールと炭酸ガスに分解しながら盛んに増殖し、酒母の環境に適応することで、醪の発酵に耐えうる強さを獲得する。
以上のように、麹菌、乳酸菌、酵母といった微生物が米を媒介にして複合的にはたらくことによって、酒母が造られ、さらには日本酒が醸されていくのである。

速醸酛と生酛系酒母

酒母を造る際必須となるのが乳酸。醸造用乳酸を人為的に添加する「速醸酛」と、乳酸菌を利用する伝統的な「生酛系酒母」があり、それぞれ日本酒の味わいにも違いが出る。なお、速醸系酒母のバリエーションとして「中温速醸」「高温糖化」などが存在。また酒母を必要としない「酵母仕込み」という方法もある。

酒母

速醸酛

醸造用に造られた純度の高い乳酸を加えることで、酒母づくりの初期段階から素早く必要な酸度を得られる。乳酸によりpHが下がると、雑菌の繁殖、野生酵母の混入を防ぐことができ、清酒酵母の純粋培養が可能となる。管理がしやすく、安定した酒母造りができ、10日～2週間と比較的短時間で全工程が終了。結果、コストも下がるため、多くの蔵がこの方法を採用している。

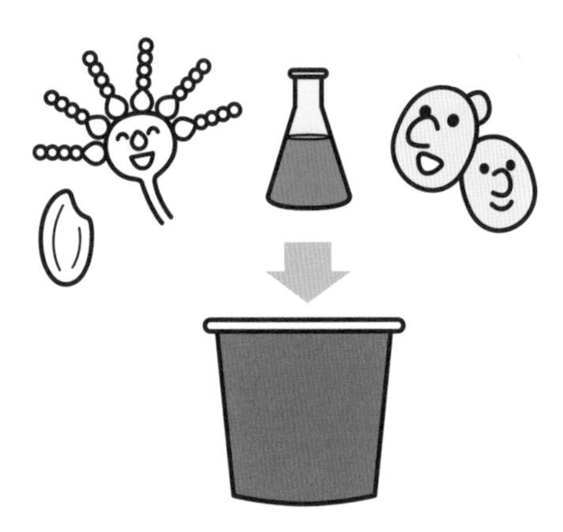

水、麹、醸造用乳酸、酵母を入れ、そこへ蒸米を加える。

生酛系酒母

蔵の中に棲みついている天然の乳酸菌、あるいは添加した乳酸菌で乳酸を生成させる酒母造り。作業の仕方によって伝統的な「生酛」と明治に考案された「山廃酛」に分けられる。いずれも十分に増殖した乳酸菌が産生する乳酸によって安定した酸度を得てから、酵母を増殖させることが重要なポイントとなる。速醸酛と比べ手間がかかる。

蒸米、麹、水で仕込む。イラストは山廃の場合。生酛は半切り桶（次ページ）を使う。

乳酸菌が増殖し、雑菌が淘汰され、清酒酵母が増殖する。

それぞれの酒の特徴は？

淡麗な味わい

生酛系酒母に必須である乳酸菌など、発酵の過程に関与する微生物が比較的少ないために、味わいはよりシンプル。淡麗な酒になりやすいといえる。

「緩衝力（かんしょうりょく）」がある

酒母づくりの過程で多くの微生物が活動した結果、酒の味わいをまとめあげる「緩衝力」がそなわる。速醸より味わいに複雑さがあり、加水しても風味が平板になりにくい。

山卸と山廃酛

生酛系酒母には「生酛」と「山廃酛」のふたつがある。生酛は「半切」という浅い桶に水、麹、蒸米を入れて混ぜたのち、櫂で麹と蒸米をすりあわせる。これを「酛摺り」または「山卸」といい、山卸の作業を省略したのが山廃酛である。

蔵人が声を合わせる「酛摺り唄」

左のイラストのように「伝統的な日本酒の仕込み」をイメージさせる光景のひとつとして思い出されるのが酛摺りである。数人で櫂をそろえ「酛摺り唄」を歌いながら励む蔵もある。これには酛摺りのリズムを合わせ、蔵人を鼓舞し、時間を計る役目もある。場合によって異なるが、およそ酛摺りの回数は1日3回。蒸米を半日置いてから酒母に使う「埋飯」とセットで行うことで本来の意味をなす。

「山卸廃止酛」略して山廃酛

「山卸をしようがしまいが酒母の成分は変わらない」という研究をもとに、1909(明治42)年に嘉儀金一郎が考案したのが、山卸を省略した「山卸廃止酛」、略して山廃酛。生酛に比べ、温度、pH、亜硝酸の管理を人為的に行う必要がある。また近年は、生酛で酛摺りを行う意義に関する科学的な理解も進んでいる。

ルーツ回帰の酒母造り　菩提酛

清酒発祥の地のひとつとされる奈良の菩提山正暦寺で室町時代に開発され、同時代の酒造り技術書『御酒之日記』にも記されている酒母が「菩提酛」。原点回帰的酒母として、近年の清酒醸造でも実際に行われるようになった。まず、生米・蒸米・水を数日間発酵させ、ヨーグルトのごとく酸っぱい酸性水「そやし水」を造る。ここから米を取り出し、蒸してから戻し、さらに米麹を加えて発酵させ酒母とする。近年は「奈良県 菩提酛による清酒製造研究会」により正暦寺での菩提酛造りが復活(p141)。また、菩提酛と同じものといわれることの多い「水酛」は、江戸時代に書かれた『童蒙酒造記』によると、生酛の原型となった別の技術であり、本来、菩提酛とは異なる酒母を指す。

奈良・菩提山正暦寺入口に掲げられた碑。

搾り方による分類

発酵を終えた直後の醪は米と麹が混ざったどろどろの状態で、酒税法の規定では、これを搾ることで初めて「清酒」となる。また、搾ってありさえすれば「にごり酒」でも清酒と認められる。酒を搾り、固体の酒粕と分離する作業を「上槽」と呼ぶが、これにはいくつか方法があり、それぞれ酒の味わいも異なる。

槽(ふね)搾り

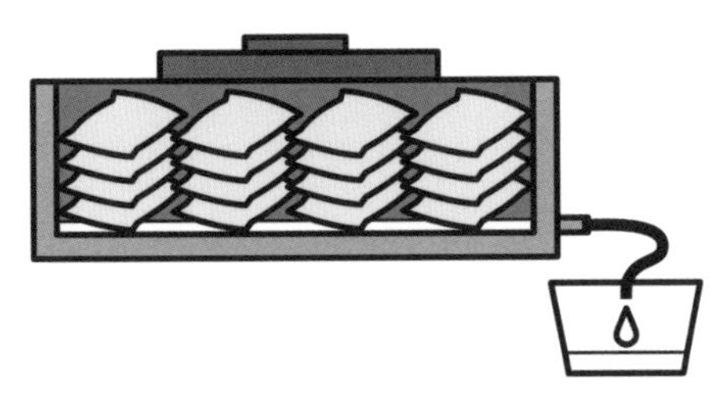

伝統的な上槽の方法。完成した醪を「酒袋」に詰め、槽と呼ばれる細長い箱の中に並べ、押し蓋をして、上方から圧力をかけて搾る。槽の由来は、「舟」のような形をしていることで、佐瀬式、八重垣式、撥ね木式などいくつかの様式がある(p66)。槽で搾った順番による分類については次ページ参照。

濾過圧搾機

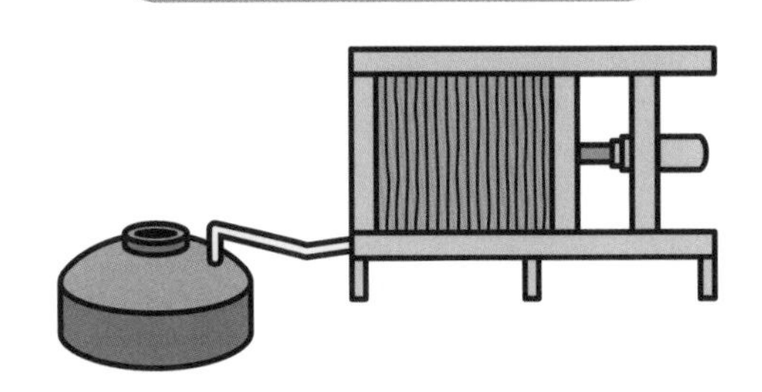

最も一般的、かつ効率よく上槽を行える道具で、最初から最後まで均一に搾れるのが特徴。アコーディオンのように見える部分は「濾過板」と「圧搾板」が交互に並んでおり、ここに醪を流し込み、送り込んだ空気圧で搾る(p66)。藪田産業の開発した道具であることから、ヤブタ式とも呼ばれる。

袋吊り

高級酒にふさわしい、手間をかけた搾り方が袋吊りである。醪の入った袋を吊り下げ、一切の圧力を加えずに、重力でしたたる液体を集めるだけ。とれる清酒の量は少ないが、そのぶん華やかで香りの高い、なめらかな味わいの酒となる。

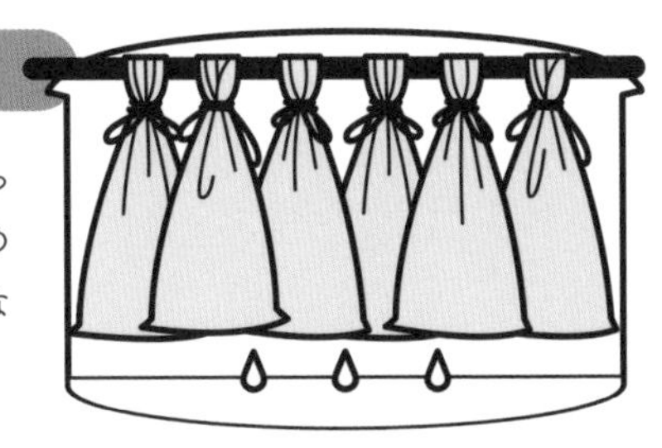

そのほかの珍しい搾り方

遠心分離

袋の不使用で布香がつかず、密閉状態で香気成分を逃さない。クリアな酒質となるが機器が高額。「獺祭」の旭酒造(山口)が一部のブランドで使用。

氷結採り

油長酒造(奈良)の特許。発酵タンク内を酵母由来の炭酸ガスで加圧し、同時に氷結直前まで冷却。固形分が沈殿した上澄みをフィルターでこす。酒により多くの香気成分を残す。

笊籬(いかきど)採り

醪にザルを沈めて清酒と分離する上槽法で、油長酒造(奈良)が室町〜江戸の「笊籬」という技法を改良して、一部のブランドで使用する。

槽で搾った順番による分類

槽搾りでは、搾った順番に「あらばしり」「中汲み」「責め」と3つの呼び名が与えられており、もちろんそれぞれに味わいも異なる。酒質の特徴を示すために、それがラベルに表記されることも。とはいえ3段階の違いに明確な基準はなく、すべての場合で3段階が別扱いされるとは限らない。

あらばしり

「荒走り」とも書く。圧力をかけず、醪の重さで自然にしたたり出てくる、最初の酒のこと。とにかくフレッシュだが、にごりや泡などインパクトのある荒々しさも感じられる味わいが特徴。

中汲み

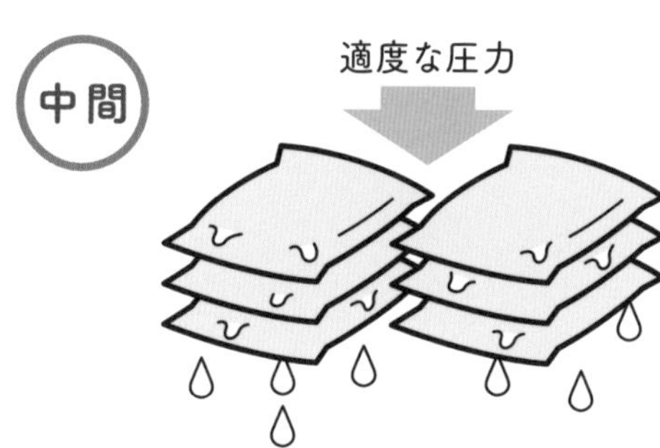

「中取り」「中垂れ」ともいう。圧力を適度にかけ始めて得られる中ほどの酒で、この段階の液体が1回の上槽で得られる酒の大部分を占めている。3段階の中で、最もバランスの取れた安定した味わいとなる。

責め

最後

中汲みを搾り切ったあと、さらに強い圧力をかけて醪に含まれた液体を搾り切る過程で出てくる酒。酒粕の風味もにじみ出てくるため、複雑性のある味わいが特徴となる。

酒粕のはなし

大吟醸粕

「大吟醸粕」などの名称で、高級酒の粕であることアピールする商品もある。

旅先などで地元の蔵の銘酒を味わうついでに、酒を搾ったあとに残る酒粕を買って帰り、料理や漬物に使うのもオツである（p171）。仕込みの米に対する酒粕の割合を「粕歩合」と呼び、一般的におおよそ20～50％の幅がある。粕歩合について、よくある誤解は上槽で圧力をかけるほど粕歩合が小さくなるというもの。粕歩合の数値は上槽より、むしろ発酵の過程でどれだけ米が溶けたかに依存する。ちなみに、一部の蔵が採用している酵素剤などで米を液化してから仕込む製法では酒粕が残らない。

おり引きと濾過

上槽を終えた酒は、さらに「おり引き」や「濾過」の工程を経て不純物が取り除かれ、より澄んだ清酒へと加工される。ただ、濾過の仕方によっては、好ましい味わいのもととなる香気成分などが失われてしまうこともあり、どのような処理がなされるかは造り手の考え方、センスにもよる。あえて「おり」を残した酒や、濾過しない酒もある。

おり引き

上槽の方法次第では比較的澄んだ酒になり「おり引き」の工程をスキップする場合もあるが、搾った直後の酒に米の細かい粒子など固形物が混ざり半透明の場合は「おり引き」を行う。まず、貯蔵タンクで1週間から10日ほど静置し、おりを底に沈殿させ、上澄みを取る。また、おりを吸着させて沈殿させる目的で、柿渋、卵白、ゼラチンなどの「おり下げ剤」が使われる場合もある。

上槽した
直後の酒

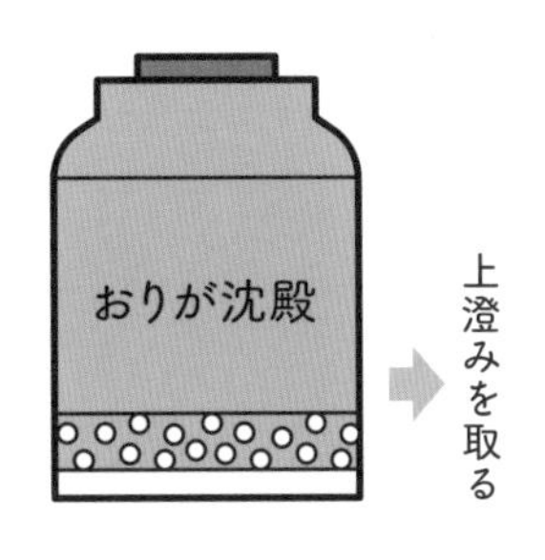

濾過

濾過は酒を澄ませる目的で行われ、粉末状の醸造用活性炭を使用して濾過機に酒を通す場合と、活性炭を使用せず濾過機に通す2通りのやり方に大きく分けられる。清酒のラベルに「無濾過」「素濾過」などと表記される場合があり、一般的には「無濾過」は一切の濾過をしていないこと、「素濾過」は活性炭濾過をしていないことを表すが、これには特に明確な規定がなく、前述の分類で「素濾過」にあたるものを「無濾過」と表記する場合もある。

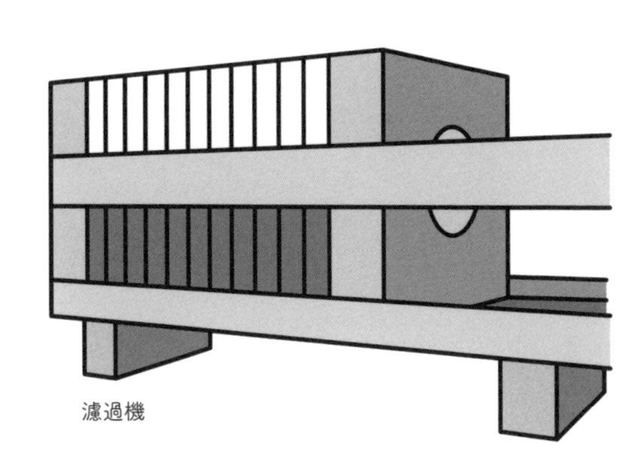
濾過機

活性炭の功罪

活性炭が清酒の濾過に100年近く使われ続けている理由のひとつは、酒を脱色する効果の高さだ。広く浸透している日本酒の評価軸のひとつに、液色が無色透明に近いかどうかがある。1992年まで続いた級別制度（p155、158）では、色を抜かなければ特級酒や一級酒として認められなかった。そんな歴史も活性炭による脱色が常識としてまかり通ってきた一因である。しかし、過剰な活性炭濾過が行われると、酒の個性でもある香気成分やうま味などを奪うことにもなりかねず、活性炭濾過をしないことを良しとする酒造りの考え方もある。

醸造用活性炭

火入れや加水による分類

昨今は「無濾過生原酒」が売れ筋のひとつだという。たとえ日本酒の知識がない人にも、字面から“フレッシュで手を加えていない酒”くらいの印象は伝わると思うが、具体的には何を意味しているのだろうか。まず「無濾過」については前ページで解説した通り。「生原酒」という表記は、濾過の次に行われる火入れと加水の工程に関係している。また、通常は火入れと加水の間に、貯蔵というプロセスを経る。

火入れ

丁寧な造りの酒で行われることの多い「瓶燗火入れ」。

60～65℃で加熱殺菌

火入れとは、酒を60～65℃に加熱して行う殺菌処理のこと。蛇管やプレートヒーターに酒を通し、加熱処理を行う場合や、瓶に酒を入れてから瓶ごと加熱する「瓶燗火入れ」と呼ばれる手法など、いくつかのやり方がある。

微生物や酵素の働きを止める

一般的に日本酒のアルコール度数は15％前後であり、この中ではほとんどの微生物は活動できない。しかし、「火落菌」と呼ばれるアルコール耐性の強い乳酸菌や、麹に由来するアミラーゼ、プロテアーゼといった酵素はまだ残っており、アルコール発酵で活躍した清酒酵母もまだ生き続けている場合もある。後々これらの微生物や酵素の活動で、酒の味わいのバランスが崩れてしまう恐れがあるため、加熱によって、これらの働きを止めるのだ。

火入れの種類と「生酒」

火入れ処理の仕方で、日本酒には4つの分類がある。

① 濾過を終えたあとと、瓶詰め前の2回火入れを行った日本酒。多くの日本酒がこの処理法を経ており、しっかりした火入れが行われているため、常温・冷暗所での保管が可能とされる。

② 「生貯蔵酒」。「生」とあるが「生酒」とは違い、瓶詰め前に1回の火入れを行う日本酒。常温・冷暗所での保管が可能とされる。

③ 「生詰め酒」。これも「生酒」とは異なり、濾過を終えたあとに1回の火入れを行う日本酒。保存においては要冷蔵とされる。

④ 「生酒」。一切の火入れを行わない日本酒。保存においては要冷蔵とされる。近年の冷蔵輸送網の発達によって、気軽にフレッシュな生酒を楽しめるようになった。ただ、冷蔵保存しても熟成は進むため、時間の経過で味わいは変化する。高度な濾過技術を用い、火入れをせずに微生物や酵素を除去することも一部では行われている。

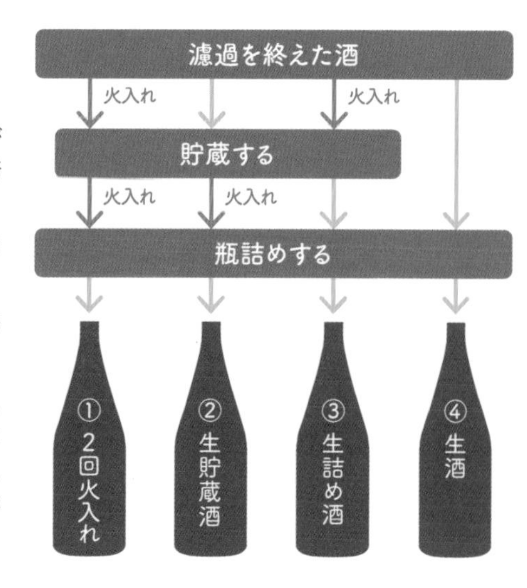

貯蔵

夏を経て、秋に生詰めで出荷されるのが「ひやおろし」の日本酒。「秋あがり」と呼ばれることもある。

熟成を経て風味を落ち着かせる

「搾りたて」の酒などはすぐに出荷されるが、これ以外は一定期間の貯蔵を経る。華やかで新鮮ながら荒々しくもある新酒の味わいが、時間とともに熟成し、丸みと深みある落ち着きを見せるのだ。貯蔵はタンクの場合もあれば、瓶で行われることもある。貯蔵の温度、容器、場所の条件によって、味わいの変化も違ってくる。春先にできた酒に火入れし、夏の暑い期間の貯蔵を経て、秋に出荷されるものを、とくに「ひやおろし」や「秋あがり」と呼ぶ。ところが、熟成が進んでいない夏頃に出荷されるシーズン先取りの「ひやおろし」も見られる。そのためか、夏に「冷酒」で飲む酒のように誤解されることもしばしばだが、伝統的にはしかるべき熟成を経た酒を、秋に火入れせず常温のまま、つまり「冷や」でおろすことから、こう呼ばれる。

加水

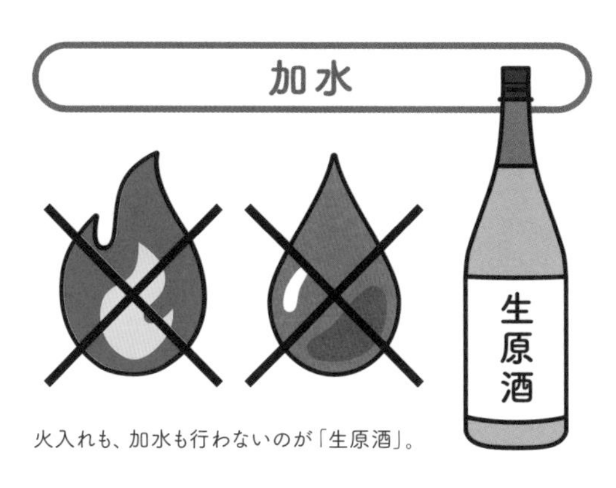

火入れも、加水も行わないのが「生原酒」。

アルコール度数や味わいを安定させる

上槽を終えた時点での日本酒は、おおよそ17～20％のアルコール度数だが、それに割り水をして一般的な15％前後の度数に下げ、風味のバランスをとる。この加水を行わない酒を「原酒」と表記する。火入れなしの意味を合わせて「生原酒」とされる場合もある。また原酒でありながら、アルコール度数を13％ほどに抑えた「低アルコール原酒」も造られている。

火入れとパスチャライゼーション

日本酒における火入れの歴史は古く、室町時代の『御酒之日記』や『多聞院日記』には最初の記録があるとされる（p139）。このことから日本酒の火入れは、細菌学の祖、ルイ・パスツールが1866（慶応2）年に導入した同様の技術である「パスチャライゼーション」（低温殺菌法）より400年ほど早い時期からすでに行われていたことがわかる。ちなみに、パスチャライゼーションは当初ワインの殺菌法として考案されたが、その後、殺菌のためにワインを加熱することは主流の技術ではなくなっていく。ともあれ、パスツール以前には、発酵や腐敗が微生物によって起こされるという科学的認識自体が、まだなかったのである。

そのほかの製法による分類 ①

スパークリング日本酒

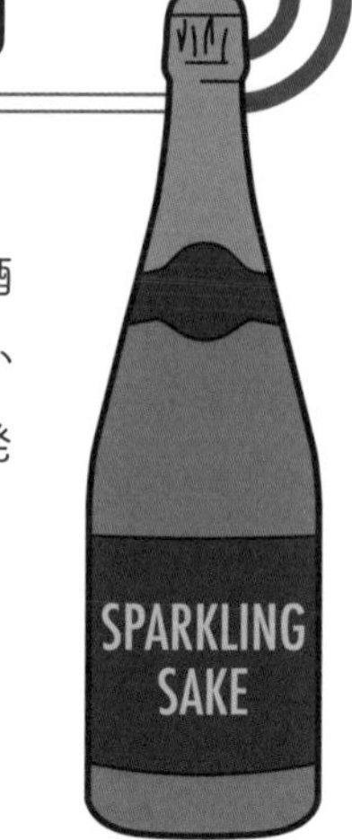

スパークリング日本酒は、シュワッとした口あたりの爽快感からビギナーに対する日本酒のハードルを下げた。また、シャンパーニュやスプマンテなど発泡性ワインとの類縁性から、海外における日本酒の認知にも一役かっている。様々な商品が世に出ているが、発泡させる方法で2タイプに分類できる。

どうやって発泡させるのか？

瓶内二次発酵タイプ

酵母が糖を分解して生成する炭酸ガスを密閉した瓶内で浸透させる瓶内二次発酵の製法。ただし清酒の規定により、シャンパーニュなどのように瓶詰めの際に糖や酵母を補うことはできない。

炭酸ガス注入タイプ

清酒に炭酸ガスを人工的に浸透させて発泡させたもの。ビールの世界でいう「強制カーボネーション」と同様。ガスを添加するため、清酒の規定からは外れる。

泡の日本酒小史

スパークリング日本酒の草分けは、一ノ蔵（宮城）が1998年に発売した「すず音」。日本酒ビギナーや女性を意識し、小容量、低アルコール（5%）、甘酸っぱくフルーティな味わいなども開発コンセプトだった。低アルコールでの上槽、瓶内二次発酵、ガスを保ちながらの火入れなど、製造上の新たな課題に数々直面したという。2016年、スパークリング日本酒を「世界基準の乾杯酒」とすべく設立されたのが「一般社団法人awa酒協会」。シャンパーニュなどを意識した「awa酒」認定基準を設けている。また、フランス発の日本酒コンクールである「Kura Master」（p129）では2019年度から「スパークリング部門」が設立された。

スパークリング日本酒の草分け「すず音」。

活性にごり酒

スパークリング日本酒とは異なるが、炭酸ガスの発泡感が楽しめる日本酒に「活性にごり酒」がある。にごり酒を火入れせずに酵母が生きた状態で瓶詰めし、瓶内で発酵が継続して炭酸ガスが液体に溶け込み発泡する。瓶内のガス圧がかなり高まっている場合が多く、開栓時は要注意。PPキャップ、冠頭型、コルクなど栓のタイプで異なるが、開け方に注意しないと、せっかくの中身が噴き出てしまうこともある。

開栓時は、中身が噴き出ないよう要注意。

そのほかの製法による分類②

貴醸酒

フランスのソーテルヌなど、貴腐ワインにもたとえられる貴醸酒は、とろりとした濃厚な甘味と複雑な香気を伴い、長期間貯蔵すると琥珀色となる。デザートワインのように味わうほか、料理とのペアリングも楽しい。貴醸酒協会の商標名であるため「貴醸酒」の名称は加盟蔵しか使えず、非加盟蔵からは「八塩折」「再醸仕込み」「醸醸」「三累醸酒」などの別名称で販売されている。いずれも、その製法から特定名称酒（p15）ではなく普通酒に分類される。

貴醸酒の造り方

日本酒で造られた日本酒

三段仕込みの最終段「留」（p65）において、水の代わりに日本酒を使うのがその基本製法。そのほか、留で普通の日本酒でなく貴醸酒を使用した「再仕込み貴醸酒」もあり、三段仕込みの全段で水の代わりに日本酒を用いる製法も試されている。

どうして甘くなるのか

日本酒の甘味は、並行複発酵において米のデンプンを麹が糖化することで生まれる。この糖を酵母が分解することでアルコールとなる。貴醸酒においては、留添で日本酒を加えて醪のアルコール度数を人為的に上げることで酵母の活動を抑制し、多くの甘味を残している。

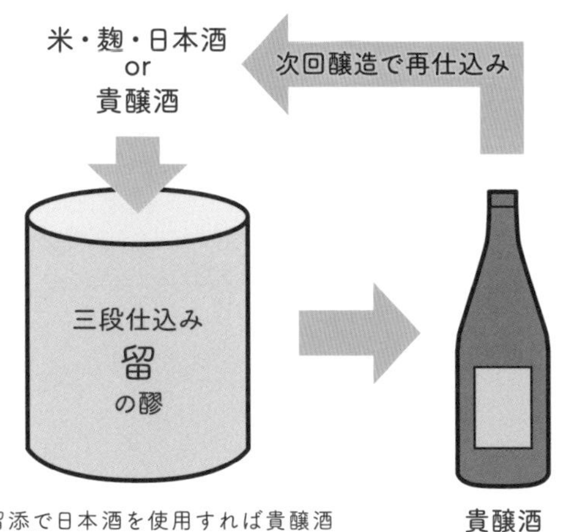

留添で日本酒を使用すれば貴醸酒が、貴醸酒を使用すれば再仕込み貴醸酒ができる。できた貴醸酒を再仕込みするループを繰り返すことも可能。

ヤマタノオロチと八塩折之酒

歴史的には、1973（昭和48）年に国税庁醸造試験場（現・独立行政法人 酒類総合研究所）で佐藤信研究室長を中心に「高級日本酒」として開発され、翌74年に「華鳩」で知られる榎酒造（広島県）で商業的に醸造されたのが貴醸酒の始まりだ。その製法のアイデアは古代の「八塩折之酒」にあったといわれる。これは、日本神話でスサノオノミコトがヤマタノオロチ退治の際使ったとされる酒だが、実際は米の酒ではなく果実酒であった可能性が高い。

ヤマタノオロチは「八塩折之酒」を飲んで酩酊したすきに退治された。

貴醸酒ループ

酒で酒を仕込んだ貴醸酒で、また貴醸酒を仕込み、できた貴醸酒でまた貴醸酒を…。スサノオノミコトならずとも、この「貴醸酒ループ」は試してみたくなる。この何度も再仕込みをした酒は、実際、神話の舞台でもある島根県にある國暉酒造の「八塩折」（造りは上記の通りだが貴醸酒の表示はなし）をはじめ、鈴木酒造店（山形県）の「磐城壽 再仕込純米TIMES」、仁井田本家（福島県）の「百年貴醸酒」など、いくつかの蔵で造られている。

「にいだしぜんしゅ」で知られる仁井田本家は、創業300周年の2011年から、100年後の400周年の年まで再仕込みを続ける「百年貴醸酒」を手がける。

そのほかの製法による分類 ③
熟成古酒

ウイスキーをはじめ熟成（エイジング）が必要不可欠とされる蒸留酒は多い。醸造酒でも赤ワインなどは、酸やタンニンが落ち着き熟成香の加わった古いヴィンテージが珍重されるのはご存じの通り。洋の東西を問わず酒類一般において、フレッシュなうちに飲むという考えの対極に、熟成させてから飲む、という作法が普遍的に存在する。では、日本の伝統酒である日本酒はどうかといえば、明治から昭和の高度成長期まで、長らく熟成の伝統が封印されてきたのである。

熟成古酒とは？

7月1日から翌年6月30日を区切りとする酒造年度（BY）のうちに製造・出荷された日本酒が「新酒」で、翌酒造年度には「古酒」となる。ただし、「熟成古酒」と呼ぶ場合は「満3年以上蔵元で熟成させた、糖類添加酒を除く清酒」が該当する。これは、熟成古酒の製造技術に関する交流と市場の開発を目的として1985（昭和60）年に結成された任意団体「長期熟成酒研究会」による定義であり、特定名称ではないためラベル表示義務はない。実際に流通している熟成古酒の熟成期間は3年から20年、長いもので30年ものまで。もちろん熟成期間が長くなるほど味わい、色合いともに濃厚となる。

● 熟成古酒の3タイプ ●

タイプ	濃熟タイプ	中間タイプ	淡熟タイプ
醸造方法	本醸造酒／純米酒	本醸造酒／純米酒／吟醸酒／大吟醸酒	吟醸酒／大吟醸酒
熟成温度	常温熟成	低温熟成と常温熟成を併用	低温熟成
特徴	熟成により照り、色、香り、味が劇的に変化した熟成古酒	濃熟タイプと淡熟タイプの中間的存在の熟成古酒	吟醸酒の良さを残す熟成古酒

長期熟成酒研究会の分類による。米は磨かないほうが、熟成温度は低温より常温のほうが、より熟成古酒らしさが出ることがわかる。
※表は「長期熟成酒研究会」Webサイトより、一部簡略化して引用。

ソトロンとDMTS

酒質については、上表はあくまで大まかな3分類であり、色のあまりつかないものから、褐変し、さらに赤色が濃厚なものまで様々だ。熟成古酒の味わいのキーとなるのはソトロンという香気成分で、カラメル、ハチミツ、カレーなどにたとえられる熟成香の主成分である。また、「老香（ひねか）」として知られるDMTS（ジメチルトリスルフィド）や、燻製香の4-VG（4-ビニルグアイアコール）も熟成古酒特有の香気成分である。味わいのやさしさ、まろやかさは、エチルアルコール分子を取り込んでいる水の集合が大きくなり、かつ、水の分子の集合の隙間にアルコール分子が入り込むためと考えられている。

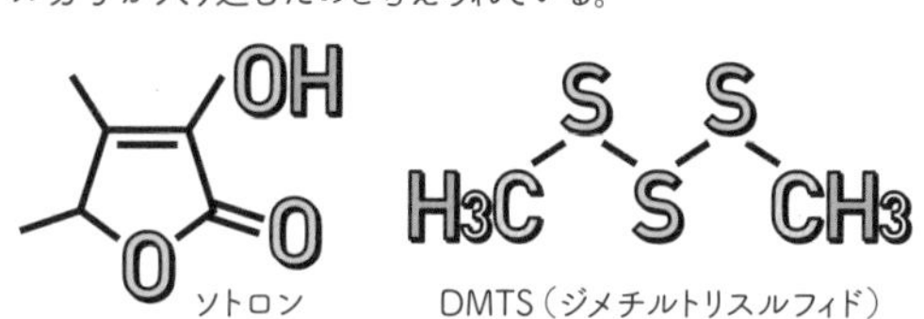

ソトロン　　DMTS（ジメチルトリスルフィド）

造石税と庫出税

江戸の本草書『本朝食鑑』（1697年）に「甕（かめ）や壺に入れ3、4、5年も経った酒は、味濃く香美にして最も佳なり」と記されたように、熟成古酒の歴史は古い。しかし、明治政府が造石税（酒が造られた段階で課税）を課したため、酒を売らずに蔵に長く置くことがリスクとなり、熟成古酒の文化は消えていった。1944（昭和19）年に庫出税（出荷した酒に課税）へ変更となり、その後は、「達磨正宗」の白木恒助商店（岐阜）、「月の桂」の増田徳兵衛商店（京都）、「初孫」の東北銘醸（山形）、木戸泉酒造（千葉）、福光屋（石川）などが熟成古酒を手がけ、その文化は復活している。

熟成古酒で知られる達磨正宗。古酒造りを復活させた6代目の白木善次氏は、当時の吟醸酒流行に馴染めず、酒の権威・坂口謹一郎（p164）の講演会で印象に残った古酒造りの伝統に向かうことを決意したという。

「歴史的などぶろく」と「新しいどぶろく」

清酒に必須である上槽を経ない濁酒を「どぶろく」と呼ぶが、歴史的な意味でのどぶろくと、昨今の市場で人気を博す新しいどぶろくとは、分けて考える必要がある。歴史的などぶろくは、家庭内で小規模に造られる原始的で野性味のある濁酒であり、明治時代に自家醸造が禁止されてからは違法となり、ゆえに法律の規定もない。一方、新しいとぶろくは、どぶろく特区の制度や、「その他の醸造酒免許」に基づき、清酒醸造技術なども援用して造られる濁酒である。

歴史的などぶろく

豊穣のシンボル

その起源は稲作の開始にあるといわれるほど長い歴史を持つどぶろくは、古代から豊穣のしるしとして日本人に愛飲されてきた。世界遺産である白川郷（岐阜県）の白川八幡神社や、日本酒発祥の地とされる島根県の佐香（さか）神社など、全国各地の神社で毎年「どぶろく祭」が催され、豊作祈願とともに神社で醸したどぶろくが振る舞われる。

『ドブロクをつくろう』

かつて日本の農村で日常的に行われていた、どぶろく自家醸造・消費は1899（明治32）年に明治政府により禁じられた。のちに、伝統食文化である酒造りを庶民に取り戻すべく自家醸造自由化運動もおこる。これに関連する「どぶろく裁判」で法廷に立った前田俊彦氏の名著『ドブロクをつくろう』（農文協、1981年）が、2020年に復刻出版されている。

復刻出版された名著『ドブロクをつくろう』。

新しいどぶろく

どぶろく特区

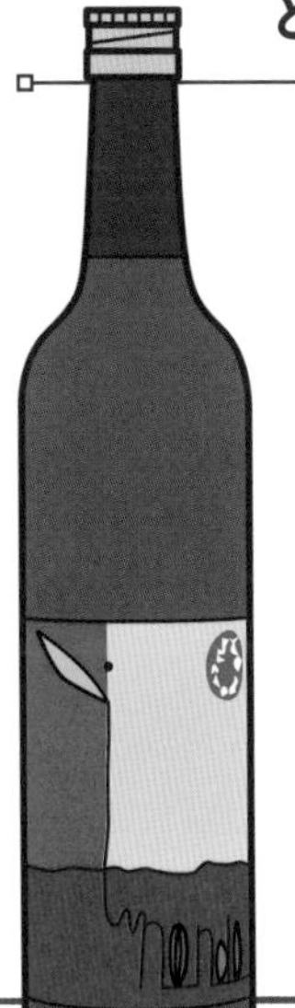

2002年には地域振興のため限定的などぶろく醸造を許可する「どぶろく特区」制度が導入。特区第1号となった岩手県遠野市は、どぶろく造りの伝統が根付いた土地だ。当地で営まれる「民宿とおの／とおの屋 要」で自家醸造されたどぶろくは、岩手在来種の米「遠野1号」を原料に、生酛など清酒醸造法も応用した「エレガントなどぶろく」。多くの日本酒ファンの目をどぶろくに向ける役割を果たした。

「とおの屋 要」のどぶろく。

クラフトサケ

現在「清酒製造免許」を新規取得することはできない。そこで、新規取得可能な「その他の醸造酒免許」を得て、新しいタイプの醸造酒を造る「クラフトサケ」の蔵（p94）も、新しいどぶろくを手がけている。

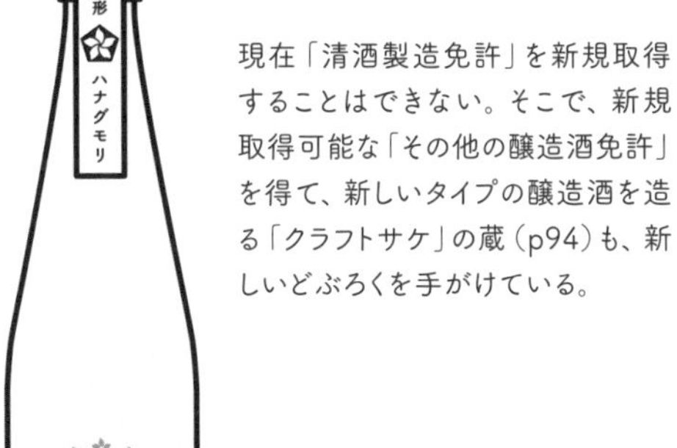

木花之醸造所の「ハナグモリ」は精米歩合90％のどぶろく。

原料米に注目しよう

酒米とは日本酒の原料に適した米のこと。「酒造好適米」「醸造用玄米」とも呼ばれる。ただ、どんな米でも酒造りは可能で、コスト的な要請（酒米は食用米より高価）、米の産地や品種に対するこだわり、斬新な酒質への意図など、様々な理由から食用米、赤米などの古代米、海外産米、長粒種など、あらゆる米から日本酒が造られている。ワインにおけるブドウのごとく、酒米による味わいの違いを楽しもう。

日本酒の原料に適した米＝酒米の特徴

◎大粒で「心白」がある

酒米の粒の中心にある不透明部分を「心白」と呼ぶ。食用米には心白がほぼない。心白に酒造りに最も重要なデンプンが集中し、麹の菌糸が繁殖しやすい組織になっている。

◎精米しても粘らない

精米した酒米は水を吸いやすく、溶けやすい。また粘りが少なく、麹が造りやすいという特徴もある。粘る米は、いわゆる「さばけ」が悪く酒蔵では嫌われる。

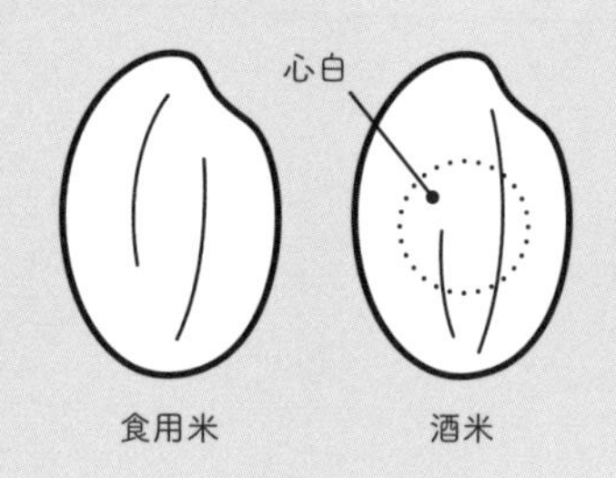

代表的な酒米　生産量TOP4

現在、酒米は各地で約100品種ほどが栽培されており、山田錦と五百万石のトップ2が全酒米生産量の60％以上を占める。

第1位　山田錦

酒米の王者。味わいのバランスがとれた理想的酒米。「山田穂」と「短稈渡船」の交配種で、全体の6割を生産する兵庫県ほか、全国で作られている。とくに吟醸造りで真価が発揮され、「YK35（山田錦、9号酵母、35％精米）が鑑評会で高評価される」といわれた時代もあった。

第2位　五百万石

すっきり切れの良い酒質になるといわれ、「淡麗辛口」ブームの時代に特に注目された。「菊水」と「新200号」を交配させた誕生地の新潟ほか、富山、福井、石川など北陸を中心に全国で栽培されている。

第3位　美山錦

繊細で華やかな酒に仕上がるイメージがある。耐冷性に優れ、品種育成地の長野県を中心に、北陸、関東、東北などで広く生産されている。

第4位　雄町

その個性的でインパクトある酒質を好む愛好家「オマチスト」が存在するほどの人気を誇る。選抜改良され誕生したのが1866（慶応2）年と古く、以来、百数十年間栽培され続けている最も歴史ある酒米。山田錦や五百万石にも雄町の血統が流れている。発祥地である岡山県での生産量が全体の90％を占める。

※順位は農林水産省「令和5年度 酒造好適米等の需要量調査結果」より

原料米ミニ知識

食用米（飯米）で造る

大吟醸など高級酒には向かないが、ブランド米のササニシキ、コシヒカリをはじめ、オオセト、アキツホ、トヨニシキ、日本晴、松山三井、土佐錦といった食用品種が清酒醸造に使用されている。一般的に食用米は掛米にのみ使われてきたが、醸造技術向上により麹米にも使用されるようになっている。赤米や黒米などの古代米や、長粒種バスマティ米の改良品種などを原料とする清酒もある。

インド料理などに添えられるバスマティ米の改良品種であるプリンセスサリーを使用した土田酒造（群馬）の「シン・ツチダ プリンセスサリー」。

かつての酒米を復活させる

収量や栽培の手間の問題などから姿を消してしまった品種を、各地の歴史をひもときながら、保存されていた種もみから復活させる取り組みも。久須美酒造（新潟）のケースを漫画『夏子の酒』がモデルとし、大々的に知られるようになった亀の尾をはじめ、神力（熊本）、強力（鳥取）、穀良都（山口）などが復活酒米として知られている。

亀の尾で知られる久須美酒造（新潟）の「亀の翁」（かめのお）。

新しい酒米を開発する

酒米の新品種開発は、各県の農業試験場などがこぞって行っており、地元の清酒の品質向上やブランディングに寄与している。美山錦と青系酒97号を交配し山形県で育種され、1997年に品種登録された出羽燦々などが有名だが、挙げていけば切りがないほどその数は多い。また、「十四代」の高木酒造（山形）が山酒4号と美山錦を交配させ、18年をかけ1999年に誕生させた酒未来など、酒蔵が開発する新品種も存在する。

蔵が開発した新酒米「酒未来」を使用した「十四代」も人気。

自社田を持つ

無農薬の米作りと全量純米の酒造りをひと連なりのものとして「農醸一貫」を掲げる秋鹿酒造（大阪）を筆頭に、泉橋酒造（神奈川）、仁井田本家（福島）などが、長らく自社田での酒米栽培に力を入れてきたことで知られる。近年はワインの世界でいう「ドメーヌ」（栽培、醸造、瓶詰めをすべて行う生産者）という言葉を自社田での酒米栽培のブランディングに用いる蔵も見られる。

秋鹿酒造は「農醸一貫」を掲げる。

麹に注目しよう

「一麹、二酛、三造り」の言葉通り、麹の酵素は酒造りの要だ。それは米デンプンを糖に変え、糖はアルコールのもととなる。ビール醸造における麦芽の酵素と比べても麹の酵素は量も力も圧倒的。ゆえに醸造酒の中でも高いアルコール度数が可能となる。また、和食の調味料を製造する際にも必須の微生物である麹菌は「国菌」に指定されている。

麹菌はカビの一種

麹菌は毒性のないカビの一種であり、日本酒だけでなく、多くの発酵食品になくてはならない微生物だ。「ニホンコウジカビ」の和名を持つアスペルギルス・オリゼー（*Aspergillus oryzae*）をはじめとするアスペルギルス属ほか、中国の紹興酒や沖縄の豆腐ように使用される紅麹（*Monascus*属）が麹菌の仲間である。

アミラーゼとプロテアーゼ

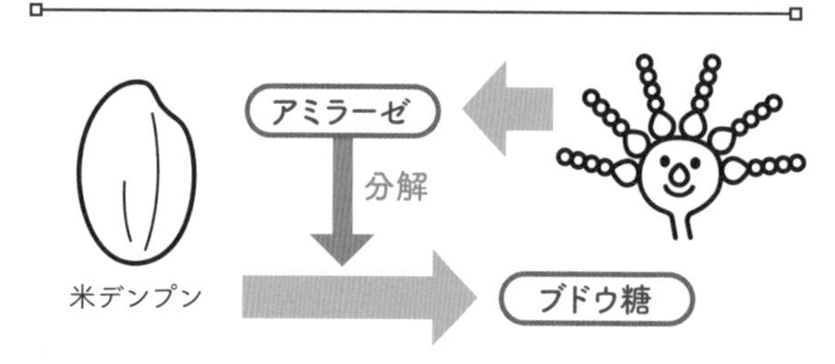

米デンプンを糖に分解するのは麹菌の産出するアミラーゼ（デンプン分解酵素）。また麹菌のプロテアーゼ（タンパク質分解酵素）はアミノ酸を作り出し、酒のうま味を左右する。これら以外にも麹が出す微量で多種類の酵素が酒の味わいの複雑さを生む。麹の補助に酵素剤添加も認められるが、酒の味わいを単調にしかねない。

日本食を支える「国菌」

日本酒はもちろん、甘酒、焼酎、みりん、酢、味噌、醤油、一部の漬物などの発酵食品の製造に必須の麹菌は、日本の食文化を根底で支える微生物だ。2006年、日本醸造学会は麹菌（黄麹菌の和名を持つ*Aspergillus oryzae*と*Aspergillus sojae*、黒麹菌及びその変異株である白麹菌の*Aspergillus luchuensis*）を日本の貴重な財産として、「国菌」に認定した。

世界最古のバイオビジネス

パウダー状で
販売される種麹。

日本酒の原料である米麹造りに必須の「種麹」は室町時代から存在した。麹以外の多くの微生物がアルカリ環境を嫌う性質を利用し、アルカリ性の木灰によって麹菌を分離、選抜していたのだ。こうした種麹造りの技術が当時から行われていたことを指して「世界最古のバイオビジネス」などと表現することもある。

3種類の麹菌

	ほとんどの日本酒に使われている麹菌	変わり種として一部の日本酒に使われている麹菌	
	黄麹	黒麹	白麹
学名	*Aspergillus oryzae*	*Aspergillus luchuensis*	*Aspergillus kawachii*
和名	ニホンコウジカビ	アワモリコウジカビ	―
麹菌			
種麹			
米麹			
特徴	一般的に最も多くの日本酒に使われている麹菌。デンプンを糖に分解する酵素であるアミラーゼを最も盛んに生成する麹菌で、日本酒造りに最適とされる。 最も多くの日本酒に使用 黄麹	もともと沖縄の泡盛造りに使われてきた麹菌。クエン酸を多く分泌するため、高い気温においても腐造を防ぐ効果がある。日本酒に使用すると、柑橘類にも含まれるクエン酸の爽やかな酸味が味わいの基調に。 クエン酸の爽やかな酸味 黒麹	黒麹菌の変異種で、同様にクエン酸を生成。主に焼酎造りに使用される。日本酒の味わいの中では、昨今注目されるようになった「酸」の担い手として欠かせない存在となっている。また味わいの面だけでなく、酒母に必須の乳酸を白麹由来のクエン酸で代替する造り方も開発されている。 クエン酸を酒母にも活用 白麹

酵母に注目しよう

清酒酵母の役割で最も重要なのは、日本酒造りにおける最大の特徴である並行複発酵でのアルコール生成だ。そして、次に注目すべきなのは香気成分の産出である。性質の異なる菌株ごとに、これだけ多種類の酵母が分離培養され、醸造上の意図によって使い分けられている理由のひとつでもある。

酵母とは？

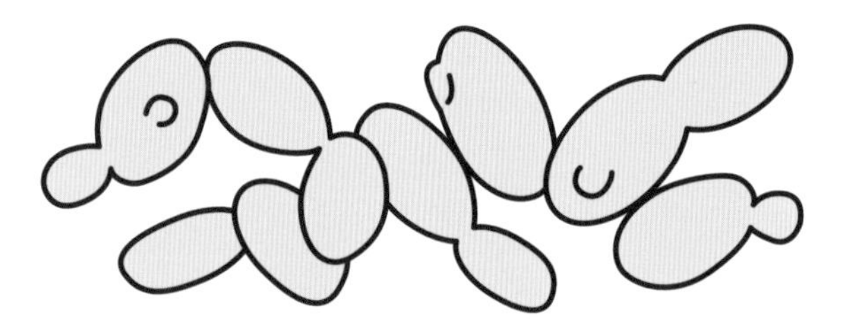

糖を食べてアルコールと炭酸ガスを代謝する*Saccharomyces cerevisiae*（サッカロマイセス・セレビシエ）は、酒類やパンの発酵に必須の酵母。

植物や動物の表皮や内部、また空気中や海中など、あらゆる場所に生息する単細胞の微生物で、真菌類に分類される。大きさは直径5～10μmで卵型。学名*Saccharomyces cerevisiae*（サッカロマイセス・セレビシエ）の出芽酵母は、その種類によって、パン酵母、ビール酵母、ワイン酵母、そして清酒酵母として活用され、さらに清酒酵母だけでも次ページの通り多種類の菌株が分離培養され酒造りに利用されている。

清酒酵母が造りだすもの

アルコールと炭酸ガス

米のデンプンを麹の酵素が分解してできたブドウ糖が、酵母にバトンタッチされアルコールと炭酸ガスに分解される。清酒酵母の特徴は20％にもなるアルコール度数を生み出せること。炭酸ガスは、活性にごり酒やスパークリング日本酒などの発泡のもとにもなり、味わいに寄与するケースもある。

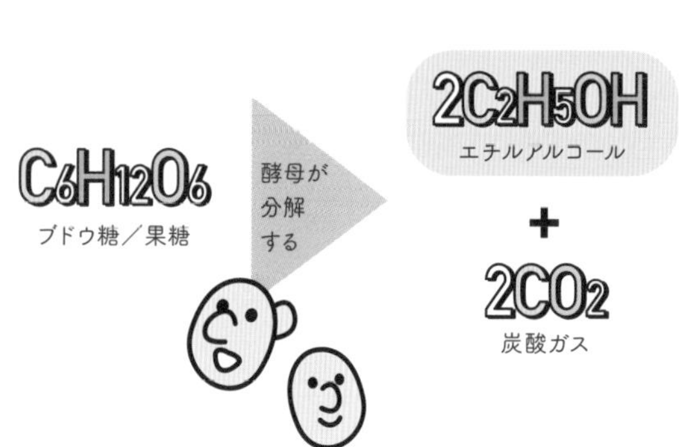

香気成分

アルコール発酵中に酵母が代謝するカプロン酸エチルや酢酸イソアミルなどのフルーティな香気成分が、いわゆる吟醸香として重視されている。酵母の改良技術が発達した現代においては、香気成分をはじめとする様々な観点から清酒酵母の育種、開発が競うように行われている（p104）。

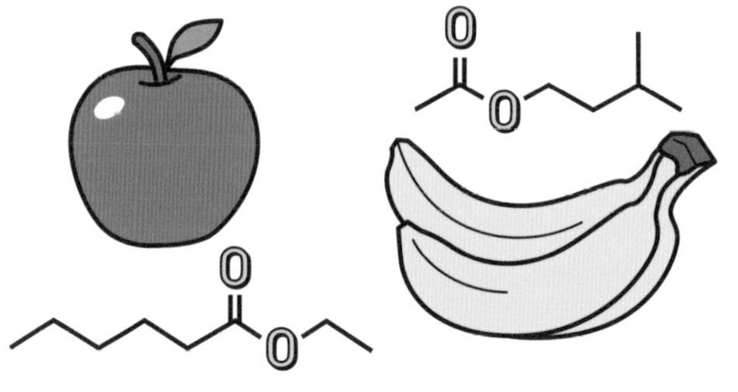

リンゴ様の香りのカプロン酸エチルと、バナナ様の香りの酢酸イソアミルは、清酒酵母が発酵中に代謝する香気成分として代表的な2つ。

酵母のいろいろ

協会酵母

1906（明治39）年、明治政府が醸造の近代化のため設立した醸造協会（現・公益財団法人日本醸造協会）が純粋培養し全国の酒蔵に頒布している清酒酵母で、最も広く利用されている。誕生した時代によって名称の数字が増えることから、「一桁酵母」「二桁酵母」などと分類されることもあり、おおよそ前者はクラシックな、後者は改良育種され香気成分の代謝に優れた現代的な酵母を指す。複数の酵母の利点を得るため混ぜ合わせて使用されることも少なくない。酵母名の最後に「01」がつくものは、同種酵母の「泡なし株」であることを意味し、発酵中に泡が上がりにくく作業面で利点がある。主な協会酵母は下の表を参照。

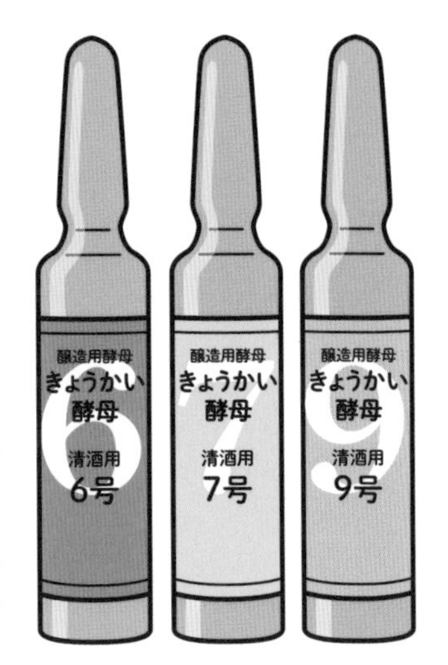

アンプルで頒布される「きょうかい酵母®」の6号、7号、9号。

自治体や研究機関の開発した酵母

各都道府県の自治体や、大学など研究機関でも清酒酵母の開発が行われ、商業的な醸造に利用されている。長野県のアルプス酵母、高知県のCEL-19、東京農大の花酵母など。

蔵つき酵母

「酵母無添加」と混同される場合も多いが、本来の意味で「蔵つき酵母」といえるのは、蔵から採取した独自の酵母を分離培養して添加する場合に限られる。酵母無添加の場合、かつて蔵で使用した協会酵母が環境に残存し醪に混ざってくることが多いのだ。

＜主な協会酵母＞

酵母名	誕生時期	背景・特徴
6号	1935年	新政酒造（秋田）が発祥。現在、5号までが頒布中止のため最古の協会系酵母といえる。発酵力が高く香りがソフト。泡なしの601号もある。
7号	1946年	「真澄」の宮坂醸造（長野）が発祥。発酵力が高く、現代にいたる清酒酵母の基本となる位置づけであり使用頻度が高い。泡なしの701号もある。
9号	1953年	吟醸酒に向く。「香露」で知られる熊本県酒造研究所が発祥で、協会とは別に酵母を培養し販売しており「熊本酵母」と呼ばれる。泡なしの901号もある。
10号	1952年	吟醸酒、純米酒に向く。「副将軍」で知られる明利酒類（茨城）が発祥で、協会とは別に酵母を培養し販売しており「小川酵母」「明利酵母」と呼ばれる。泡なしの1001号もある。
11号	1975年	7号酵母のアルコール耐性株。アミノ酸の生成が少なく、リンゴ酸の生成が多い。低温発酵、吟醸酒向き。泡なしの1101号もある。
14号	1991年	酸が少なく、吟醸香が特徴。石川県発祥で「金沢酵母」とも呼ばれる。泡なしの1401号もある。
1501号	1990年	カプロン酸エチルを多く生成。秋田県発祥で「秋田酵母」とも呼ばれる。
1601号	1992年	カプロン酸エチルを多く生成。1001号変異株と7号の交雑選抜株。
1701号	2001年	酢酸イソアミルとカプロン酸エチルを多く生成。1001号の変異株。
1801号	2006年	カプロン酸エチルを多く生成。1601号と9号の交雑選抜株。現在では全国新酒鑑評会の大吟醸酒に多く使用される人気の酵母。セルレニンという抗生物質に耐性のある株を分離するとカプロン酸エチル生成能が高い酵母が得られる原理を利用した「セルレニン耐性酵母」のひとつ。

業界の新潮流に注目しよう

特定名称のバリエーションはもとより、米や酵母の違い、蔵や銘柄による造りの違い、スパークリング日本酒、熟成古酒、にごり酒、樽酒といったカテゴリーそれぞれの特徴など、日本酒を見分けるポイントは様々だ。ここで、業界が今どんなトレンドにあるのか知っておくと、さらに楽しみが広がる。

木桶仕込み

昭和期にホーロー製、ステンレス製、FRP製のタンクが普及する以前は、室町時代から500年ほどのあいだ日本酒は木桶で造られてきた。昨今これが見直され、再び導入する酒蔵がある。竹の箍(たが)を用いた醸造用木桶の製造で知られるのは“日本最後の桶屋”藤井製桶所（大阪・堺市）だ。ここに新しい木桶を発注した醤油蔵、ヤマロク醤油（香川・小豆島）が「木桶職人復活プロジェクト」を主宰し、新政酒造（秋田）などの酒蔵も参加したことが話題になった。「湯ごもり」と呼ばれる熱湯での殺菌をしっかり行えば、木桶特有の雑菌汚染リスクが下がり、酒造りでも保温性など木桶の特長を活かすことができる。木桶の寿命は味噌桶、醤油桶で100～150年ほど、酒桶は30年ほどだという。

低アルコール原酒

日本酒市場の拡大などを目的として、低アルコールの日本酒を販売する蔵が増えている。アルコール度数10～14度ほどのワインと比べると、日本酒の15度前後（原酒タイプは17～20度）は食中酒として高めであるという説も一部に存在する。低アルコール商品の中には、本来それと真逆の「高アルコール」で「濃い味わい」であるはずの「原酒」という言葉を組み合わせた、「低アルコール原酒」をセールスポイントにした商品もある。あまりアルコール度数が上がらない造りにしたり、上槽直前に加水すれば「原酒」を名乗ることができる。

上槽後に加水しなければ
低アルコールでも「原酒」を名乗れる

低精白ブーム

純米酒について精米歩合70％以下の規定が2004年に撤廃されたことと、ナチュラル指向やオーガニックブームなどの時流もあいまってか、低精白米を使った日本酒がトレンドのように扱われることがある。表面上、低精白米の日本酒は原料利用率が高く「エコ」というイメージがあるものの、実際は、表面の固い層が削られない低精白米は溶けづらく、その結果、粕歩合が高くなり、最終的な原料利用率が思うほど高くないこともしばしばだ。とはいえもちろん低精白かつ粕歩合も低い、米のポテンシャルを活かした酒もある。

同じ酒米を用い、大吟醸である精米歩合50％と、吟醸酒カテゴリーには入らない80％の商品を飲み比べられるようにラインナップする蔵もある。

ブレンドとアッサンブラージュ

大手の中には日本酒ブレンドの高い技術を持つ蔵がある。複数の酒をブレンドし、蔵独自の味わいを常に維持し、酒造年度が切り替わっても酒質に変化が出ないようにするのだ。昭和期の「桶買い・桶売り」、すなわち大手蔵が小規模蔵から酒を買い取り、それを混ぜて出荷していたことをネガティブにとらえる見方もあるが、それが大手蔵のブレンド技術と、小規模蔵の醸造技術を高めてきた面もある。さて、一般的なブレンドは、すでにある酒を混ぜ合わせる技術だが、白岩（富山）のIWA 5では、あらかじめ設計された最終的な酒質を実現するためのパーツとして、いくつもの酒質の異なる酒を新たに造り「アッサンブラージュ」する。数十ものキュヴェを組み合わせて構築されるシャンパーニュの伝統製法を日本酒に応用したものとして、話題になった。

IWA 5を発売する白岩は、元ドン ペリニヨンの醸造最高責任者、リシャール・ジョフロワ氏が、「満寿泉」で知られる桝田酒造店の協力を得て富山県立山町に2020年に設立した。

副原料を加える

日本酒にはビールのホップや、ジンのボタニカルのような副原料を加えることができない。酒税法の「清酒」の規定から外れてしまうからだ。しかし、「その他の醸造酒製造免許」で新たな酒造りの試みを行う「クラフトサケ」の蔵では、米の酒にホップ、スパイス、ハーブ、フルーツ、野菜、茶、コーヒーほかの副原料を添加し、新たな風味を追求する試みが行われている。「ボタニカルサケ」の呼び名で、これに最も早く（2018年）着手したのがWAKAZEの三軒茶屋醸造所（現在醸造所は休止中）だ。クラフトサケについては、p94からの記事に詳しい。

山椒、生姜、柚子が使用されている「FONIA TERRA」と、なんと椎茸と昆布の出汁をきかせた「サンチャスミサケ〜しいたけ〜」。いずれもWAKAZEよりリリースされた当時、その斬新なスタイルが注目を集めた。

ラベルをよく読んでみる

酒は楽曲、銘柄はアルバム、ラベルはジャケット、裏ラベルはライナーノーツ。そう語ったのは新政酒造（秋田）8代目の佐藤祐輔氏。「作品」としての日本酒に、情報とビジュアルイメージを添えることで、飲み手にどんな酒なのか伝えるとともに、ビジュアルの装いで味わいのその先までも表現するのが日本酒ラベル。記載情報のレギュレーションとしては、法令などに基づいた記載必須事項と、任意の内容がある。まずは、ラベルをよく読んでみよう。

■ 必ず記載されている情報 ■

❶ 商品名

一般に流通しているもので、名前のない日本酒はないはず。が、今後「名前がない」というコンセプトの日本酒が登場しないとも限らない。

■ 必ず記載しなければならない情報 ■

❷ 原材料

米、米麹。また許可されている添加物である、醸造アルコール、酸味料、糖類などを表示。原料のうち水は表示する必要がない。

❸ 製造年月

日本酒に消費期限や賞味期限はないが、瓶詰め時期を表す製造年月の表記は必須。また、混同しやすい「BY」（Brewing Year）は酒造年度を表し製造年月とは異なる。

❹ 保存や飲用上の注意事項

「要冷蔵」や「未成年の飲酒は法律で禁じられています」など。

❺ 原産国名

輸入品の場合。外国産清酒をブレンドした場合は、その原産国と使用割合を記載しなければならない。

❻ 製造者氏名、名称

❼ 製造所の所在地

❽ 容器容量

mℓで表示。一升瓶は1800mℓ、四合瓶は720mℓ。

❾ 品目

酒税法の分類名。「清酒」もしくは「日本酒」と表記。

表ラベル

例1 菊正宗 純米 樽酒

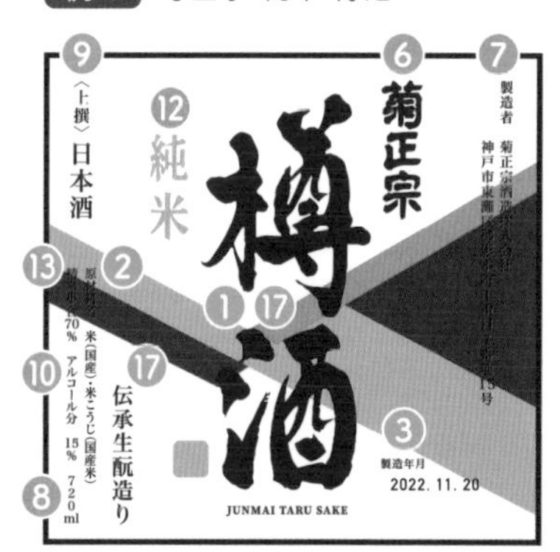

ナショナルブランドの定番酒。特徴ある製法＝「樽酒」がそのまま商品名になっているのも、“わかりやすさ第一”の明快なラベルデザインもすべてが潔い。

例2 新政酒造 亜麻猫

醸造用乳酸を使用せず、クエン酸を生成する焼酎用の白麹を使用して醸される酒。オリエンタルな「亜麻猫」のイメージが印刷されているのは和紙。

例3 月の井酒造店 和の月（なのつき）

p77に登場する石川達也杜氏が醸す酒。低精白の有機米による生酛造りだ。和紙のラベルには原料米の籾殻が漉き込んである。（有機JAS認証制度により2025年10月1日以降はラベル表示変更の可能性あり）

⑩ アルコール分
日本酒はアルコール度数が22%未満でなければならない。

⑪ 発泡性があるものは表記
スパークリング日本酒などの場合は表記される。

■ 任意で記載される情報 ■

⑫ 特定名称
特定名称酒の場合、「純米大吟醸」「純米吟醸」「特別純米」「純米」「大吟醸」「吟醸」「特別本醸造」「本醸造」（p15）のいずれかを記載。ただし、実際は特定名称のスペックを持っていながら、蔵の考え方により、あえてそれを表示しない銘柄もある。

⑬ 精米歩合
特定名称酒であることを名乗る場合は、精米歩合を必ず表示しなければならない。ただし、蔵の考え方により、実際は50%の精米歩合であるのに、表示は60%にするなど、特定名称における、より下位のスペックを表示する銘柄もある。これはレギュレーション上、特に問題はない。

⑭ 原料米の品種名
使用割合が全体の50%以上の場合、品種名を表記できる。

⑮ 清酒の産地
ブレンド酒の場合で、使用された酒が複数の異なる産地で造られている場合は産地が表示できない。

⑯ 貯蔵年数
1年以上貯蔵された日本酒は、1年未満の端数を切り捨てた貯蔵年数を表示することができる。

⑰ 特徴のある製法を示す表記
「無濾過」「原酒」「生酒」「生原酒」「生貯蔵酒」「生酛」「山廃」「樽酒」「貴醸酒」「熟成古酒」など（p16〜27）を表記できる。樽酒については、瓶などで流通していても、製造時に木製の樽で貯蔵され樽香がついた日本酒であれば「樽酒」の表示が可能。

⑱ 受賞歴
公的機関からの受賞に限り表示可能。

⑲ 成分表記
使用酵母の名称、日本酒度、アミノ酸度、酸度などを表示可能。これらの表記により、味わいの特徴をつかむことができる。

⑳ 蔵からのメッセージなど
そのほか、蔵のメッセージなどを読むことで、商品コンセプトや、造り手の思い、おすすめの飲み方など、飲み手の楽しみを手助けし、味わいのイメージを大きく広げる。

㉑ BY（酒造年度）
瓶詰めした時期を表す「製造年月」とは別に、BY（酒造年度）が表記される場合がある。例えば「2024BY」の表記なら、2024酒造年度（2024年7月1日〜2021年6月30日）に造られたことがわかる。「R6BY」（令和6年酒造年度）のような表記もある。

裏ラベル

例1 菊正宗 純米 樽酒

吉野杉の樽仕込みについての説明から、おすすめの温度帯、「たるざけブランドサイト」にリンクした二次元コードまで、ナショナルブランドらしい過不足なく充実した裏ラベル。

例2 新政酒造 亜麻猫

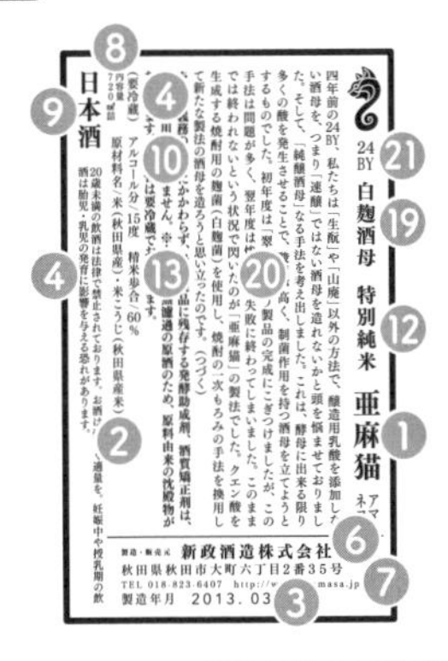

まさにライナーノーツ。白麹を使用する経緯などが長文で解説される。そして、なんと文末に（つづく）とある！ 2013年に販売された同シリーズ火入れ版の裏ラベルに文章が続いているのだった。

例3 月の井酒造店 和の月（なつき）

生酛造りの特長は「緩衝力」であることが記される。すなわち、原酒そのままでも、加水したり、ソーダで割っても楽しめる、幅の広さや複雑性が酒にそなわっている。

日本酒ラベルはいつからある?

酒の「銘柄」という観点で見ると、室町時代には「柳酒」(p139)などの商標がすでに誕生していた。また剣菱酒造(p80)のロゴマークが、伊丹諸白(p141)全盛の江戸時代から現在まで、長きにわたって使用され続けていることはよく知られている。紙のラベルに限定するなら、ガラス瓶が登場した明治に始まり、大正から昭和にかけて普及したといえるだろう。1923(大正12)年の関東大震災では物資不足から酒樽の製造が難しくなり、同時期よりガラス瓶の需要が急激に伸びていった(p154)。

1910(明治43)年の酒瓶。すでにラベルも現在のものとそう変わらないデザイン。

ジャケ買いしたくなるラベルに進化

現代は、伝統を感じさせるラベルから、おしゃれな、グラフィカルな、モダンな、実験的な、また趣味性の強いラベルまで百花繚乱。誰でも“ジャケ買い”したくなる一品が見つかる。ラベルデザインの進化が特に目に付くようになったのは、2010年代だろうか。2002年には酒類総合研究所が日本酒ラベルの収集・調査・分析を行っており、全国の蔵のラベルをネットに公開している。日本酒ラベルをテーマにした展覧会もあり、2015年には、伊丹市立工芸センターで「日本酒ラベルデザイン展」が開催。活躍中のデザイナーがデザインしたラベルが披露された。また2021年は、広島の「筆の里工房」で明治時代からのクラシカルな日本酒ラベルを集めた企画展示「酒票の美—文字と意匠」が開催された。

◎酒類総合研究所「日本酒ラベルコレクション」 https://www.nrib.go.jp/sake/collection/

さらに自由なラベルが登場

日本酒のラベル印刷でトップシェアを誇るのが石川県の「高桑美術印刷」。こうした専門性の高い印刷会社にデザイン込みでラベルを発注する蔵も多い。近年、デザイン意識の高い酒蔵では、有名デザイナーやアーティストを起用してブランディングやデザインを展開する例も珍しくなくなった。社内にデザイナーを擁し、さらに外部クリエイターと多数のコラボを展開することで先鋭的なビジュアルイメージをアピールする新政酒造(秋田)はその筆頭だろう。また、日本のサブカルチャーに精通する蔵元によるブランド「タクシードライバー」で知られる喜久盛酒造(岩手)をはじめ、趣味性の強い独自テイストを主張するラベルも増えた。特殊印刷を多用したり、和紙を用いるなど用紙にこだわるラベルもよく見る。また、二次元コードなどを印刷し、スマートフォンで読み取ると、リンク先の関連コンテンツを閲覧できるラベルも増えている。その内容は、酒蔵や杜氏の紹介、原料や造りの情報、ブランディングのストーリー、飲み方の提案、酒造りの様子を収録した関連動画など多岐にわたる。ラベルの限られたスペースには盛り込み切れない情報を、デジタルコンテンツとの連動で伝達できる。

蔵元の妻が手がけるラベルデザイン

富山県富山市の蔵、富美菊酒造の4代目である羽根敬喜さんが「羽根屋」ブランドを立ち上げてから、商品開発、ネーミング、そしてラベルデザインまで担当してきたのは、妻で営業部長でもある羽根千鶴子さん。とはいえ、「もともとデザインの技術があったわけでも、デザインの仕事に興味があったわけでもない」と千鶴子さんは話す。「外部のデザイナーに案を出してもらっても、どうしても自分の持っている確固たるイメージと合致しないんです。それなら自分でやるしかない、と」

フラッグシップ「煌火」のラベルは「羽根屋」のロゴに「ブルー・ホログラム」なる青箔を指定しただけのシンプルなデザインだが、千鶴子さんの思いがこめられている。

「炎は、赤よりも青白い部分の温度がずっと高い。青は毎日地道な作業を積み上げる蔵人の情熱の炎の色です。派手さや感情的な高ぶりはない代わり、強い意志のもと静かに燃えさかる真に強い情熱。その炎の色を羽根屋のテーマカラーとして、ブルー・ホログラムで表現しました」

羽根屋のラベルデザインには箔が多用される。千鶴子さん自身、キラキラしたものにワクワクするそうだ。光を受けたときの輝きと陰影を大事にしている。銘柄によってロゴに色違いの箔を使用する「十四代」の影響も大きかったとか。

これまで一番完成度が高いと自分で思えるデザインは「羽根屋スパークリング」だそうだ。

「一見、ドン ペリニヨンのようで洋風にも見えますが、細部には和風なテイストも感じられ、羽根を模したデザインもオリジナルなものになったのではと思っています」

素晴らしい日本酒に目を向けてもらうため、うわべだけでない真実のストーリーを語るブランディングが必要だという千鶴子さん。今後も羽根屋らしいラベルデザインを生み出し続けてほしい。

洋と和のテイストを融合したラベルデザイン、羽根屋スパークリング。

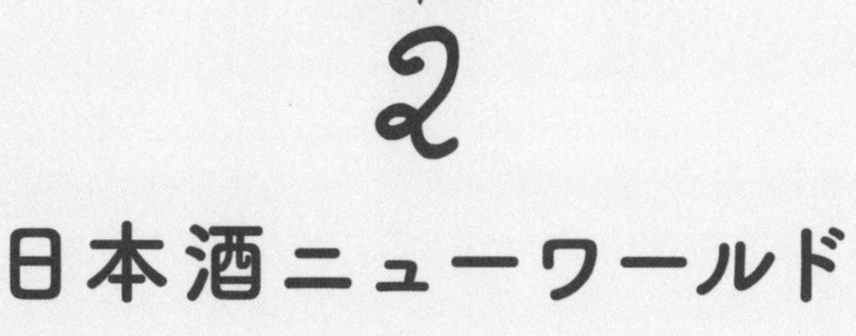

Chapter 2

日本酒ニューワールド

地図で見る世界のSAKE

ここ数年、海外では小規模な「SAKE」の造り手が増えつつあり、醸造所の数は世界に70軒くらいあるといわれている。その中から、主な醸造所をマップにした。北米、中南米、ヨーロッパ、オセアニア、アジアと広がっていることがわかる。

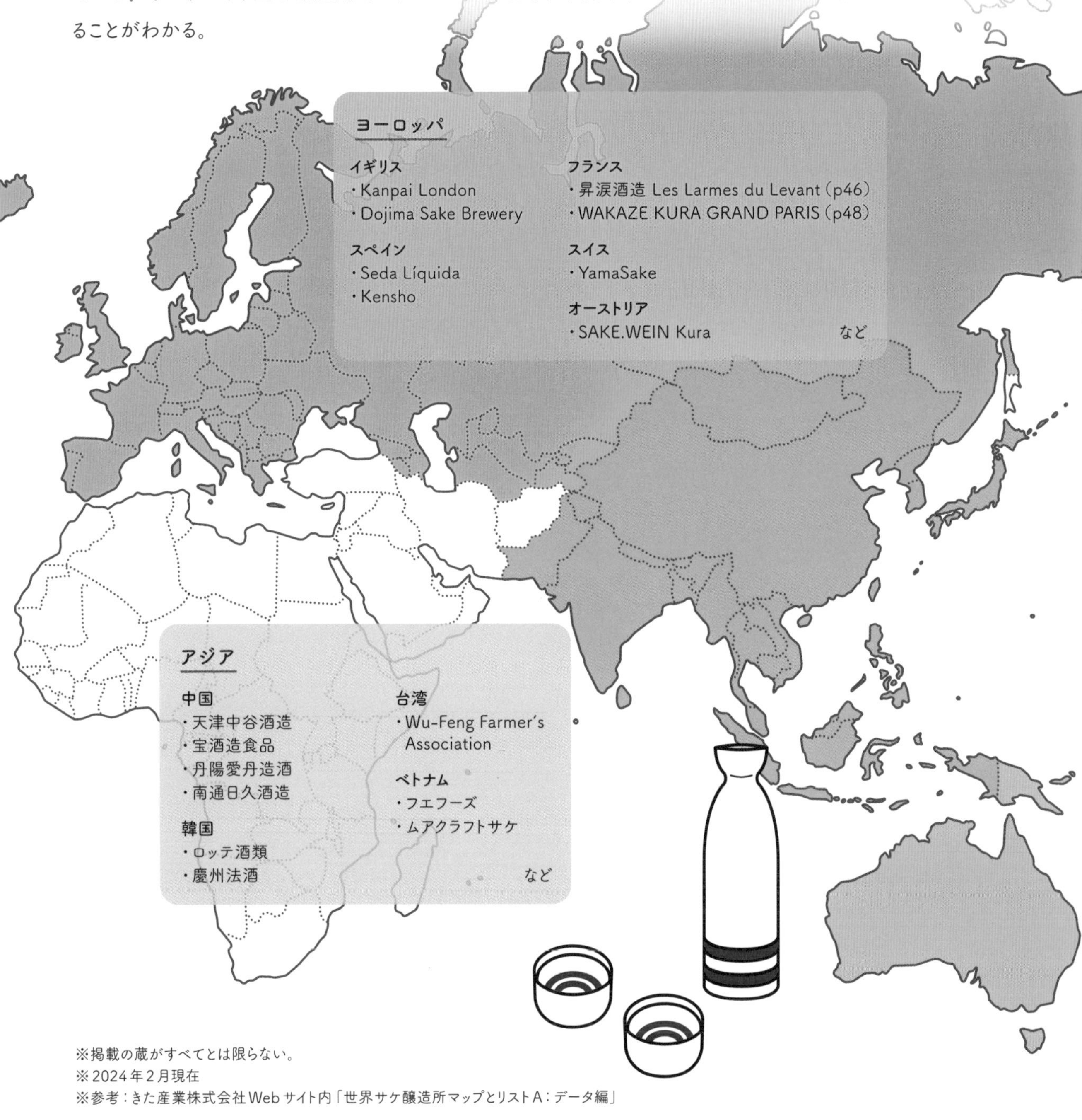

ヨーロッパ

イギリス
- Kanpai London
- Dojima Sake Brewery

スペイン
- Seda Líquida
- Kensho

フランス
- 昇涙酒造 Les Larmes du Levant（p46）
- WAKAZE KURA GRAND PARIS（p48）

スイス
- YamaSake

オーストリア
- SAKE.WEIN Kura

など

アジア

中国
- 天津中谷酒造
- 宝酒造食品
- 丹陽愛丹造酒
- 南通日久酒造

韓国
- ロッテ酒類
- 慶州法酒

台湾
- Wu-Feng Farmer's Association

ベトナム
- フエフーズ
- ムアクラフトサケ

など

※掲載の蔵がすべてとは限らない。
※2024年2月現在
※参考：きた産業株式会社Webサイト内「世界サケ醸造所マップとリストA：データ編」

北米

アメリカ
- moto-i
- Texas Saké Company
- Ben's Tune-up
- Squoia Sake Company
- Proper Sake
- Tahoma Fuji, WA
- Arizona Sake LLC
- DEN Sake Brewery
- Brooklyn Kura
- North American Sake Brewery
- Rebel Sake
- Setting Sun Sake
- Takara Sake USA
- Gekkeikan Sake USA
- Ozeki Sake USA
- SakéOne
- Yaegaki Corp. of USA
- Farthest Star Sake
- Wetlands Sake
- Dassai Blue Sake Brewery（p53）

カナダ
- Artisan Sake Maker
- Ontario Spring Water Sake Company
- Kizuna Sake

など

中南米

メキシコ
- Sakecul / ULTRAMARINO

ブラジル
- Azuma Kirin
- Sakeria Thikará Indústria e Comércio de Bebidas Ltda
- Vinhos Quinta do Nino
- Casa Di Conti Ltda

チリ
- Tonan Hoyoku

など

オセアニア

オーストラリア
- Melbourne Sake

ハワイ
- Islander Sake Brewery

ニュージーランド
- All Black

など

海外で造られた「日本酒」は「日本酒」ではない!?

国税庁の定義によると、「日本酒」（Nihonshu / Japanese Sake）とは、原料の米に日本産米を用い、日本国内で醸造したもののみを指す。そのため、海外で造られた「日本酒」は「SAKE」と呼び、明確に区別。2015年12月に、地理的表示（GI）として「日本酒」を指定・保護している。（p11）

海外での酒造り Q&A

気候も風土も異なる海外の醸造所において、日本と同様の原材料を入手するのは難しい。酒米、仕込み水、酵母、酒造りのための機器と、どのような条件の下でSAKEを造っているのだろう？

Q 酒米はどうしているの？

A アメリカでは、これまで酒米「渡船」をルーツに持つカリフォルニア州発祥の中粒米「カルローズ」を酒造りに利用することが多かったが、近年、アメリカ・アーカンソー州でも山田錦の栽培に成功し、海外においても山田錦でSAKEを造る醸造所が増えつつある。また、フランスの酒造りでは、稲作が盛んなカマルグで栽培される「カマルグ米」を使用する蔵も。地元の米が選ばれる背景には、テロワール（米造りを取り巻く自然環境要因）を意識する造り手が増えていることも見逃せない。

Q 仕込み水は軟水？硬水？

A 酒質に大きく影響するといわれる水。日本では仕込み水に軟水を使用する蔵が多いため、硬水での酒造りはイメージしづらいかもしれないが、古くからの銘醸地として知られる「灘」は硬水だ。それに比べて、軟水での日本酒造りは明治時代に広島の酒造家、三浦仙三郎（p151）が開発した醸造法。海外でのSAKE造りの多くが硬水で仕込んでいるのも、日本酒の歴史から見ても実はそれほど違和感のない取り組みといえる。

Q 精米はどうしているの？

A 飯米にしろ酒米にしろ、原料の米を確保した後、海外の醸造家たちが直面するのが精米の問題だ。一般的に日本の蔵が使用する醸造向けの精米機は海外にあまりないため、高精米の米で酒を造ることはなかなか難しい。しかし、年々SAKEの生産量を順調に伸ばし、米の買取量が増えている蔵では、米の業者が高精米を試みるようになることもあり、変化の兆しも見えている。

Q 酵母はどうしているの？

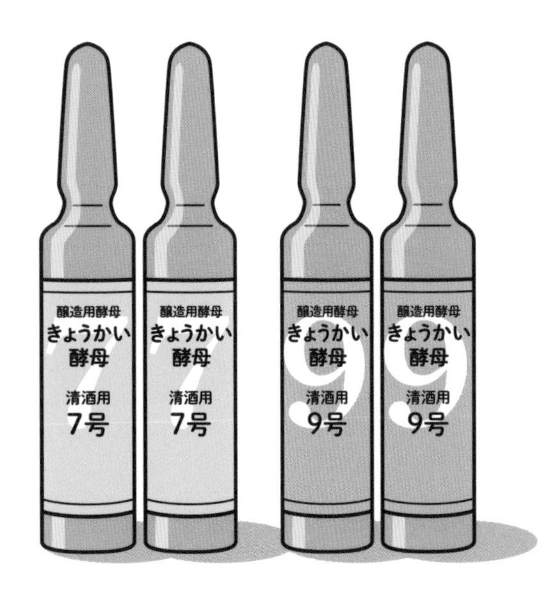

A 清酒酵母の頒布を担う公益財団法人日本醸造協会では、日本国内の蔵元に限定して分けていたが、海外でのSAKE造りが盛んになるにつれ、酵母の購入希望の声が高まり、現在は「きょうかい701号（7号酵母）」と「きょうかい901号（9号酵母）」を海外に向けても販売している。また、酒米と同じく、醸造所のある風土を重視してワイン酵母で醸す造り手も登場している。

Q 設備はどうしているの？

A SAKE造りの工程においては、あらゆる場面で様々な道具が必要となる。なかには、まったく新しい蔵を建てることを機に、日本の最新機材を輸入する強者もいるが、恵まれた環境はそうそうない。例えば発酵に使用するタンクひとつとっても、日本なら日本酒の醸造用に作られたものがたやすく入手可能だが、海外ではなかなか難しい。そこで、ワイン用のタンクを流用したり、麹室や麹蓋などの木工品を自ら作ったりと、マイクロサケブルワリーらしく工夫を重ね、道具にもDIY精神を発揮する造り手も多いのが現状だ。

世界の蔵 ①

from USA「ブルックリンクラ」

アメリカ・NYのSAKE醸造所「Brooklyn Kura」は、日本酒を愛するニューヨーカー2人が2018年に設立。地元ブルックリンの「JIZAKE」として親しまれている。2021年には「八海山」で知られる八海醸造と業務資本提携を結び、酒造りにおける日本との時差がなくなった。

タップのある醸造所

ブルックリンは洗練された街であると同時に、ローカルなコミュニティやクラフトを大切にする土壌があり、マイクロサケブルワリーを設立するには打ってつけの場所。自然光がたっぷり入る明るい醸造所には、テイスティングバーも併設されており、タップからは搾りたてのSAKEが飲める。また、八海醸造と業務資本提携後の2023年秋には新たな蔵も稼働。新蔵では特にタップルームを重視し、飲む場所としてだけでなく、日本酒の文化や歴史などを総合的に学べる啓発プログラムも実施する場として活用されている。

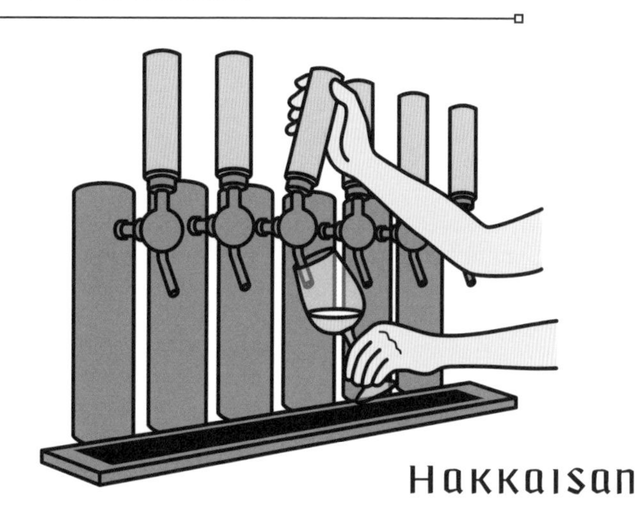

日本旅行がきっかけで酒造りの道へ

醸造担当のブランドン・ドーン氏（左）と共同経営者のブライアン・ポーレン氏（右）は、日本で開かれた共通の友人の結婚式で出会った。二人ともその旅で体験した日本酒のおいしさに目覚め、意気投合。ブランドン氏は元化学者で、蔵の立ち上げ前にはホームブルーイングで研究を重ね、その後、静岡の蔵でも修業した。そこで、代々、その土地に根差した伝統と歴史を守りながら造られる「地酒／JIZAKE」の精神に触れ、ますます酒造りにのめり込んだ。

造っているのはこんなSAKE

Blue Door Junmai

カルローズとアメリカ産山田錦を使用。精米歩合は70%。飲みごたえのあるフルボディタイプ。

Number Fourteen Junmai Ginjo

カルローズとアメリカ産山田錦を使用。精米歩合は60%。軽快な味わいとキレが楽しめる。

Greenwood - Kimoto

ブルックリンの天然酵母で造った生酛純米酒は、まさに「JIZAKE」。

Occidental - Dry-hopped Junmai Ginjo

ドライホップを使い、ホップやトロピカルフルーツのようなアロマが特徴的な生酒。

ブルックリンでSAKEを造る意味

NYの「JIZAKE」として定着しつつある「ブルックリンクラ」。ワインを買う感覚で、気軽に自宅で食事と共に楽しんで欲しいと、飲み方の提案もしている。また、新しくできたタップルーム併設の蔵では、八海醸造から渡米した蔵人が数名常駐し、酒造りをサポート。今後は、共同開発も視野に入れる。タップルームで実施するSAKE啓発プログラムも相まって、NYにおけるSAKEの発信拠点として、次のステージに突入したといえるだろう。

世界の蔵 ②

from France「昇涙(しょうるい)酒造」

2017年、フランスで本格的にSAKE造りに取り組む醸造所第1号として誕生した「昇涙酒造」。蔵元は日本の蔵で修業した経験を持つフランス人だ。

ワインの銘醸地に現れたSAKE醸造所

フランス南東部のローヌ・アルプ地方は、ワインの産地としても知られている。そんなブドウ畑の中心に位置するのが、フランスで初めてのSAKE醸造所となった「昇涙酒造」だ。蔵元でフランス人のグレゴワール・ブッフ氏が日本酒に出合ったのは、2013年の家族旅行でのこと。たまたま立ち寄った居酒屋で飲んだ日本酒のおいしさに目覚め、1年半後には、鳥取の酒蔵で修業。酒造りのみならず、日本文化の奥深さも体得した。

生酛造りへのチャレンジ

仕込み水は地元の硬水を使用するが、酒米は日本のもの。理由は、酒造りについてひとつ軸を決めたかったから。そのため、蔵の立ち上げ時に参画していた日本人杜氏が使い慣れた日本産の酒米（山田錦や玉栄など）を採用した。また、ブッフ氏が修業した蔵の影響もあり、生酛造りには思い入れが深く、3年目からは生産量の50％を生酛造りにした。今後は、地元フランス産の有機米を使用したり、全量を酵母無添加の生酛で造ったりすることを目指している。

造っているのはこんなSAKE

L'AUBE 暁

日本産山田錦使用。70%精米の純米酒。まろやかで甘み、酸味のバランスがよい。

LA VAGUE 浪

日本産玉栄使用。70%精米の純米酒。芳醇な味わいで、燗にも向いている。

LE TONNERRE 雷

日本産玉栄使用。80%精米の純米酒。しっかりしたボディと熟成感が魅力。燗向き。

LE VENT 風

日本産山田錦使用。50%精米の純米大吟醸酒。エレガントでフルーティなアロマを持つ。

フランスと日本を結ぶ「昇涙（しょうるい）」という名前

「昇涙」という蔵の名前には一文字ごとに意味がある。「昇」は、「日が昇る国」である日本を表現。一方、「涙」は、フランスにおける日本酒の伝道師として知られた黒田利朗氏の著書『L' Art du saké』(La Martiniere)に登場する、「日本酒は酵母が流した最後の涙」という一節に由来している。黒田氏は、日本のいいものを紹介したいという情熱のもと、パリで選りすぐりの日本の食材や日本酒を扱う店「ISE」を経営。店内で日本酒の試飲会を実施し、パリで日本酒を広めた。蔵の名前には、酒を通して結ばれたフランスと日本の深い関係がよく表れているといえるだろう。

世界の蔵 ③

from France「KURA GRAND PARIS」

2019年、パリで初めて、日本人によるSAKE醸造所ができた。山形を拠点に委託醸造で日本酒をリリースしたり、東京にどぶろくとボタニカルサケの醸造所併設の飲食店を運営してきた「WAKAZE」が、フランスでのSAKE造りに取り組んでいる。

日本人が「世界酒」を造るためのSAKE醸造所

日本酒のスタートアップ企業として知られる「WAKAZE」が、フランス、それも、美食の都・パリにSAKE醸造所「KURA GRAND PARIS」を設立したのは2019年のこと。450㎡の敷地に、2500ℓのタンク12本という、ヨーロッパ最大規模でスタートした。パリを選んだのは、世界的にも評価の高い食の発信地で、ワインと肩を並べて食文化に定着させたいという思いから。代表の稲川琢磨氏（右）と杜氏の今井翔也氏（左）はフランスに居を移して、SAKE造りに邁進。ヨーロッパでの販売のみならず、日本にも輸出している。

材料はすべて100％フランス産

SAKE造りの原料は、南仏カマルグ産の米、地元の硬水、酵母はワイン酵母と、あえて100％フランス産を選択。「世界酒」を造るにあたって設定した基準のひとつだ。その土地で手に入る素材で酒造りが可能であれば、世界のどこに行っても米が原料のSAKEは造れる。どんな環境でも造れることが、日本酒が世界酒になるための条件。硬水での醸造法をフランスで確立するのもその一環だ。

◎ 造っているのはこんなSAKE ◎

THE CLASSIC

世界酒の基準とすべくフランスで開発したレシピで造られた、WAKAZEの代表銘柄（日本では委託醸造）。

BARREL SAKE -RED WINE-

ピノ・ノワールの熟成に使用した樽で寝かせた酒は、バニラの香りや、複雑な余韻が特徴的。

YUZU SAKÉ

フランスでも人気の柚子を使用したボタニカルサケ。輸出先の米国でも人気（日本未発売）。

ICONIQUE

フランスのスターシェフ、ティエリー・マルクス氏との協業から生まれたシリーズのひとつ。

直営レストランは日本酒文化の発信拠点

2022年5月、WAKAZEはパリに直営レストラン「WAKAZE PARIS」をオープンした。店内では、流通が難しい生酒を、パリ近郊にある醸造所の立地を活かし、フレッシュな味わいが楽しめるタップで提供。新たなファンを生み出している。また、フードメニューは、従来の和食のイメージにとらわれず、「発酵」をテーマに酒造りと地続きにある麹や酒粕などの食材を積極的に取り入れることで、伝統的な日本の食とSAKEの豊かな関係性も発信している。

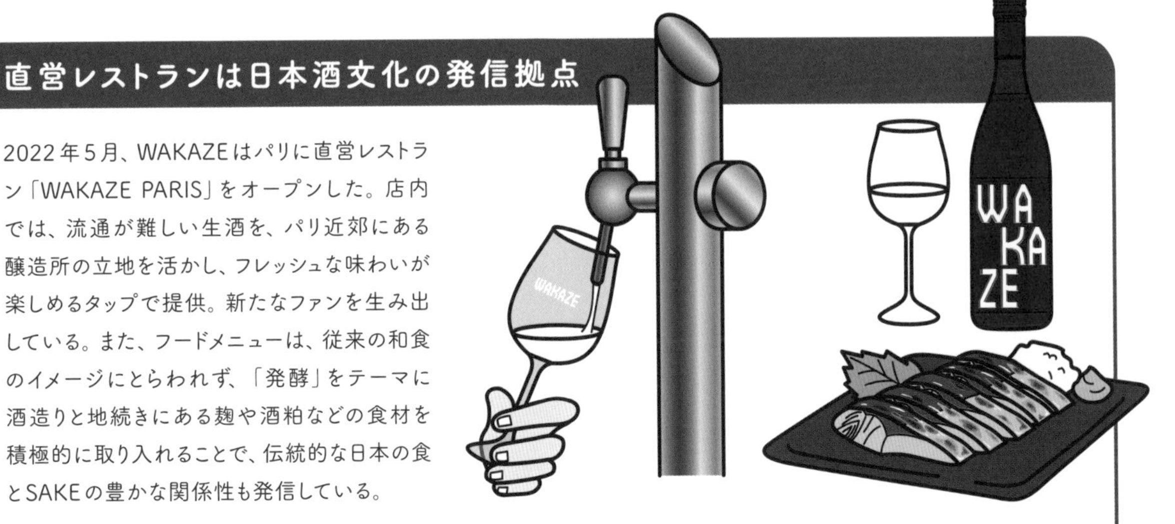

海外でのSAKEの歴史 ー年表編ー

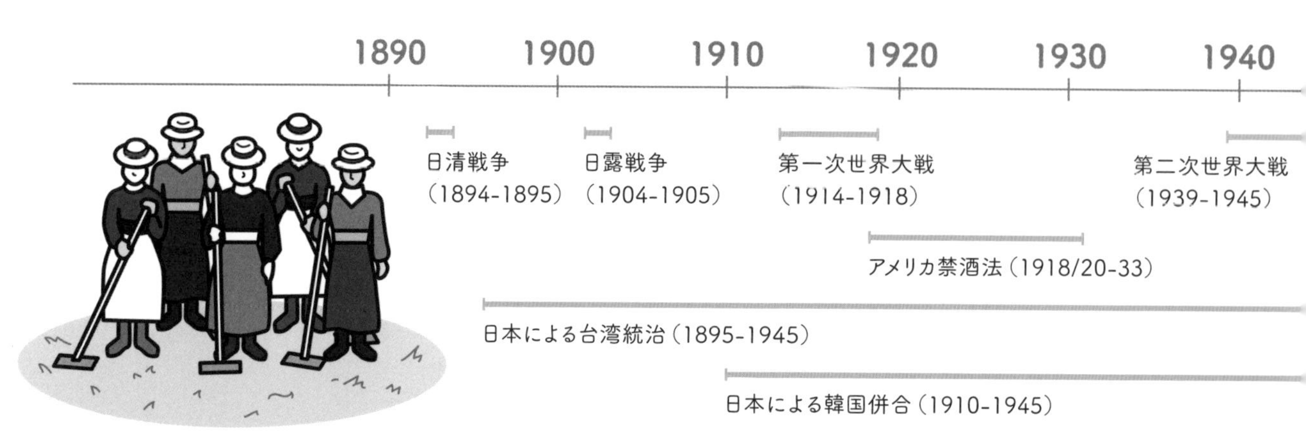

地域			
アメリカ本土	1890年から日本人移民本格化	禁酒法前には、サンフランシスコや LA、シアトルなどに清酒メーカーが10 社以上存在	
ハワイ	1868年、日本人の移民開始	1908年、「ホノルル日本酒醸造会社」（のちに宝酒造により買収）が誕生し企業としてアメリカで初めて清酒を造る。世界で初めて冷房付き石蔵で醸造したことでも知られる	禁酒法前後にいくつか醸造所ができる
ブラジル	1908年、日本人の移民開始	1920年頃から日本人移民が、どぶろくなどの個人醸造を始めたと見られる	
台湾	1900～05 年頃に初めて清酒が造られたとされている。その後に日本人が出資した清酒メーカーがいくつか誕生	1922～45年まで、日本による酒の専売が続いた	
韓国	韓国併合前の1883年、清酒の蔵元が誕生	1909年、日本の韓自統皇室府による酒造法で自家醸造から酒税を徴収	1916年、朝鮮総督府による酒税令以降、個人譲造から企業の酒へ

海外におけるSAKE生産の歴史の始まりには、日本の移民政策が影響している。そのほか、世界や日本の情勢と照らし合わせながら、清酒醸造との関係が深い国や地域を中心にたどる。

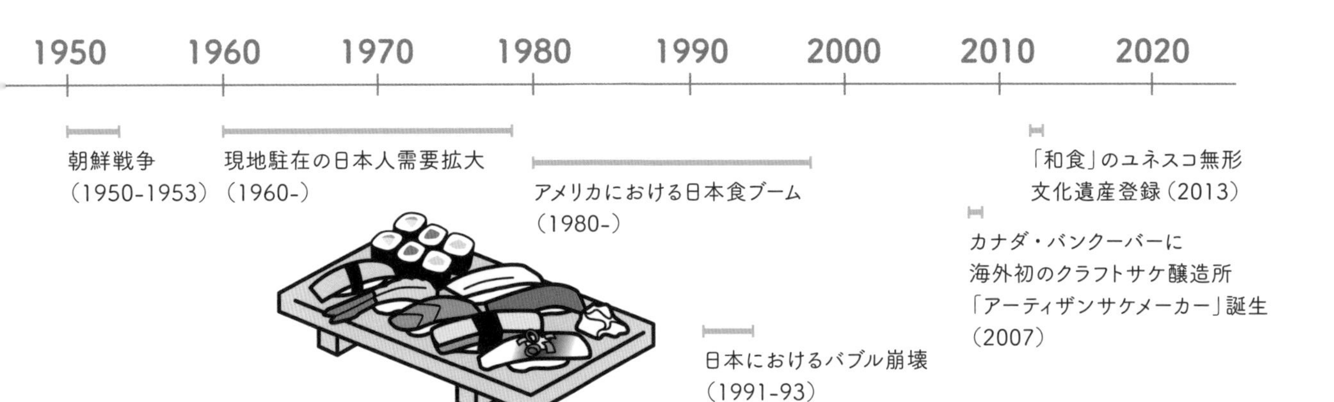

第二次世界大戦後は、西海岸や、大戦中、日系人の隔離先だったコロラドに醸造所ができる

1979年、日本の酒造会社がアメリカに初進出。以降、大手メーカーを中心に現地生産に乗り出すケースが増える

2008年、ミネアポリスにマイクロサケ醸造所が誕生

2010年代以降、マイクロ/クラフトサケ醸造所がコンスタントに誕生している

1947年、第二次世界大戦後、清酒醸造が再開する

1987年、ホノルルで国際酒会が発足

1989年、ハワイ最後の醸造所が生産停止

2001年、全米日本酒歓評会が始まる(以降、毎年開催)

2020年、約30年ぶりにハワイに清酒の醸造所が復活(p53)

1938年、「東山(とうざん)農産加工」が企業として初めて清酒を醸造。当初からクーラー付きの設備で、「東麒麟(あずまきりん)」「東鵬(あずまおおとり)」という銘柄を醸す(「東麒麟」は今ではブラジル産清酒の9割を占める)

1961~66年の間にもいくつか清酒メーカーがあったといわれている

1945年、台湾公売局による清酒生産開始。91年まで、台湾政府による酒の専売が続いた

1973年、台湾における清酒生産が中止

1990年代に入り、日本からの清酒の輸入量が増加

1997年、TTL(台湾公売局が民営化した会社)が清酒生産を再開

2008年、台湾初の民間清酒醸造所が誕生

1945年の終戦時、清酒の蔵元は119社あった。終戦後、その多くを韓国人が引き継ぐ

1965年、政府の食糧政策により酒類への米の使用を制限

1973年、政府の方針により、30以上あった清酒メーカーが3つに

1989年、政府は酒類への米の使用制限を解除。80年代後半より、清酒造りが盛り返す

2005年頃から日式レストランや居酒屋で清酒がブームに

※出典:喜多常夫(2009)お酒の輸出と海外産清酒・焼酎に関する調査(I)、日本醸造協会誌、104(7)、喜多常夫(2009)お酒の輸出と海外産清酒・焼酎に関する調査(II)、日本醸造協会誌104(8)、喜多常夫「海外における清酒・焼酎生産の100年の歴史」

海外でのSAKEの歴史 ートピックス編ー

海外におけるSAKEの歴史において、エポックメイキングになる事柄をピックアップ。歴史の変化のきっかけを振り返りつつ、今後に影響する海外の蔵の動きも紹介する。

酒造メーカーがアメリカに初めて進出したのは1979年

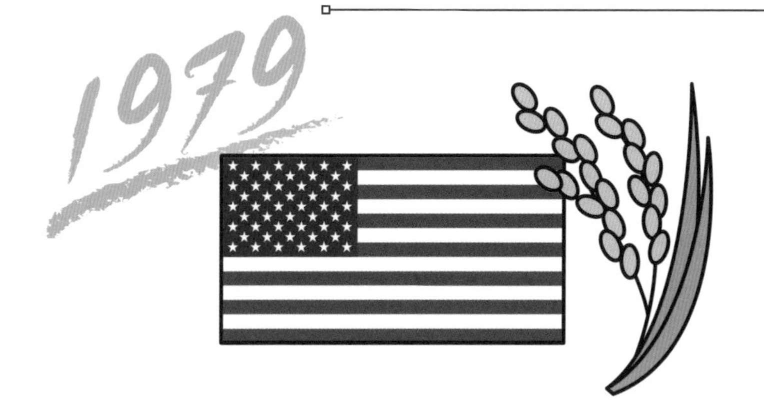

日本の酒造メーカーが、アメリカでの現地生産をスタートしたのは1979年のこと。大関（兵庫）がカリフォルニア州に進出した。アメリカへの輸出は1962年に開始していたが、鮮度を考慮し現地での醸造へ。現地の米を使用し、日本と同様の酒造りを行っている。

ヨーロッパ初のSAKE醸造所はノルウェー

ノルウェーのブルワリー「Nøgne Ø」（ヌグネ・オー）は、クラフトビール造りのかたわら、2010年にカナダ人の醸造長を招き入れ、SAKE造りを開始。これがヨーロッパ初のSAKE醸造所となった。味わいに個性が出やすい山廃仕込みに果敢にチャレンジし、日本でも販売され、認知度が高まっていたが、ノルウェーでの新たな日本酒市場を開拓するのは難しく、現在はSAKE造りから撤退している。

ハワイで約30年ぶりにSAKE造りが復活

日本人のハワイへの集団移住が始まった明治時代。現地に渡った日本人は、自分たちのために米の酒を造るようになる。一時は数軒の醸造所が設立されたが第二次世界大戦などを経て衰退。1989年にはハワイで唯一の醸造所が生産を停止した。それから約30 年後の2020 年。SAKE造りのために移住した日本人女性、高橋千秋氏がホノルルにて、新たに醸造所「ISLANDER SAKE BREWERY」を設立。さらに、2022年にはより酒造りに適した環境を求め、自然豊かで天然水に恵まれたハワイ島へ移転。日本から輸入した自然栽培の岡山産雄町やアメリカのカルローズ米などを使用し、ハワイの軟水で醸す。

NYの料理大学とSAKE造りに挑む

NYの料理大学CIA（The Culinary Instituteof America）と提携した「獺祭」は、2023年9月、大学の近くに醸造所を建設し、新たに「DASSAI BLUE」というブランドを立ち上げた。これは、和食や日本酒の知識を深めるためには工程から学ぶ場が必要という大学からのオファーにより、実現したもの。近くを流れるハドソン川の水と、日本産の山田錦で醸すのは、純米大吟醸酒のみ。ゆくゆくはアメリカ産山田錦を使用する計画にもすでに着手している。日本のベテランスタッフとNYの新人スタッフの混成チームが、日本での造りと同じ手法で仕込む。

将来の食のプロフェッショナルを養成するCIAと組むことで、アメリカ国内でのSAKEの認知度は各段に上がるに違いない。

データで見る日本酒輸出事情

アメリカや中国を筆頭に、年々、日本からの輸出量と輸出額が増えている日本酒。2023年度には輸出金額の第1位は中国で約124.7億円（総額410.8億円）、輸出量の第1位はアメリカで6502kℓ（総数量2.9万kℓ）を記録した。（財務省貿易統計より）ここでは、様々な金額のデータを通して見えてくる日本酒と海外の関係性に注目したい。

輸出金額が最も多い国・地域はどこ？

2019年と2023年の輸出金額 国・地域別ランキングベスト5

2019年

順位	国・地域	金額
1位	アメリカ	6,757
2位	中国	5,001
3位	香港	3,943
4位	韓国	1,360
5位	台湾	1,359

2023年

順位	国・地域	金額
1位	中国	12,465
2位	アメリカ	9,091
3位	香港	6,024
4位	韓国	2,905
5位	台湾	2,677

※出典：財務省貿易統計　単位：百万円

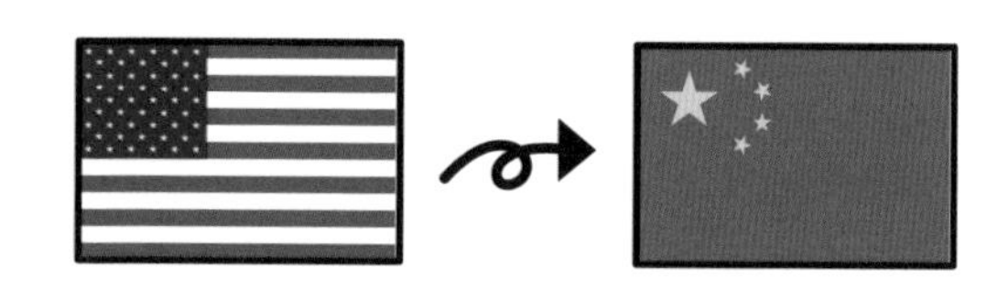

中国市場の成長が目ざましく、2020年には、これまで首位を占めていたアメリカから、香港、中国が1位と2位に。2021年には中国がトップになり、以降、首位の座をキープ。

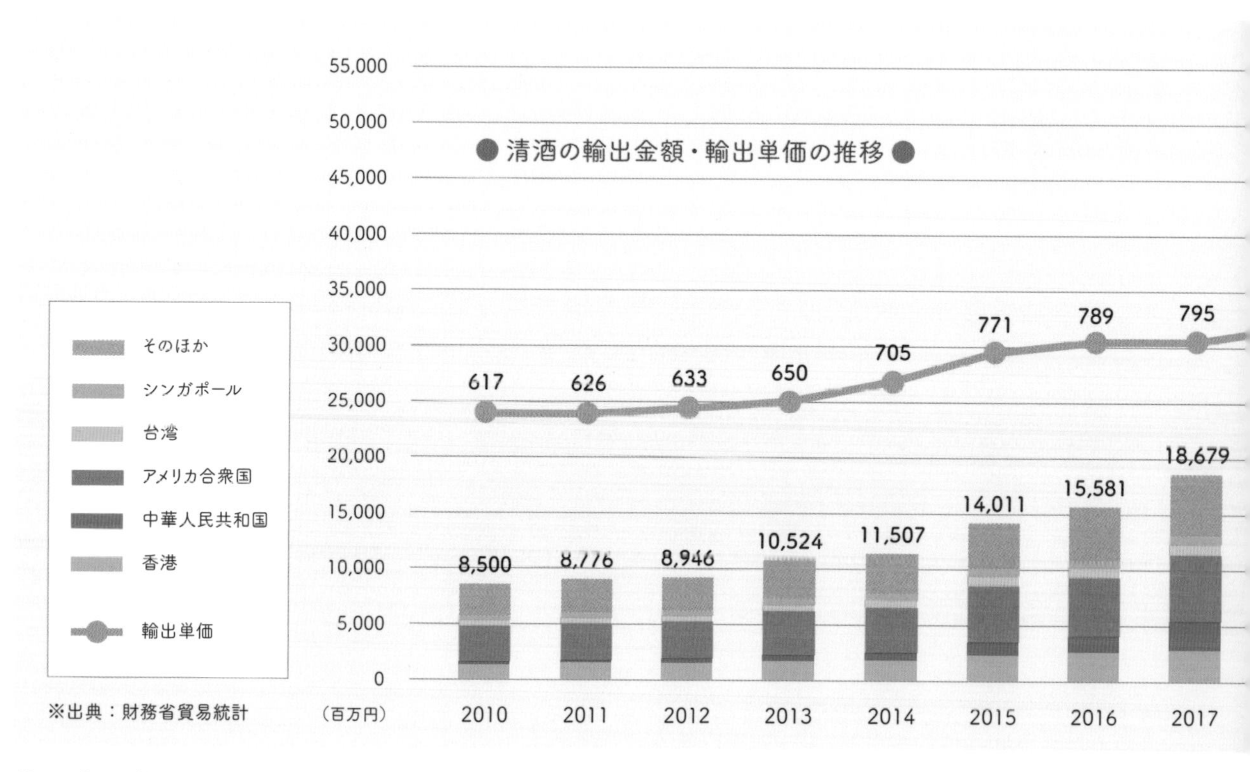

※出典：財務省貿易統計

輸出単価が最も高い国・地域はどこ？

2019年と2023年の輸出単価 国・地域別ランキングベスト5

2019年

順位	国・地域	輸出単価
1位	マカオ	3,940
2位	香港	2,047
3位	シンガポール	1,406
4位	メキシコ	1,094
5位	英国	1,059

2023年

順位	国・地域	輸出単価
1位	香港	2,588
2位	シンガポール	2,163
3位	中国	2,151
4位	アメリカ	1,398
5位	英国	1,351

※出典：財務省貿易統計　単位：百万円

輸出単価は全体的な底上げ傾向が見られ、国内市場と同様に高級路線化がうかがえる。特にアジアの国や地域では富裕層向けの酒として地位を築きつつある。

10年間で約4倍に成長 清酒の輸出金額と輸出単価の移り変わり

年	棒グラフの数値	折れ線グラフの数値（円／ℓ）
2018	22,232	863
2019	23,412	939
2020	24,141	1,109
2021	40,178	1,253
2022	47,489	1,323
2023	41,082	1,407

（年）　（円／ℓ）　0　100　200　300　400　500　600　700　800　900　1,000　1,100　1,200　1,300　1,400

2022年には過去最高の輸出金額、474.9億円を記録したものの、2023年には中国やアメリカでの景気減速、インフレなどの影響でマイナスに。それでもここ10年間で比較すると輸出金額は約4倍にも成長。輸出単価も伸びており、高価な日本酒の需要がうかがえる。

日本酒の輸出にまつわる動き

今後も成長が見込める海外市場を後押しすべく、関係機関では様々な動きがある。ここでは輸出に限り、新規で酒造免許がおりると注目の「輸出用清酒製造免許制度」と、輸出にあたって、海外の人にもわかりやすいラベル表記について紹介する。

輸出に限り新規参入が可能に

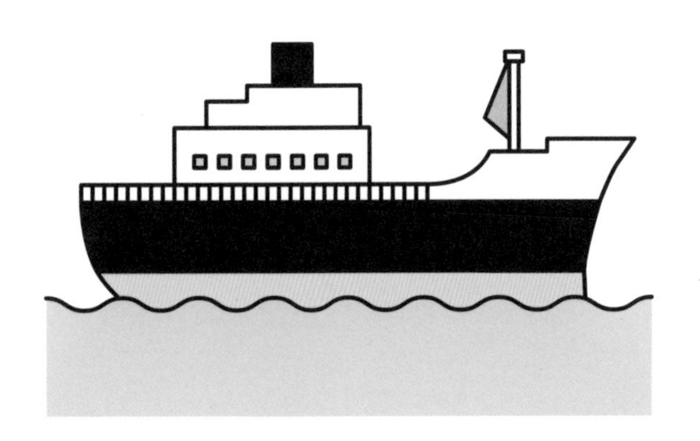

酒類の管轄機関である国税庁では、順調に輸出を伸ばしている日本産酒類の中でも、特に日本酒の輸出拡大に向けて様々な取り組みを実施している。その一環として、2020年には、輸出用清酒製造免許制度が新たに設けられ、2021年春には、福島県の焼酎蒸留所がこの制度を活用した第1号の蔵として免許が与えられた。輸出用清酒製造免許制度では、輸出用に限り清酒の最低製造数量基準（60kℓ）を適用しないこととし、少量から製造できる醸造所を新たに設置することが可能になった。

裏ラベルの表記もわかりやすく

国税庁と日本食品海外プロモーションセンターでは、海外の消費者が日本酒を手に取った際、酒質や適した温度、ペアリングなど、購入の判断材料となる情報が少なくわかりづらいという声に対応すべく、日本酒の輸出用裏ラベルの基準を作った。「味・味わい」「風味・香り」「ペアフード」「温度」「酒蔵についての物語」「製品についての物語（こだわり）」といった6つの項目を盛り込む指針を提案している。石川県の酒蔵を皮切りに、採用する蔵が増えつつある。

英語版

XXX (product name)
Flavor
Aroma
Food Matches
Recommended serving temperature : 5-10℃
Storange temperature : 5℃
About the Producer
About this Sake
法的記載事項

日本語版

日本酒普及の背景 ①教育の広がり

ひと昔前の海外では、日本酒は中国の蒸留酒「白酒（バイジョウ）」と混同されることもあり、飲み手も提供する側も、日本酒についての知識があいまいだった。しかし、日本酒の注目度が高まるにつれて、正確な知識を持つプロの必要性が高まり、日本酒を体系的に学ぶことができるカリキュラムが誕生。海外における日本酒の普及に大きく貢献している。

世界的なワインの教育機関でも日本酒の講座を設置

ロンドンに本部を置き、世界70か国、19言語で展開する世界最大のワイン教育機関「WSET」では、2014年より日本酒について体系的に学べる「WSET SAKE講座」をスタート。ワインと同様にグローバルに活躍する人材を育成するとあって、大きな反響を呼び、2017年には、日本でも受講可能となった。2024年4月には、今までの上級レベル（L3）と初級レベル（L1）に加えて中級レベル（L2）も設立。さらに今後は、L2、L3の日本語版も開講予定。世界へ向けて日本酒を発信できる人材がますます増えるに違いない。

外国人向け日本酒学習の道を切り拓いた日本酒伝道師、ジョン・ゴントナー氏の功績

日本酒について専門的な知識を学ぶことは日本人でもなかなか難しい。それが非日本語母語話者ならなおのこと。今のように国際的教育機関によるカリキュラムがなかった頃から、外国人のための日本酒学習プログラムを体系化してきたのが、米・オハイオ州出身で日本在住のジョン・ゴントナー氏だ。英語教師として来日した際、日本酒の奥深さに触れ日本に残り、1994 年から8 年間にわたり『The Japan Times』にて日本酒コラムを連載。そのかたわら、2003 年から、外国人向け日本酒セミナーをスタート。酒造りから日本酒の文化まで網羅したプログラムは好評で、彼のセミナーからは、SAKE 醸造所を設立したり、日本酒アンバサダーとして日本酒を広めるなどグローバルに活躍する人材が次々に誕生している。ほかにも、英語で日本酒を発信する季刊誌『Sake Today』を発行するなど、日本酒の海外普及を語る上で欠かせない人物だ。

日本酒普及の背景　②ペアリングの提案

海外で日本酒が広がるためには、かつてワインがたどったように、その国の食文化に寄り添う提案が肝となる。ワインの本拠地、フランスでは、美食の最前線にいるシェフたちから、ワインとは異なる特徴をもつ日本酒の魅力が評価されつつあり、ミシュランの星付きレストランでも、日本酒がじわじわとオンリストされるようになった。SAKEの醸造所が増えつつあるアメリカでも、ペアリングを提案するレストランや、プロ向けトレーニングが盛んだ。一方、ここ数年で日本酒の輸出金額が急激に増えている中国では、日本酒が提供される場は主に和食店。そこで、もっと日本酒を身近に感じてもらうために、中国料理と日本酒のペアリングを提案する動きも出ている。

ガストロノミーからストリートフードまで 日本酒との距離が近づくフランス

フランスの三つ星レストランのメニューに、初めて日本酒がオンリストされたと話題になったのが、2006年のこと。「醸し人九平次」（愛知）の蔵元、久野九平治氏が名店に単身乗り込んで突破口を開いたと、半ば伝説化しているエピソードだ。その後も、ほかの蔵の日本酒も名だたるレストランに並ぶようになり、日本酒とガストロノミーの蜜月が今も続いている。2023年には、フランスの「WAKAZE」が、ミシュランの二つ星シェフであるティエリー・マルクス氏とコラボレーションし、シェフの料理との相性を考えた3種類のSAKEからなるコレクションを発表。酒質を設計する際、マルクス氏から求められたことのひとつは「SAKEの多様性」だったという。そのため、仕込んだSAKEをフランス産のウイスキー樽で約2か月半熟成させるという今までにない試みのSAKEもリリースされた。また、2013年から始まった、ヨーロッパ最大の日本酒展示会「SALON DU SAKÉ」では、定番のチーズとのペアリングだけでなく、クロックムッシュなどのカジュアルなフードとのマッチングも紹介。今後、日本酒とフランスの食文化はますます接近するに違いない。

成長が期待される中国では
四大料理との相性を類型化

日本貿易振興機構（JETRO）内におかれた日本食品海外プロモーションセンター（JFOODO）が、中国現地で実証した日本酒と中国料理のペアリングの結果をまとめた。その狙いは、年々輸出量が増え、富裕層も多い中国でのさらなる消費拡大。そのために、和食のみならず現地の中国料理にも合うことを広めていこうというわけだ。四大料理から代表的な料理をそれぞれ選び、薫酒、熟酒、爽酒、醇酒、発泡酒の5タイプに分類した日本酒とのペアリングを提案している。

※JFOODO「日本酒・焼酎と中国料理のペアリング類型表」より一部を抜粋

北京料理

北京ダック

薫酒（華やかな香りでフルーティな味わい）：華やかな香りが、北京ダックの香ばしい皮と柔らかな肉のうま味を引き出す。

熟酒（コクと深みがあり円熟した味わい）：コクのある味わいが、北京ダックの皮の香ばしさや肉の甘みを膨らませながら、さっぱりとした味わいによって、全体を引き締める。

老北京炸醤面（ジャージャー麺）

醇酒（米の旨みにあふれたふくよかな味わい）：ふくよかな味わいが炸醤面の濃厚なタレの香りをさらに引き立て、より深いうま味を与える。

上海料理

酸辣湯（サンラータン）

熟酒：複雑な味わいが、酸辣湯の酸味やとろみと合わさって、料理の後味を引き立てる。

糖醋小排（タンツーパイグー）（スペアリブ）

爽酒（淡麗辛口ですっきりとした味わい）：淡麗辛口な味わいが、糖醋小排の味の濃いタレを流し、しつこさを消す。

醇酒：華やかな香り・味わいが、甘酸っぱい糖醋小排と反応して、料理の香りをさらに豊かにする。

発泡酒（炭酸によるのど越しが爽快で米の甘みと酸味が調和した味わい）：炭酸の刺激が、糖醋小排の濃厚な甘味を和らげ、発泡酒そのものの甘味と料理の濃厚な味わいが混ざり合う。

広東料理

XO醤爆元貝（ホタテの海鮮ソース炒め）

熟酒：円熟した味わいがXO醤爆元貝に含まれる紹興酒の風味と合わさることで料理と酒が互いに調和し、料理の香ばしさをさらに引き立てる。

爽酒：淡麗な味わいが、XO醤爆元貝の特徴である香り高さを損なうことなく、すっきりとした味わいにする。

醇酒：ふくよかな味わいが、XO醤のコクをさらに引き出しうま味が増幅する。

四川料理

麻婆豆腐

熟酒：熟酒の甘味が、豆腐の甘さを引き出すとともに、しびれるような辛さを和らげる。

醇酒：ふくよかな味わいが、麻婆豆腐に使われている花山椒をはじめとするスパイスの香りをさらに際立たせる。

宮保蝦球（ゴンパオシャーレン）（四川風海老の炒め物）

爽酒：キレの良さが、宮保蝦球の甘酸っぱい味わいをすっきりとした味わいに変化させる。

醇酒：ふくよかな味わいが、海老自体の甘味を高めるとともに、料理の香ばしさを広げる。

拡張する「SAKE」たち

海外で造られる「SAKE」には、時々、日本人が思いもよらない自由な発想が垣間見える時がある。ここでは、「SAKE」の定義そのものが拡張しつつある二つの例を紹介する。

イタリア初の「SAKE」は「SAKE」であって「SAKE」にあらず？

黒いSAKEだから「ネロ（イタリア語で黒の意）」。2019年、「イタリア初のSAKE」との触れ込みで、ピエモンテ州（イタリア最大の米作地域）の高級米メーカー「リ・アイローニ」が、ペネロペという地元の黒玄米（そのためお酒の色も黒い）で造ったSAKEは、SAKEといっても我々が思い浮かべるいわゆる「日本酒」でも「SAKE」でもない。「ネロ」は黒米を発酵させてはいるものの、麹は不使用（詳細は企業秘密らしい）。ヴェルモットを思わせる香りがあり、アルコール度数は17度。食中酒というよりはカクテルにして楽しむリキュールを想定している。それでも「SAKE」という名をつけたのは、当初から伝統的な日本酒を造ろうというつもりはなく、あくまでも米100％で造ったからとのこと。日本では清酒以外のアルコールも広く「酒」と呼ぶということを認識した上で、それにならっているそうだ。

※参考：きた産業株式会社Web サイト内「世界各地の"サケwatching"」

モラキュラーSAKEから見えてくる日本酒とSDGsの関係性

2015年創業のアメリカ・サンフランシスコにあるスピリッツメーカー「Endless West」は、「KAZOKU（もちろん、日本語の「家族」に由来）」という名の、モラキュラーSAKEをリリースしている。もともと、あるヴィンテージワインに感動した科学者が、科学の力でそれと同様のアルコール飲料を世に出してみたいと挑戦したのが始まり。味わいや香りなど、ワインの分子成分を分析し、これらの分子を資源効率の高い天然資源から集め次世代のスピリッツを生み出している。「KAZOKU」も、日本酒にインスパイアされて造ったアルコール度数16度のスピリッツで、米は不使用。青リンゴや桃、ローズウォーターのアロマが特徴的で、味わいは爽やかでほんのり甘みがある。彼らによると、従来の日本酒造りと比較して使用する水の量は75％削減、使用する土地面積や、二酸化炭素の排出量も削減できるというから、昨今のSDGs的観点から注目する向きもあるだろう。彼らのSAKEにインスパイアされるのは、我々の方かもしれない。

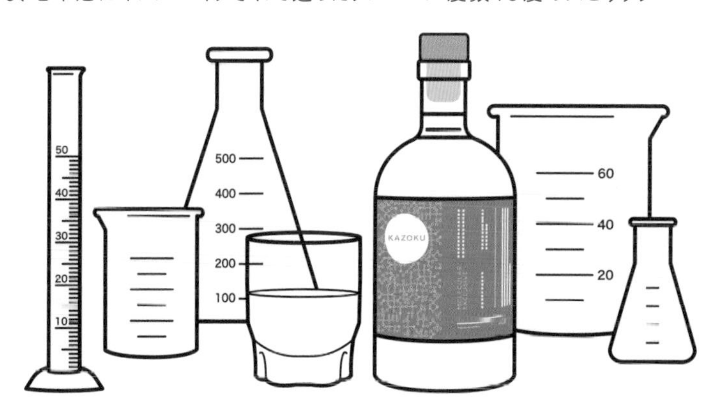

Chapter

3

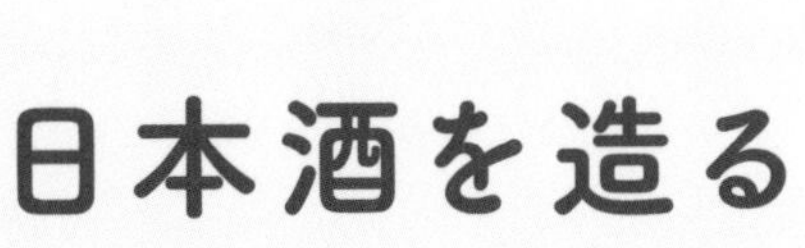

© 伊藤 靖史（Creative Peg Works）

日本酒の造り方 ①

原料処理

p62～67では日本酒の造り方を、6つのプロセスに分けて見ていこう。各プロセスについて理解してから、p68～69のフローチャートでその流れを確認すれば、酒造りをイメージしやすくなる。

精米

食用米用の摩擦式精米機（玄米同士を擦り合わせる）とは異なり、ロールと呼ばれる砥石で米の表面を削る竪型精米機を使用。精米初期は赤糠、次いで白糠（米粉）が出る。精米に要する時間は10 数時間～数日と長い。精米直後は米一粒の中で水分の分布にばらつきがあり、これを均一にする必要があるため、米を数日～数週間ほど保管してから洗米する「枯らし」が行われることも。また、「調湿理論」に基づき白米に一定量の水分を与えてから洗米する方法や、精米直後から洗米直前までビニール包装する方法もある。「調湿」「ビニール包装」では、より割れにくく、吸水スピードがゆっくりで扱いやすくなる半面、溶けにくい米になる。

竪型精米機と、その内部で米を削る「ロール」と呼ばれる砥石。

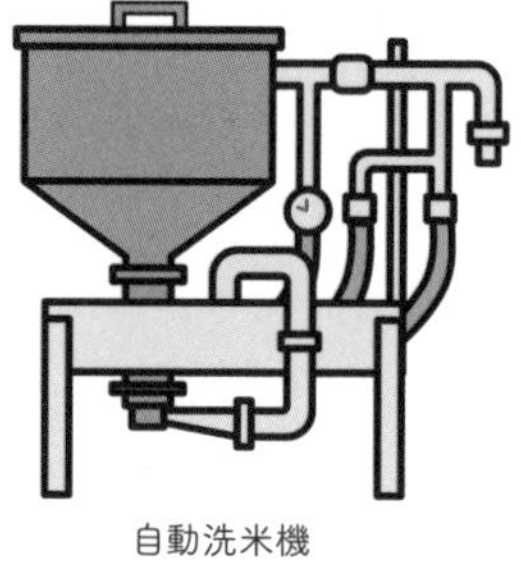

自動洗米機

洗米

米の表面についた糠を取り除くために米を洗う。糠のついた蒸米は、くっついて「さばけ」の悪い米になり、酒造りに向かない。洗米機が普及しているが、数kg単位で丁寧に手洗いする場合もある。

浸漬（しんせき）

米に吸水させる工程。浸漬時間は、米の品種や質、精米歩合、狙う酒質などによって数分から10時間以上と大きな幅がある。麹米、掛米など用途により異なるが、平均的な吸水歩合（吸水後重量／白米重量）は130％前後。米の重量を量り、ストップウォッチを使用して吸水歩合を厳密にコントロールする「限定吸水」が行われる場合も。

浸漬時間をストップウォッチで厳密に管理する場合も。

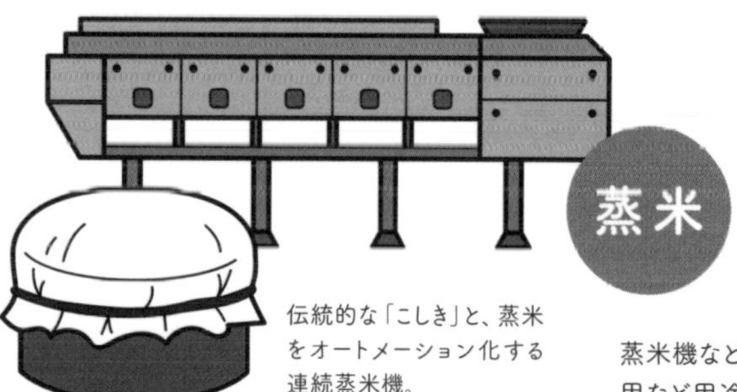

伝統的な「こしき」と、蒸米をオートメーション化する連続蒸米機。

蒸米

米を蒸して加熱しα化することで、麹菌が繁殖しやすく、糖化しやすくなる。蒸米の水分増加量は30数～40数％で（炊飯すると60～70％）酒造りに最適だ。専用の道具には、伝統的な和釜と木製こしき（甑）、最も普及しているボイラーと金属製こしき、大手メーカーが使用する連続蒸米機などがある。蒸米は「放冷」と呼ばれる冷却を経て使用される。製麹用、掛米用など用途により冷却温度は異なるが、製麹用のほうが高い温度で引き込まれる。

日本酒の造り方 ②

製麹（せいぎく）

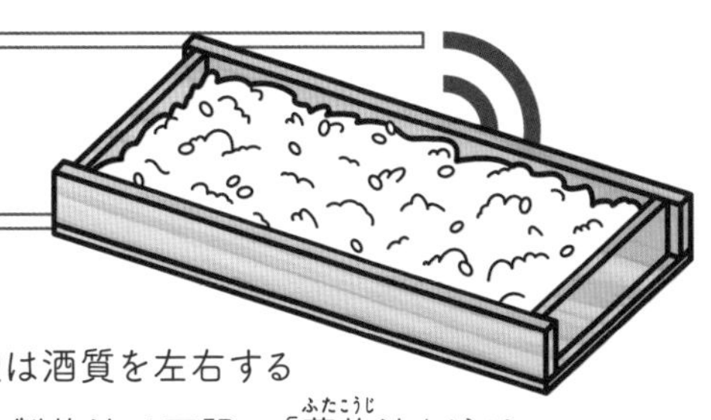

麹の大きな役割は、酵素（アミラーゼ）で米を糖化すること。ほかにも麹は酒質を左右するアミノ酸や様々な香気成分の生成にも関わる。最も手のかかる伝統的な製麹法は下記の「蓋麹法（ふたこうじ）」だが、作業時の小分け容量がより大きい「箱麹法（はここうじ）」や「床麹法（とここうじ）」、また自動化された「機械製麹」などもある。

麹室（こうじむろ）

製麹室とも呼ばれる製麹専用部屋。麹菌繁殖に適する高温多湿（室温30℃、湿度60％ほど）を保つ。雑菌繁殖につながる結露を防ぐ木材で内装されることが多い。

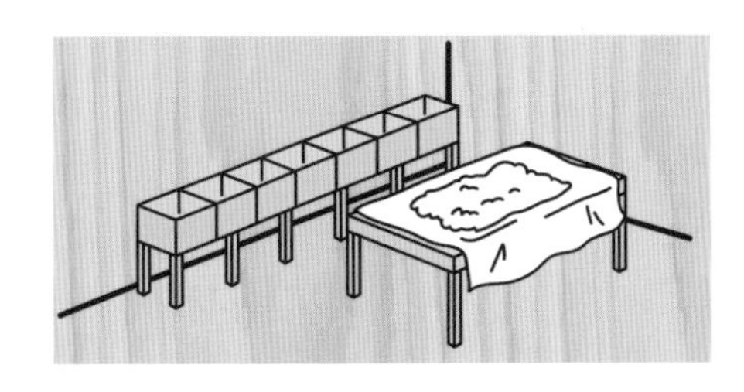

種麹

麹を造る際に必要な粉状の麹菌の胞子。種麹店から各種の種麹を購入し、酒質によって使い分ける。「もやし」とも呼ばれる。

清酒用をはじめ、味噌用、焼酎用、醤油用などの種麹をあつかう京都の老舗種麹店「菱六」のパッケージ。

はぜ（破精）とは？

麹菌の繁殖を表す、酒造りの専門用語。下記のように麹の出来を表現する。

はぜ廻り　：米の表面に菌糸が繁殖すること。
はぜ込み　：米の内部に菌糸が食い込むこと。
総はぜ型　：はぜ廻りもはぜ込みもいい麹。濃醇な酒に。
突きはぜ型：部分的にはぜ込みがいい麹。淡麗な酒に。
ばかはぜ　：麹菌過繁殖の失敗。
はぜ落ち　：はぜ込みが不十分な失敗。

「蓋麹法」の手順

引き込み　蒸米を麹室へ入れる。

種切り　蒸米をほぐして一面に広げ、種麹を振りかける。

床もみ　よくもみ合わせ、積んで、布に包み静置。

切り返し　固まった米を一度ほぐし、再度積んで布に包み静置。

盛り　米をほぐして「麹蓋」に一升ずつ盛り、蓋を重ねて棚へ。

仲仕事　手を入れて放熱と水分の発散をうながし、中央に寄せる。仕事をしながら蓋を積み替える。次の仕舞仕事との間に、積み替えるだけの作業も行う。

仕舞仕事　さらに手を入れ、丘状に広げる。さらに蓋を積み替える。

出麹　麹室から麹を出す。引き込みから出麹まで丸2日ほど。さらに翌朝まで麹を乾燥させてから、仕込みへ。

日本酒の造り方 ③

酒母

大容量の醪の発酵にそなえ、あらかじめ小容量で酵母を増殖させ、醪の環境に耐えうる力を持たせるための発酵スターターが酒母。「酛（もと）」とも呼ばれる。酵母増殖のために必要なのが、米と麹からできる糖分、そして乳酸による低pHで雑菌が抑制された環境だ。この乳酸を得る方法の違いで、いくつか酒母のスタイルがある。酒母の発酵容器を古い呼び名で壺代（つぼだい）（坪台）ということも。p16～18も参照。

代表的な酒母の種類

速醸酛：人為的に乳酸を添加する。市販の日本酒の9割がこのスタイル。

生酛：天然の、もしくは添加した乳酸菌から乳酸を得る。山卸（p18）の作業を伴う。

山廃酛：生酛から山卸の工程を省略。

菩提酛：生米と水を乳酸発酵させた「そやし水」で酒母を仕込む室町時代の製法。

酒母の材料

速醸酛なら蒸米、麹、水、乳酸、酵母。乳酸菌を利用する生酛、山廃酛、菩提酛の場合、人為的に添加する乳酸は不要となる。酵母を人為的に添加せず、野生酵母を利用する場合もある。

速醸酛の造り方の一例

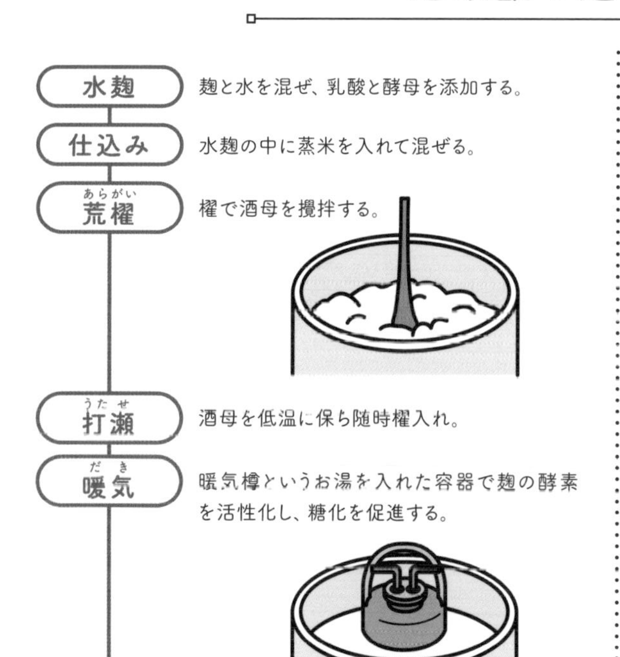

水麹　麹と水を混ぜ、乳酸と酵母を添加する。

仕込み　水麹の中に蒸米を入れて混ぜる。

荒櫂（あらがい）　櫂で酒母を攪拌する。

打瀬（うたせ）　酒母を低温に保ち随時櫂入れ。

暖気（だき）　暖気樽というお湯を入れた容器で麹の酵素を活性化し、糖化を促進する。

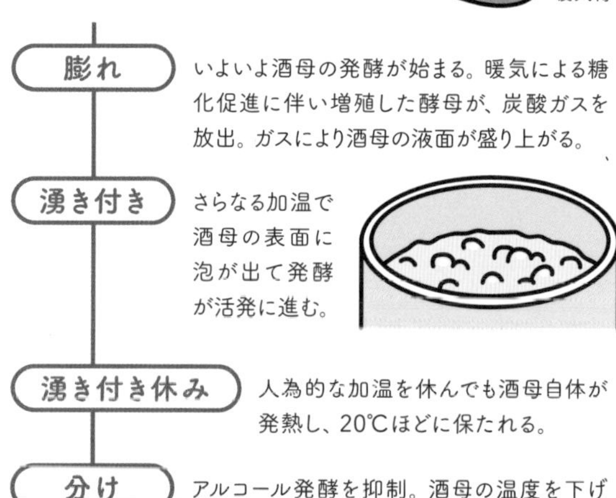

膨れ　いよいよ酒母の発酵が始まる。暖気による糖化促進に伴い増殖した酵母が、炭酸ガスを放出。ガスにより酒母の液面が盛り上がる。

湧き付き　さらなる加温で酒母の表面に泡が出て発酵が活発に進む。

湧き付き休み　人為的な加温を休んでも酒母自体が発熱し、20℃ほどに保たれる。

分け　アルコール発酵を抑制。酒母の温度を下げる。かつては半切り桶に分けて酒母を冷却していたため「分け」と呼ばれる。最近は酒母タンクの保温マットを外すなどして品温降下させるため「丸冷まし」という呼び方も。

枯らし　低温で酒母を熟成。

※速醸系酒母は完成まで7～20日、生酛系は20～40日程度を要する。

日本酒の造り方 ④

もろみ

醪

酒母造りの次なる段階から、搾って清酒になる直前までが醪と呼ばれる状態だ。醪の中では、麹由来の酵素による米の糖化発酵と、酵母による糖のアルコール発酵が同時に進む。これを並行複発酵と呼ぶ（p16）。最初から大容量を仕込むと酵母の安定した活動、増殖ができないため、3段階で徐々に容量を増やしていく「三段仕込み」が行われる。

1日目　添（初添）

そえ　はつぞえ

留までの総米重量に対する、酒母の総米重量の割合を酒母歩合という。これが約7%として、添では16～17%ほどの麹と蒸米に、仕込み水を加えて櫂で混ぜる。

2日目　踊り

酵母が安定して増殖するように1日静置して休ませる。

3日目　仲（仲添）

なか　なかぞえ

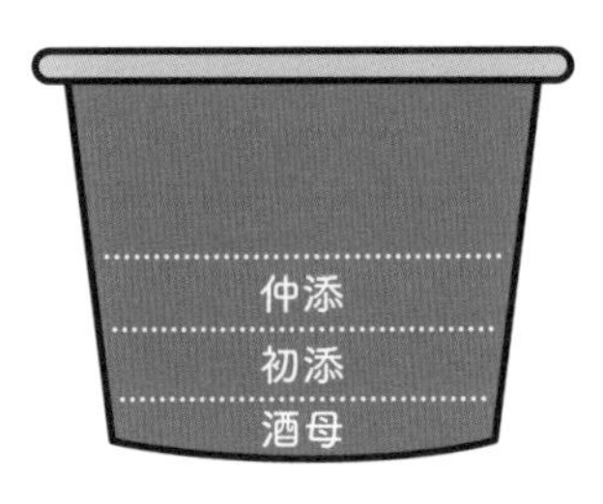

留までの総米重量に対して、30～31%にあたる麹と蒸米、そして仕込み水を加えて攪拌する。

4日目　留（留添）

とめ　とめぞえ

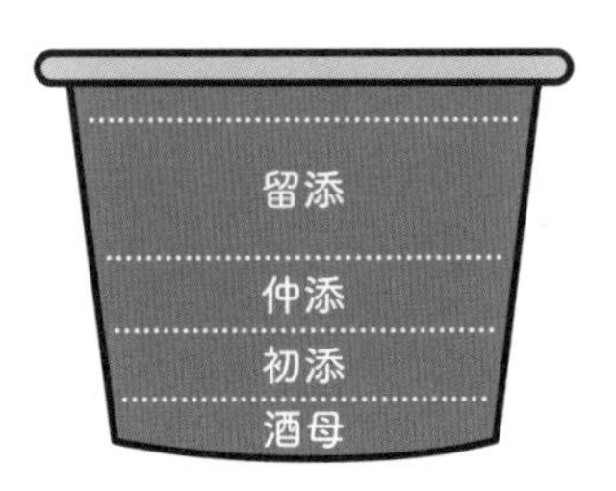

残る47%前後の麹と蒸米、そして仕込み水を加えて攪拌する。

醪日数と泡の状態

「醪日数」とは留添完了から上槽までの日数。15～25日くらいが標準だが、吟醸酒の低温発酵などでは1か月以上となる場合も。また、現在多用される「泡なし酵母」を使用しない場合、醪の泡の様子が発酵の状態の指標となる。

蟹泡：筋泡になる前に、ところどころに出る泡。
筋泡：留添後2～3日で、表面が発酵で押し上げられて現れる筋状の泡。
水泡：留添後数日で現れる白く軽い泡。酵母の増殖を示す。
岩泡：水泡の粘度が増して岩のような見た目になった泡。
高泡：発酵最盛期に炭酸ガスが多量に出て泡が高くなった状態。
落泡：発酵のピークを過ぎ、攪拌すると高泡が消える状態。
玉泡：玉状の気泡が表面にできる状態。
地　：玉泡も落ち着き、醪の表面が見えるようになる。
蓋　：麹や蒸米の溶けたあとの繊維質が表面に浮かぶ状態。

高泡

玉泡

アルコール添加

上槽前にアルコールを添加。これをしないものが純米酒となる。市販の清酒の約7割はアルコール添加されている。また、全国新酒鑑評会に出品される日本酒においても、その約7割はアルコール添加されたものだ。

四段仕込み

酒を甘口にするため「四段仕込み」と称して、さらに原料添加する方法も一部で行われる。甘酒四段（甘酒を添加）、酵素四段（酵素剤で糖化した甘酒を添加）、蒸米四段（蒸米を添加）、もち四段（もち米の蒸米を添加）、粕四段（酒粕を添加）などいくつかの方法がある。いずれもアルコール添加と組み合わされることが多い。

上槽（じょうそう）

醪を搾り清酒にする工程が上槽。上槽のタイミングは条件や狙う酒質によって様々で、醪の成分分析や杜氏の経験による判断で決定される。濾過圧搾、槽（ふね）搾り、袋吊りなど上槽の方法や、あらばしり、中汲み、責めなど槽で搾った順による酒質の名称など、概略はp19-20を参照のこと。ここでは濾過圧搾機の構造と、槽搾りの方式について解説する。

濾過圧搾機（ヤブタ式）の仕組み

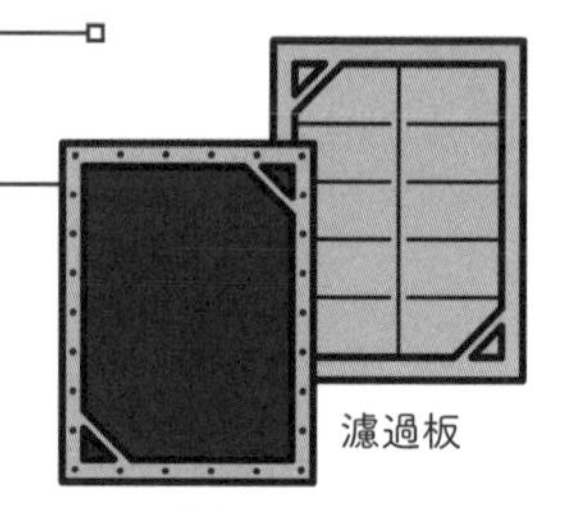

圧搾板

濾過圧搾機のアコーディオンのように見える部分には、布をかぶせた圧搾板と濾過板が交互に吊られており、空気圧による圧搾板の膨張で濾過板との間に満たされた醪を圧して清酒を搾りだす仕組みになっている。その見た目から、アコーディオンを閉じるように圧搾機の端から全体に圧をかけて搾るとの誤解が多いが、実際は図のような構造で上槽が行われる。

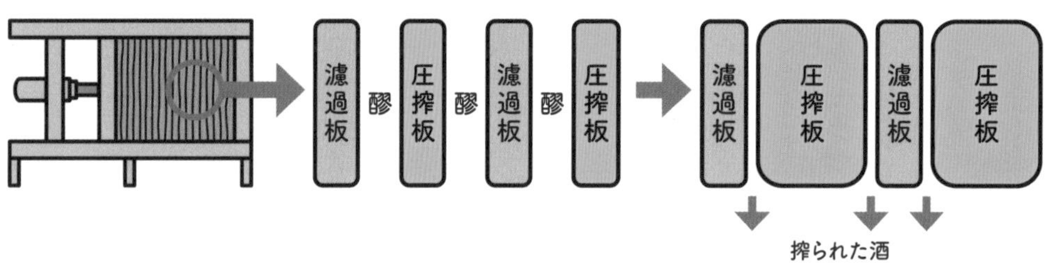

布をかぶせた濾過板と圧搾板の間に醪を注入➡圧搾板に空気を充填➡圧搾板に加圧された醪が搾られる➡清酒が抽出され、酒粕が残る。

槽搾りの3方式

撥ね木式

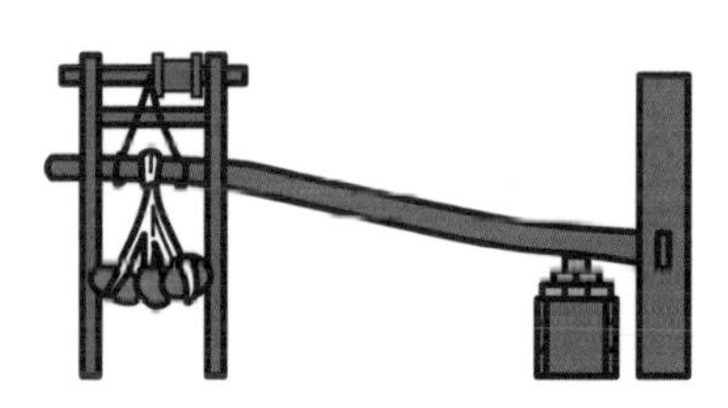

酒袋を並べた槽への加圧を動力ではなく、撥ね木で行う。撥ね木とは、10m近い1本の木材の端に1トンほどの石などの重しを結び付けたもので、てこの原理を利用し、槽への圧力を微細に調整しながら醪を搾ることができる。古風な方式で、採用している蔵は残り少ない。

油圧式

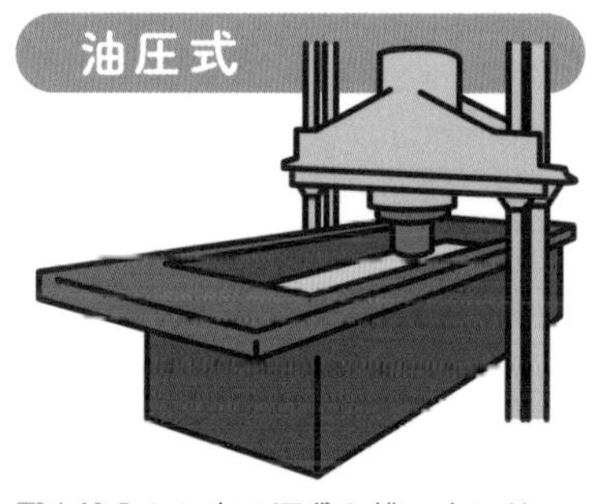

醪を注入した布の酒袋を槽の中に並べ、最初は醪の自重で、さらに動力で上から圧をかけ搾っていく。槽の材質は、古くは木材が使用されたが、時代が下ってコンクリート、ホーロー、ステンレスなど様々。槽搾りの方式としては、最も多くの蔵が採用する方式。

八重垣式

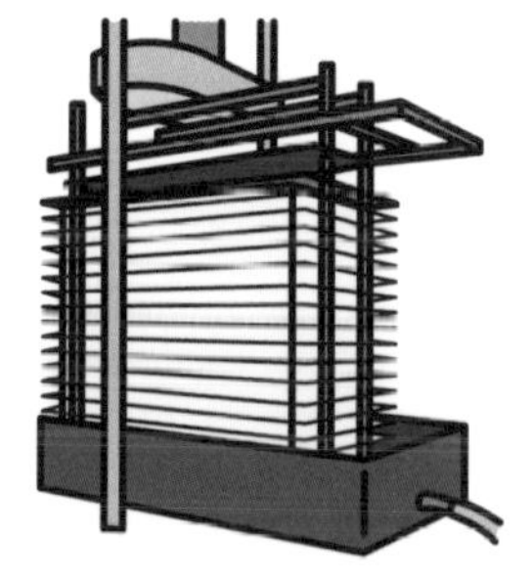

金属板の間に醪を注入した布袋を挟み込んだものを何層か重ね、最初は自重で、さらに動力で上から圧をかけて搾る。搾り出た清酒を受ける槽は浅く、金属板と醪が入った布袋は槽の上方に露出している状態。

日本酒の造り方 ⑥

火入れ・出荷管理

上槽された清酒は、出荷に向けてさらに加工・調整される。最も一般的な工程は下記の通りだが、酒の銘柄により多様なやり方がある。おり引き・濾過・火入れ・加水の概略はp21～23を参照。ここでは火入れの技術をさらに細かく見ていく。

上槽後の加工・調整・出荷の工程

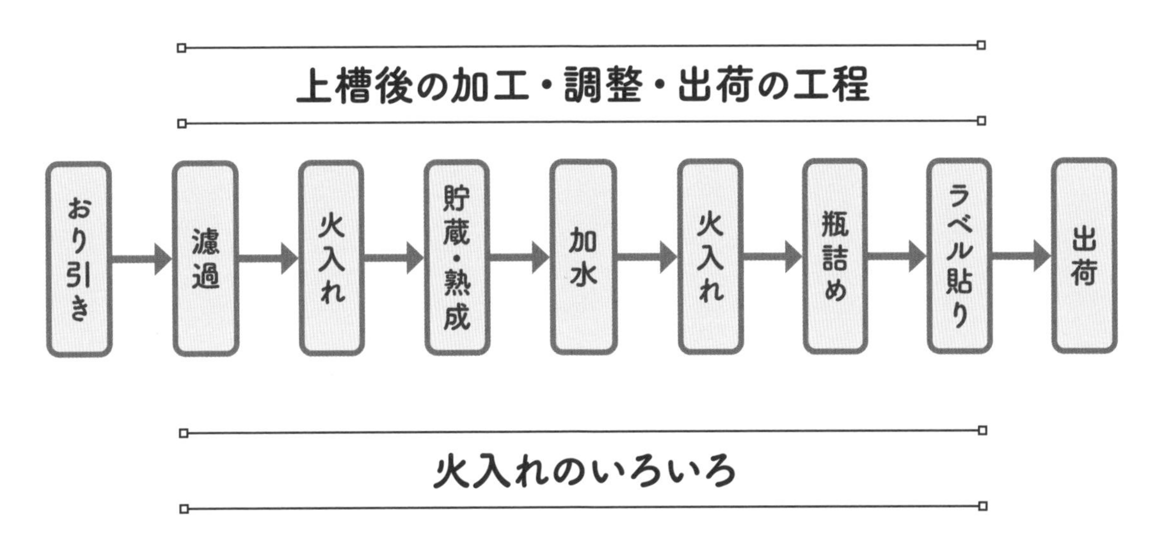

火入れのいろいろ

蛇管

多くの蔵で利用される火入れの道具。金属管を蛇のごとくらせん状に成型した器具で、これを熱湯が入った容器に入れ、管内に清酒を通すことで液温を上げ、火入れされた清酒をタンクに集める。

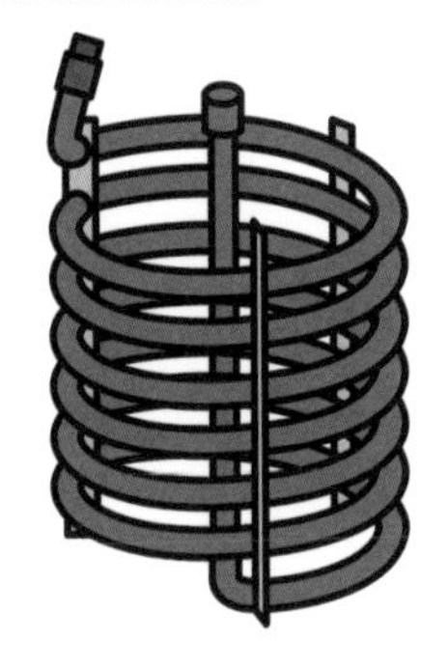

瓶燗火入れ

瓶詰めした清酒を瓶ごと加熱殺菌する方法。水を張った釜に瓶ごと並べて加熱することで火入れを完了させる。手間と時間がかかる代わりに、酒を瓶に密閉した状態で火入れできるという利点がある。p22も参照。この方法をオートメーション化した機器に「パストライザー」がある。

プレート熱交換器

薄い金属版（プレート）を層状に重ねた構造体に、温度差のある2種類の液体を流し込んで液体の熱を交換させる機器で、清酒ほかアルコール飲料やドリンク類の低温殺菌に広く利用されている。1台の熱交換器に清酒と高温水を循環させて火入れするのが一般的だが、下図のように3台の熱交換器を使用して加熱と冷却を短時間で完了する方法もある。

プレート熱交換器の一例

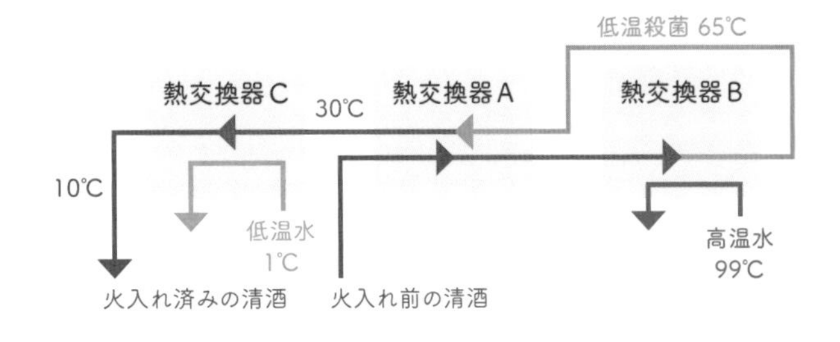

日本酒の造り方

フローチャートで解説

p62～67で見てきた、①原料処理➡②製麹➡③酒母➡④醪➡⑤上槽➡⑥火入れ・出荷の工程を、酒造り全体を俯瞰するフローチャートに組み込んだ。流れをイメージすることで、より理解が深まるはずだ。

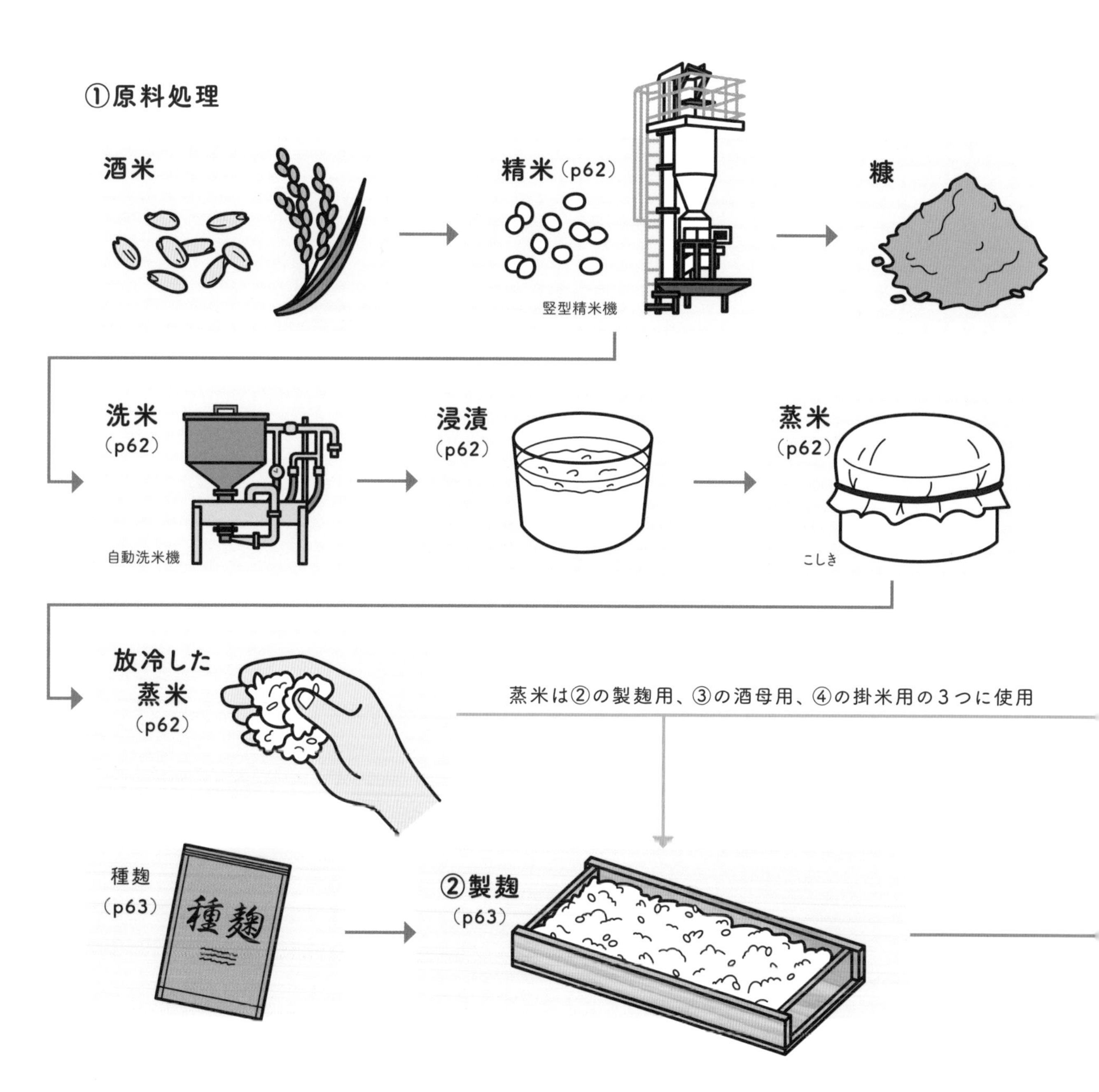

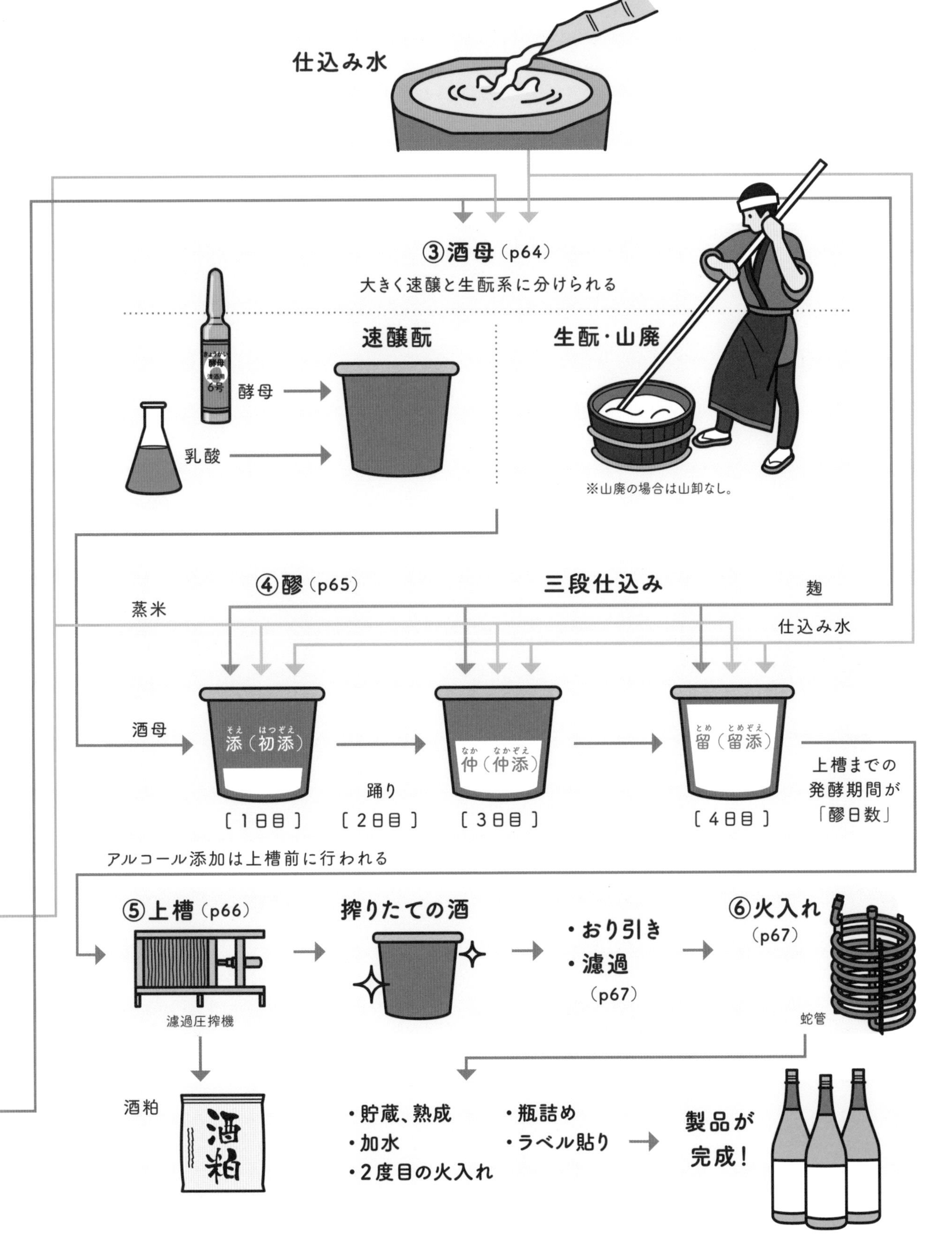

仕込み水
③酒母（p64）
大きく速醸と生酛系に分けられる
速醸酛
生酛・山廃
酵母
乳酸
※山廃の場合は山卸なし。
④醪（p65）
三段仕込み
麹
蒸米
仕込み水
酒母
添（初添）
仲（仲添）
留（留添）
踊り
［1日目］
［2日目］
［3日目］
［4日目］
上槽までの
発酵期間が
「醪日数」
アルコール添加は上槽前に行われる
⑤上槽（p66）
濾過圧搾機
搾りたての酒
・おり引き
・濾過
（p67）
⑥火入れ
（p67）
蛇管
酒粕
酒粕
・貯蔵、熟成
・加水
・2度目の火入れ
・瓶詰め
・ラベル貼り
製品が
完成！

日本酒造りのリーダー「杜氏」

酒蔵における日本酒造りの長を「杜氏」と呼ぶ。まずp70～74では、江戸時代に確立し、長らく酒造りの職人システムとして機能し続け、1980年代くらいまで一般的だった伝統的な杜氏と杜氏集団の存在を解説したい。p75では、現代におけるその変化について触れる。また、p76では酒造りの職に就き、杜氏を目指すにはどんなコースがあるのか見ていく。

杜氏とは

日本酒の醸造を担う職人たちのリーダーのことで、杜氏を名乗れるのは蔵にひとりだけである。伝統的には「蔵元」と呼ばれる酒蔵のオーナーに雇われる存在だった。杜氏が統率する職人たちを「蔵人」と呼ぶ。

杜氏の語源

「杜氏」は本来「とじ」と読むが、日本語の音韻変化で「とうじ」とも読まれる。ちなみに日本酒造杜氏組合連合会の略称「日杜連」の読みは「にっとうれん」ではなく「にっとれん」。一説に語源といわれる「刀自（とじ）」は、一般に家事を担う女性のことであり、古代の日本では酒造りや食事などを担当した女官を刀自と呼んだ。後世には女人禁制時代もあった酒蔵だが、酒造り職人の呼び名だけは残ったのかもしれない。またほかに、古代中国の酒造りの神とされ、銘酒の代名詞でもある「杜康（とこう）」が杜氏の語源とする別説もある。

「杜氏」と「マスター・ブルワー」

「杜氏」を「Master brewer（マスター・ブルワー）」、「蔵人」を「Brewer（ブルワー）」と英訳する場合もあるが、英語のBrewerには「ビール会社」の意味もある。昨今は「蔵元杜氏」（p75）も増えたが、歴史的には蔵に所属しない独立した職人である杜氏や蔵人を上記のように訳すとニュアンスの齟齬がある。日本酒文化の独自性を重視するなら、「杜氏」は「Toji」と英語表記すべきだろう。また、ブドウ栽培から醸造まで一貫してワイナリーが担うワインの世界と比較しても、日本酒業界は独自の構造を持つ。

杜氏のなりたち

杜氏による酒造りのシステムは江戸時代に成立。幕府の酒造統制により寒造り（冬季の酒造り）を余儀なくされた酒蔵の労働力として、夏季は農業、漁業、海運業などに従事する者たちが冬季限定の出稼ぎで酒造りを兼業するうち、杜氏集団が確立されていく。

酒蔵の寒造り

幕府の酒造統制

江戸前期は季節を問わず一年中酒を造っていた。酒造りのしやすさから特に酒造用米の需要が高まるのが米の収穫時期と重なる秋だが、酒造業界の動向で米価、ひいては経済全体が左右されるのを嫌った幕府が、秋以前の酒造りを禁ずる令を発布。酒蔵は寒造りを余儀なくされた。

冬に適した酒造り

幕府に強いられた結果、寒造りが広まり冬季のメリットを活かす酒造法が発達。その結果生まれたのが生酛造りである。また、冬季に集中して大量に酒を造るために必須である大容量の桶を作る技術も当時すでに発達していた。

出稼ぎ者が杜氏に

社会構造の変化

幕藩体制が確立し、貨幣経済が広く浸透するようになると、冬季の出稼ぎで酒造りに従事する者が現れた。その多くは農業、漁業、海運業など様々な仕事と兼業していた。一説には、1754（宝暦4）年の勝手造り令（酒造奨励）で出稼ぎが本格化し、杜氏集団が形成されていったといわれる。

杜氏と船乗り文化

一般的には「農民が杜氏になった」と説明されることが多いが、当時の杜氏や蔵人には、農業だけでなく、漁業や海運業に従事していた人々も含まれる。杜氏の郷として知られる場所には海辺が多く、槽（ふね）や櫂（かい）など酒造用具の名称にも船乗り文化の痕跡があることを指摘する研究もある。

杜氏集団と杜氏組合

杜氏は、冬になると蔵人たちを従え、出稼ぎ先の酒蔵にやって来て、春に酒ができると地元に帰って行く。これら出稼ぎの職人たちが組織され、出身地名を冠するようになったのが「杜氏集団」だ。ここでは日本各地の伝統的な杜氏集団をもとに組織された杜氏組合について触れる。近年、変わりつつある事情についてはp75で解説したので、こちらも参照してほしい。

杜氏集団のはじまり

寒造りが全国的に定着し、冬季に集中して蔵が労働力を必要とするようになると、出稼ぎの杜氏や蔵人たちが集団を結成し、日本各地で組織として機能していくようになる。

江戸時代に灘（兵庫）の酒造りを担った丹波杜氏。その顕彰碑を掲げる、丹波杜氏酒造記念館。

杜氏組合の結成

日杜連

1962（昭和37）年に「全国酒造杜氏研修会」が組織され、1974（昭和49）年に「日本酒造杜氏組合連合会」（日杜連）に改称。伝統的な杜氏集団を基盤とした各地の杜氏組合が加入し、1965（昭和40）年には組合員数28000人を超えたが、以降は減少し続けており、2022年は2022人となっている。また近年になって、一部で新たな杜氏会が結成され日杜連に加入する動きも見られる。

会員は全員杜氏？

日杜連の会員や、杜氏集団に所属する者が全員「杜氏」であるという誤解がよくある。実際には、杜氏をはじめ、三役（p74）や一般の蔵人もそこに所属する。一方、最近は「蔵元杜氏」や「社員杜氏」（p75）の存在が一般化したこともあって、組合に入らない杜氏や蔵人も少なくない。2022年における日杜連の組合会員数内訳は、杜氏が712人、三役が201人、一般の蔵人が1109人となっている。

全国杜氏マップ

各地の伝統的な杜氏集団名に◉を付した。また、2024年時点で日杜連に加盟している杜氏組合名を【　】で囲んだ。さらに、かつて存在したが現存しない、あるいは2024年時点で日杜連非加盟の杜氏組合名を〔　〕で囲んだ。

北海道
〔北海道酒造杜氏会〕

青森
◉津軽杜氏
〔津軽杜氏組合〕

秋田
◉山内杜氏
【山内杜氏組合】

岩手
◉南部杜氏
【一般社団法人
南部杜氏協会】

新潟
◉越後杜氏
【新潟酒造技術研究会】

福島
◉会津杜氏
【会津杜氏会】

栃木
【下野杜氏会】

長野
◉小谷杜氏
◉諏訪杜氏
◉飯山杜氏
【信州酒造技術研究会】

静岡
◉志太杜氏
〔志太杜氏組合〕

富山
【富山県杜氏会】

石川
◉能登杜氏
【能登杜氏組合】

福井
◉越前糠杜氏
〔越前糠杜氏組合〕
◉大野杜氏
〔大野杜氏組合〕

京都
◉丹後杜氏
〔丹後杜氏組合〕

奈良
【大和杜氏会】

兵庫
◉丹波杜氏
【丹波杜氏組合】
◉但馬杜氏
【但馬杜氏組合】
◉南但杜氏
〔南但杜氏組合〕
◉城崎杜氏
〔城崎郡杜氏組合〕

岡山
◉備中杜氏
【備中杜氏組合】

島根
◉出雲杜氏
【出雲杜氏組合】
◉石見杜氏
【石見杜氏組合】

広島
◉広島杜氏
【広島杜氏組合】

山口
◉大津杜氏
【大津杜氏組合】
◉熊毛杜氏
〔山口杜氏組合〕

高知
◉土佐杜氏
【高知県杜氏組合】

愛媛
◉越智杜氏
〔越智杜氏組合〕
◉伊方杜氏
〔西宇和郡杜氏組合〕

【九州酒造杜氏組合】

佐賀
◉肥前杜氏
◉唐津杜氏
◉鹿島杜氏

長崎
◉生月杜氏
◉小値賀杜氏
◉平戸杜氏
◉波佐見杜氏

熊本
◉熊本杜氏

福岡
◉柳川杜氏
◉三潴杜氏
◉久留米杜氏
◉芥屋杜氏

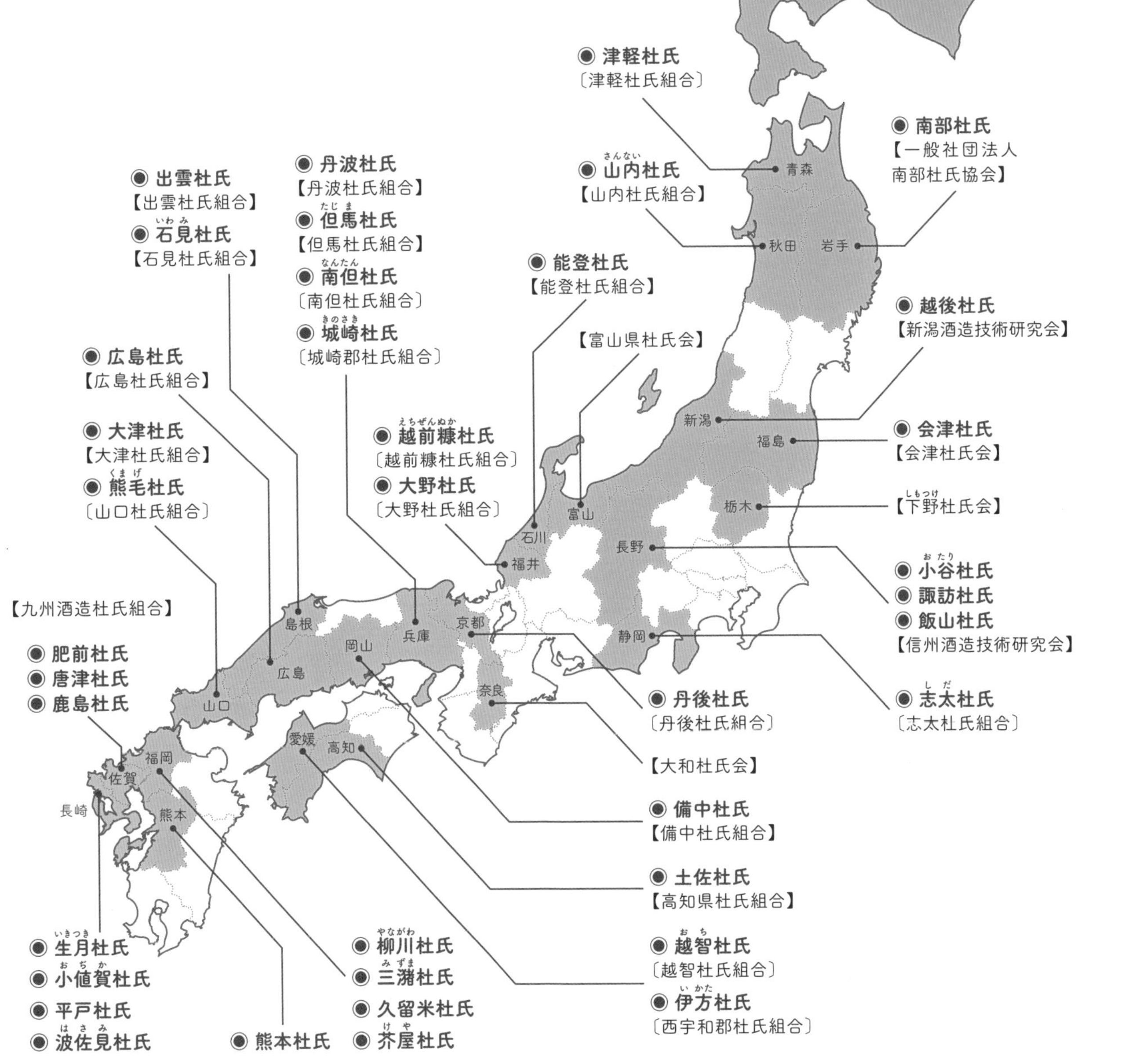

杜氏を中心とした蔵人の組織

次ページで触れるように、現代は酒造りの組織も蔵によって様々だが、伝統的には杜氏を中心とする蔵人のチームが組まれ、その職人集団を蔵元が雇うという関係だった。醸造の最高責任者としてはもちろん、蔵人の選任、統率も担っていた杜氏は、蔵元にとって重要な存在だ。ここでは役職の呼称をそれぞれ記したが、少ない人数の蔵では、役職の兼務も行われていた。

杜氏

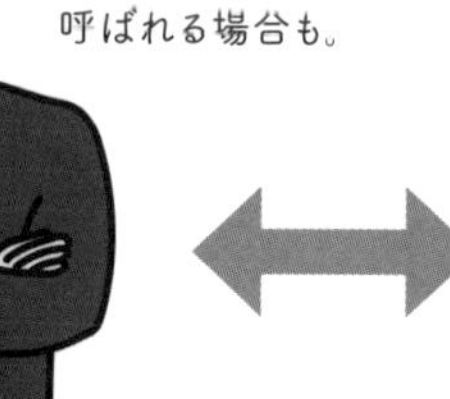

酒造りの最高責任者。「おやっつぁん」などと呼ばれる場合も。

蔵元

酒蔵の経営者。酒蔵そのものや、蔵元の家族を「蔵元」という場合もある。

三役

杜氏に次ぐ重要なポジションで中間管理職的立場。

頭（かしら）

杜氏の補佐と蔵人を束ねる役まわり。「副杜氏」とも呼ばれ、同じ三役の麹屋、酛屋より格上の存在。

麹屋

製麹の責任者。

酛屋

酒母造りの責任者。

蔵人

釜屋

蒸米を担当する役職。洗米の責任者でもあるが、これを別の役職に分ける場合もある。

船頭

上槽を担当する。槽（ふね）の名称から、こう呼ばれる。

仕込廻り

仕込みをしたあとの醪の管理を担当する役職。

変わりゆく杜氏の存在

現代の日本酒業界は、伝統的な杜氏の文化を引き継ぎながら、過去とは異なる新時代に移行した。社会構造の変化により、かつての杜氏集団による出稼ぎの季節労働は一般的ではなくなった。現代まで続く業界の変化は、日本の高度成長期と連動して起こったといえる。

杜氏の高齢化と後継者不足

高度成長期以降、企業による労働需要の高まりに呼応して、杜氏や蔵人の子弟も企業勤めを選択したり、都市に出たりする傾向が強まり、高齢化と後継者不足が問題化した。三増酒（p156）の問題が象徴するように、当時の日本酒業界に夢を持つ次世代が少なかったからという理由もある。後継者不足の問題は平成の初期まで続いた。

「社員杜氏」と「蔵元杜氏」

杜氏と蔵人の不足から、酒蔵は蔵人と直接契約するようになる。酒造メーカーの社員が醸造を担当することも珍しくなくなった。「社員杜氏」を中心とした社員だけのチームや、杜氏集団と社員の合同グループで酒造りが行われることもある。また、醸造の専門教育を受けた次世代の蔵元が、経営と醸造のトップを兼ねる「蔵元杜氏」「オーナー杜氏」として活躍する姿も1990年代以降目立つようになる。「十四代」で知られる高木酒造（山形）の15代目当主、高木顕統（あきつな）氏がその草分け。

『夏子の酒』と女性杜氏

『夏子の酒』は1988～91年にかけて雑誌連載され、1994年にTVドラマ化された尾瀬あきら氏による大ヒット漫画。家業の酒蔵を継ぐはずだった兄の死により、東京でのコピーライター生活を捨て蔵に帰って酒造りに邁進する主人公の夏子は、当時始まっていた日本酒新時代を象徴していた。作品に影響を受け、人生を思い直し地元に帰って家業を継ぐ酒蔵の子弟が続出したともいわれる。森喜酒造場（三重）で「るみ子の酒」を醸す森喜るみ子氏がこの道に入ったのは、自分と酷似した境遇の「夏子」に感銘を受けたからという話は有名。かつて女人禁制の時代もあった酒蔵だが、今では女性杜氏、女性蔵人も珍しくなくなった。ちなみに、女性杜氏の草分けといわれているのは白牡丹酒造（広島）で杜氏をつとめた水野いさえ氏である。

新たな杜氏会

かつて杜氏集団の流派による技術の違いには特色があり、流出はご法度でもあったが、現在は醸造の科学が浸透したこともあり、その壁は曖昧なものになった。また雇用の安定をはかる組合としての意味も薄れつつある。そんな中、あらためて地元の風土を生かした酒造りを目指す「杜氏会」が、近年新たに結成されるケースもある。1989年結成の会津杜氏会（福島）、2006年に旗揚げの下野杜氏会（栃木）などがこれにあたる。富山県杜氏会は、新潟酒造技術研究会や能登杜氏組合に属さない杜氏・蔵人を中心に2013年に結成された。また2017年には大和杜氏会（奈良）が誕生した。

杜氏への道のり

酒造りのリーダーである杜氏になるには、まずは蔵人からスタートするが、決まったルートはない。杜氏はなりたいからなれるものではなく、蔵元や前任の杜氏からの要請があって初めて杜氏の職に就ける。ここでは、蔵人として酒造りの現場に入るところから見ていこう。

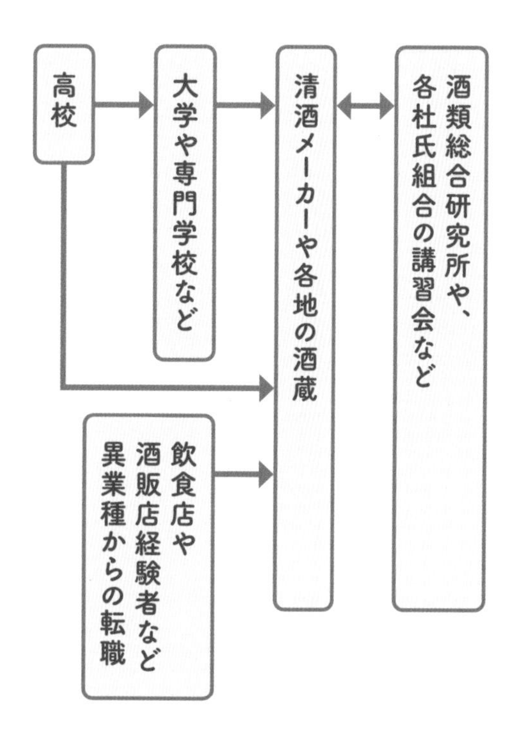

酒造りの職に就く方法はいろいろ

以前のように各地の杜氏集団から、酒造りの時期だけ杜氏と蔵人が蔵に来る形態は減少し、いわゆる一般的な就職先のひとつとして酒造メーカーや各地の蔵に入る者も多くなった。現在、杜氏や蔵人の経歴は様々で、高校や大学を卒業して新卒で入社する場合もあれば、飲食店や酒販店で働くうちに酒造りに興味がわき、中途採用で入ることもある。必要とされる能力や知識については、データの分析など数字に苦手意識がなければ、専攻が理系か文系かはあまり関係しない。

蔵元杜氏の中には、大学卒業後すぐに自分の蔵に入らず、ほかの蔵で経験を積んだり酒類総合研究所で研修を経たりしたあと、蔵に戻ることもある。また、蔵元杜氏に限らず、蔵に入ったあとも酒造りを学べる場として、日本醸造協会のセミナーや各杜氏組合の講習会などもある。

杜氏の認定制度としては、各地の杜氏組合で試験が実施されているところもあるが、各杜氏組合を束ねる「日本酒造杜氏組合連合会」では、杜氏の中でもさらに卓越した技術と人格を持ち合わせた杜氏を「日本酒造杜氏」と認定する制度を2010年からスタートさせている。

関連する国家資格には、厚生労働省所管である技能検定制度「1級酒造技能士」、「2級酒造技能士」がある。技能検定とは、「働くうえで身につける、または必要とされる技能の習得レベルを評価する国家検定制度」（厚労省より）であり、試験に合格しなければ「技能士」と名乗ることはできない。いずれにせよ、「日本酒造杜氏組合連合会」が「日本酒造杜氏」にふさわしい杜氏像として技術だけではなく「人格」も持ち合わせていることを重視しているように、杜氏に求められているのは技術だけではない。蔵元や蔵人とのコミュニケーション能力やリーダーシップ、そして何よりも、酒造りに対して確固たる信念を持ち合わせているかどうかだ。それゆえ、「こうしたら確実に杜氏になれる」というマニュアルは存在しないのである。

日本酒造杜氏組合連合会会長・石川達也杜氏が語る

「杜氏」にとって必要なもの

僕が蔵人を採用する際には、ひとつだけ条件をつけるんですよ。それは、蔵に入ったら必ず杜氏を目指すこと。単に収入の手段として蔵に入るとなると、どこまで手を抜いて仕事をするかを考えた方が効率がよくて、蔵人止まりでいいやとなってしまう。仕事を覚えるモチベーションも上がらないし、自主性も低いままになってしまう。実際に杜氏になれるかどうかは別として、そういう意識で蔵の仕事に取り組んでほしいと思っています。

杜氏という職業に何か特殊な能力が必要だとは思っていません。特別に手先が器用だとか、計算ができるといったことは全然必要なくて、誰でもできる。ただ、杜氏になるためにはそういった能力とは異なる「修業」が必要です。「茶道」や「華道」など、日本の「道」がいい例だと思いますが、あれも才能はいらないですよね。例えば、茶道でお茶を点(た)てるのに、茶筅(せん)を1秒間で何回も回せる能力は必要ない（笑）。日本の「道」は、お師匠さんについて謙虚な心持ちで稽古に励む。それが「修業」と呼ばれるものですよね。酒造りも同じです。僕たちは師匠である杜氏を「おやっつぁん」と呼びますが、おやっつぁんの動きや感覚に合わせていく修業が大切だと思っています。

だから、杜氏になるのに必要なものは何かと聞かれたら、「修業」と答えます。そして、修業の先にたどり着くのは、「いかに自分を殺すか」ということです。酒造りには「絶対」がないので、決定権を持つ杜氏という「絶対」が必要なんですが、下の者は、ただ耐えて従うのではなく、おやっつぁんの感覚に自分を合わせられるかどうかが大切なんですね。上の人からいわれることは時に理不尽に感じるかもしれませんが、そもそも酒造りにおける発酵は、人間の思惑とは関係なく進んでいく。それを受け入れることが、自分を殺すということです。

とはいえ、蔵の中の下っ端として人についていくなんざ、楽なもんです。だって口がきけるでしょ。お師匠さんといえども、人間ならば一応、聞けば答えてくれる。でも、僕たちが相手にしている伝統や自然って答えてくれませんからね。でも、それらと自分の感覚を合わせていくことが杜氏に求められるのだと思います。その上で、蔵の和を保つことを最優先に考えるのが杜氏です。

石川達也（いしかわ・たつや）

茨城「月の井酒造店」杜氏、広島杜氏組合長、日本酒造杜氏組合連合会会長。神亀酒造での修業を経て、1996年に「竹鶴酒造」の杜氏に就任。2020年10月より「月の井酒造店」へ。杜氏として初の文化庁長官表彰（2020年度）を受ける。

日本全国の酒蔵

都道府県別の蔵数と各地の特色

カウント方法にもよるが、日本では清酒を製造する酒蔵が約1300蔵ほど営まれている。各都道府県の蔵の数と、各地方の特色、各地のローカルな酒米を知ろう。

ローカルな酒米とは？

p28で示したような全国区の酒米とは違う、各都道府県で大事に使用されている地元産の酒米のこと。
マークで記載した。

※各蔵数は日本酒造組合中央会の下記Webサイトより清酒製造酒蔵数を抽出した。（2023年9月現在）
https://japansake.or.jp/sakagura/jp/

近畿

菩提酛でも知られる清酒発祥の地、正暦寺は奈良県にある。江戸時代に日本酒文化を確立した兵庫県の灘と、明治期より日本酒の近代化とともに栄えた京都府の伏見という日本の銘醸地を擁する関西は、間違いなく日本酒の中心地である。

白鶴錦・愛山（兵庫）、祝（京都）、露葉風（奈良）、玉栄（滋賀）など

中国

広島県には、独立行政法人酒類総合研究所が設置されている。島根県には日本酒発祥の地として知られる佐香神社がある。根強いファンの多い雄町は岡山県で発祥した最古の酒米だ。

千本錦（広島）、強力（鳥取）、佐香錦（島根）、西都の雫（山口）など

九州／沖縄

その食文化のテイスト同様、酒もしっかりした味わい。蔵数が突出して多いのが福岡県だが、焼酎や泡盛のイメージが強い宮崎県、沖縄県にも清酒蔵がある。

夢一献・吟のさと（福岡）、さがの華（佐賀）、はなかぐら（宮崎）など

島根【26蔵】
鳥取【14蔵】
山口【24蔵】
広島【45蔵】
岡山【38蔵】
兵庫【65蔵】
京都【40蔵】
石川【33蔵】
富山【19蔵】
福井【27蔵】
岐阜【44蔵】
滋賀【31蔵】
大阪【14蔵】
愛知【38蔵】
奈良【27蔵】
三重【33蔵】
和歌山【15蔵】
静岡【27蔵】
佐賀【23蔵】
福岡【52蔵】
長崎【12蔵】
熊本【10蔵】
大分【25蔵】
鹿児島【0蔵】
宮崎【2蔵】
愛媛【33蔵】
香川【6蔵】
高知【18蔵】
徳島【16蔵】
沖縄【1蔵】

四国

蔵の数は多くはないものの、広島県や兵庫県からやって来た杜氏たちがそれぞれ育んだ、おおらかな酒造りの文化がある。

さぬきよいまい（香川）、しずく媛（愛媛）、吟の夢（高知）など

県別酒蔵数ランキング

順位	県	蔵数
1位	**新潟県**	89蔵
2位	**長野県**	78蔵
3位	**兵庫県**	65蔵

北陸

能登半島や富山湾の魚介類をはじめ食材豊かな美食の土地柄ということもあり、酒に対する見識も大変高い。能登杜氏の文化が色濃く残る。

富の香・雄山錦（富山）、石川門（石川）、越の雫（福井）など

北海道

米の生産量が新潟県に次いで2位、気候も寒冷という条件が幸いしてか、全国的には減少し続けている清酒蔵数が、近年例外的に増加している。

彗星・吟風など

東北

米どころで水も素晴らしく、有名銘柄の宝庫。岩手県の南部杜氏や秋田県の6号酵母などでも知られる日本を代表する酒どころ。

華想い・華吹雪（青森）、吟ぎんが（岩手）、秋田酒こまち（秋田）、出羽の里・出羽燦々（山形）、夢の香（福島）、蔵の華（宮城）など

甲信越

新潟県といえばまず、越後杜氏に五百万石だ。清酒の消費量も日本一で、1980年代からは地酒ブームを牽引し「淡麗辛口」の酒で日本を席巻した。酒博士・坂口謹一郎の故郷でもある。長野県からは美山錦や7号酵母が生まれた。

越淡麗（新潟）、金紋錦・ひとごこち（長野）など

関東

21世紀に発祥した栃木県の下野杜氏や、途絶えていた東京23区内の清酒蔵の復活など、近年日本酒関連の話題に事欠かない。

総の舞（千葉）、さけ武蔵（埼玉）、舞風（群馬）、ひたち錦（茨城）、とちぎ酒14（栃木）など

東海

八丁味噌など発酵・醸造文化の奥深さで知られる愛知県をはじめ、関東と関西の双方から影響を受けた独自の日本酒文化を育んでいる。

誉富士（静岡）、ひだほまれ（岐阜）、夢山水（愛知）、神の穂（三重）など

酒屋万流 その1

剣菱酒造

所在地：兵庫県神戸市
銘　柄：剣菱、黒松剣菱ほか

ひときわ存在感を放つ、本社及び製造拠点の屋上の剣菱マーク入り巨大酒樽。

現在、剣菱を守るのは白樫家。代表取締役社長の白樫政孝氏は2017年に就任した。

1505年創業「下り酒」の名門蔵

2つの菱形（上は男性、下は女性を表し、陰陽を象徴）を組み合わせた独特のマークで知られる「剣菱」。1505年（室町時代後期）、伊丹での創業時から使用されているマークは、江戸時代の文献にも登場し、蔵の長い歴史を物語っている。「下り酒」の一角を成した蔵は、昭和に入ると灘に移転。今に至る。

3つの家訓に基づいた酒造り

剣菱の酒造りを貫く3つの家訓がある。「一、止まった時計でいろ。二、酒の味のための費用は惜しまず使え。三、手の届く価格にしろ」。一は、遅れている時計は一度も正確な時間を示さないが、止まっている時計ならば、1日に2回は時間が合う。つまり、流行を追わず自分の信じた味を守ること。二は、手元の資金は原材料や造りなど酒質向上に使い、お客さんに還元すること。三は、日々を楽しむ酒として、適正価格を意識している。

― 時代を超えて愛される「変わらない」酒 ―

歴史に刻まれた剣菱の足跡

創業後、1600年頃から江戸での販売を開始し、以降、歴史の中でたびたび登場する。中でも有名なのが、1703（元禄16）年の赤穂浪士が、吉良邸の討ち入り前に武運を祈る出陣酒として、剣菱を飲んだというエピソード。8代将軍徳川吉宗の時には将軍家御膳酒に指定。歌舞伎や浮世絵などにもたびたび描かれており、庶民にも親しまれていた様子がうかがえる。太平洋戦争の際には、酒質が維持できないとし剣菱の名を封印したことも。

剣菱の歴史をひもとくと、日本酒が将軍から庶民まで幅広く親しまれていたことがわかる。

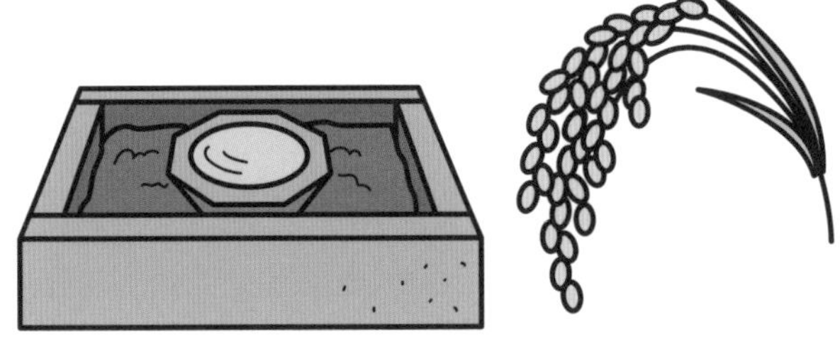

宮水は、六甲山系から流れる地下水で、現在も灘五郷の酒蔵が共同管理し保全に努めている。

山田錦と名水「宮水」

原料の酒米は、兵庫県産山田錦（特A地区）が8割を占める。米の検査機関として農水省に登録しており、米の生産から検査まで一貫して自社で行う酒蔵は剣菱ともう一社のみ。仕込み水は、灘が誇る1840（天保11）年に発見された名水「宮水」を使用。神戸と西宮に10の井戸を所有している。

昔ながらの蓋麹

蔵の中では米を蒸す甑や酒母の温度管理に使用する暖気樽など、木製の道具が現役で活躍しており、麹室で使われている麹蓋もすべて木製。非常に手間がかかる全量蓋麹の酒蔵は、全国でも稀だ。

約9割が山廃仕込み

酒母は、天然の乳酸菌と蔵付き酵母のみを使用した山廃仕込みで、仕込み量全体の9割を占める、全国でも有数の山廃仕込みの蔵として知られている。沸騰した湯を入れた暖気樽を酒母に入れ、じっくり温めて酵母菌を増殖させるため、酒母の仕込みにかかる時間は通常よりずっと長く40日ほどかかる。

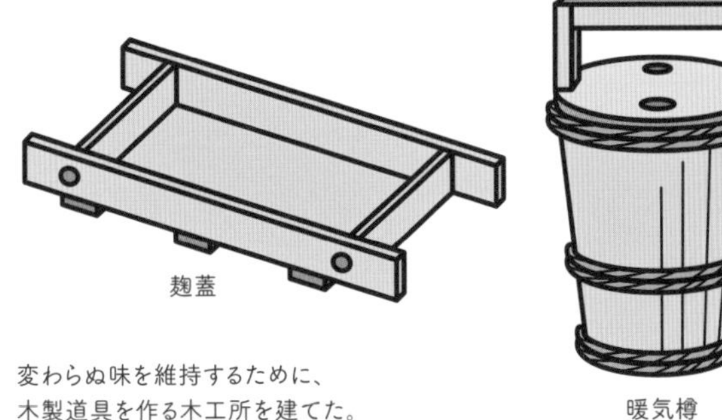

麹蓋

暖気樽

変わらぬ味を維持するために、
木製道具を作る木工所を建てた。

ブレンドの技術でいつもの味に

少なくともひと夏は寝かせてから出荷するため、濃醇な味わいが特徴。また、味にばらつきが出ないよう、3つの蔵で造ったものや、酒造年度が異なるものなど300本以上のタンクの個性を熟知したブレンダーが、剣菱の味になるよう調整している。

米の味わいを残すため濾過は最小限に。
そのため、酒の色がほんのり黄色い。

酒屋万流 その2

新政酒造

所在地：秋田県秋田市
銘　柄：No.6、Colorsほか

6号酵母発祥の銘醸蔵

1852年（江戸時代後期）、秋田藩の城下町、久保田町（現・秋田市）にて佐藤卯兵衛が創業。大正時代には、中興の祖、5代目佐藤卯兵衛氏が蔵に入り、1928（昭和3）年から全国清酒品評会で3年連続優等賞を受賞。全国で名を馳せるように。優秀な酒質ゆえに国税庁の研究対象となり、1930（昭和5）年、蔵より採取された酵母が「きょうかい酵母6号」として全国に頒布されることとなった。

改革の背景は原点回帰と再定義

前職はジャーナリストという異色の経歴を持つ8代目佐藤祐輔氏が2007年に蔵に戻る。以降、原料米は秋田県産のみ、使用酵母は6号のみ、醸造アルコール添加の廃止、すべて生酛造り、すべて木桶仕込みと、次々と改革に着手。酒造りの原点回帰と再定義に取り組む新世代蔵元の旗手として知られる。

門のマークは6号酵母をモチーフにした「六道印（りくどういん）」

蔵を継ぐ予定はなく、東京大学卒業後、異業種を経て蔵に入った佐藤祐輔氏。

── 次世代の酒造りを牽引するリーダー蔵 ──

今も茅葺屋根の家屋が点在する、桃源郷のような鵜養集落。

原点回帰 1　酒造りと地続きの酒米作り

秋田市内の集落「鵜養（うやしない）」にて、2015年から酒米の試験栽培を開始。山に囲まれ、清流の水が流れ込む田んぼでの試行錯誤を経て、2017年に念願の無農薬栽培の酒米作りに成功した。酒米作りに取り組む蔵は数あれども、当時の杜氏を「原料部門長」として田んぼ担当に配置する大胆な采配に業界内外で驚きの声が上がった。作付面積を年々増やしているが、その先にあるのは、鵜養地域を地元と共に無農薬栽培の地とし、そこに新たな酒蔵を造ること。鵜養での酒米作りは伝統的な日本酒の技法を継承しつつ、自然と調和した酒造りを標榜する新政の姿勢をまさに体現しているのである。

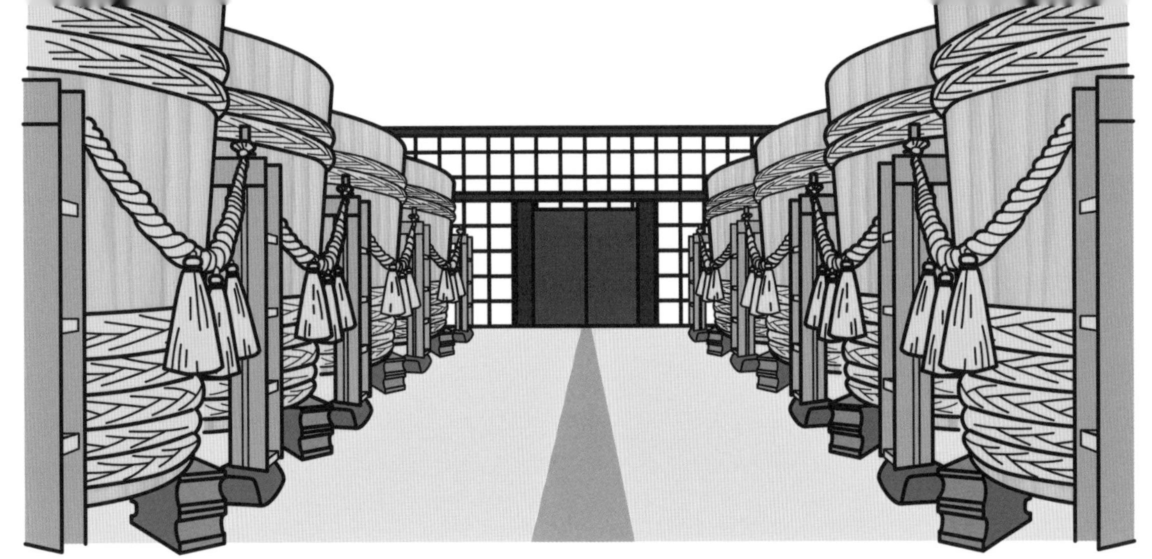

木桶で仕込む狙いは、味わいに複雑性を持たせると同時に、伝統文化を保護するため。

原点回帰2 全量生酛造り

2012年に速醸酒母を廃止。2014年には全量を生酛に切り替えた。ラベルに表示義務のない醸造用乳酸の添加に疑問があったからだ。醸造用乳酸は健康に悪いものではないが、合理化よりも原点回帰の酒造りを目指す中で生酛造りを選択したのは、自然な流れともいえる。

原点回帰3 全量木桶仕込み

現代の日本酒造りでは、仕込みタンクはホーロー製が主流だ。しかし新政は、2013年より木桶を導入。さらに、木桶を購入するだけではなく、近い将来、後継者が途絶えるといわれる木桶作りを自社で実践できるよう、2016年から大阪「藤井製桶所」に社員を送り込み、技術を継承している。地元の秋田杉で酒造りの道具を自社で作るべく、2023年には、自社敷地内に木桶工房を建てた。

酒の鮮度を保つため、新政のボトルはすべて四合瓶で統一されている。

醸した酒は「作品」であるという美学

音楽や文学に精通している佐藤氏は、「酒の造り手をアーティスト、銘柄をアルバム、ラベルの裏に綴ったテキストはライナーノーツだと捉えると、日本酒の楽しみ方が広がる」と考えている。そのスタンスは、洗練されたボトルやラベルのデザインに現れ、第一印象で日本酒初心者の心をつかみ、多くの新政ファンを生み出している。

4つのラインが新政の世界をつくる

新政の酒は4ラインで構成されている。①「No.6」：生酒のライン。6号酵母にちなんだ「6」の数字が印象的なボトルデザインで知られる。エントリーモデルのR-type、S-type、最高峰のX-typeの3タイプからなる。②「Colors」：酒米違いの火入れ酒のライン。例えば、改良信交を使った酒は「Cosmos」、酒こまちは「Ecru」のように、味わいのイメージと色で視覚化したボトルが映える。③「PRIVATE LAB」：実験的なライン。低精白「涅槃龜（にるがめ）」、発泡酒「天蛙」、白麹使用「亜麻猫」、貴醸酒「陽乃鳥（ひのとり）」の4つからなる。④「Astral Plateau」：最もラディカルなライン。「農民藝術概論」や「見えざるピンクのユニコーン」など、ネーミングにも佐藤氏のバックボーンや酒が持つ作品性が見え隠れしている。

酒屋万流 その3

大七酒造

所在地：福島県二本松市
銘　柄：大七生酛、箕輪門ほか

創業250年を迎えた2002年には、耐震や作業の動線に配慮した新社屋を建設するなど、歩みを止めることのない太田英晴氏。

生酛造りの代表格

生酛造りに力を入れている蔵として知られている「大七」の創業は、1752（宝暦2）年。明治に入り、山廃酛や速醸酛が普及する中、8代目太田七右衛門は速醸酛を試みた上で、生酛造りを採択した。その後、1938（昭和13）年の第16回全国清酒品評会において最高首席優等賞を受賞。昭和の後半には、淡麗辛口ブームが到来するが、あくまでも生酛での酒造りを貫き、全国新酒鑑評会史上初めて生酛造りの純米酒で金賞を受賞。2004年には、独自路線を進む方針から鑑評会への出品を停止した。

現代の技術も取り入れ、海外でも高評価

10代目の蔵元、太田英晴氏は、東京大学卒業後、醸造試験所での研修を経て蔵へ。1997年に社長に就任した。「大七」のお家芸ともいえる生酛造りをベースに、新たな精米技術を開発したり、木桶仕込みの復活や国内で約40年ぶりに和釜を新調したりするなど、最先端の技術と従来の伝統を取り入れている。1996年には海外市場の開拓をスタートし、年々海外での評価も高まっている。

― 生酛造りをつき詰め、独自の道を歩む ―

二本松の風土と仕込み水

蔵のある二本松は、江戸時代には良質な米の産地で、日本三井（日本の三大井戸）のひとつ「日影の井戸」でも知られる名水に恵まれた地。そのため、古くから酒造りが盛んな土地柄だった。使用している仕込み水は、安達太良山麓の花崗岩層を通ってきた湧き水で、蔵の敷地内にある井戸から汲み上げている。水質は適度にミネラルを含んだ中硬水で、生酛造りとの相性もよい。

敷地内には3つの井戸があり、そのうちひとつは、蔵の建物内にある。

研究を重ねてたどりついた「超扁平精米」

自社で精米工場を持つ大七では、米の削り方を追求した。通常、精米は、細長い米粒を球状に削っていく。その結果、長い部分は必要以上に削られ、反対に厚みのある部分はタンパク質などが残ってしまうなど削りが十分でない傾向にある。大七では、どうしたらまんべんなく精米できるか研究した結果、米粒の表面から等厚に削る「超扁平精米」という技法を開発した。この技術により、2008年には、精米部長が「現代の名工」として表彰された。

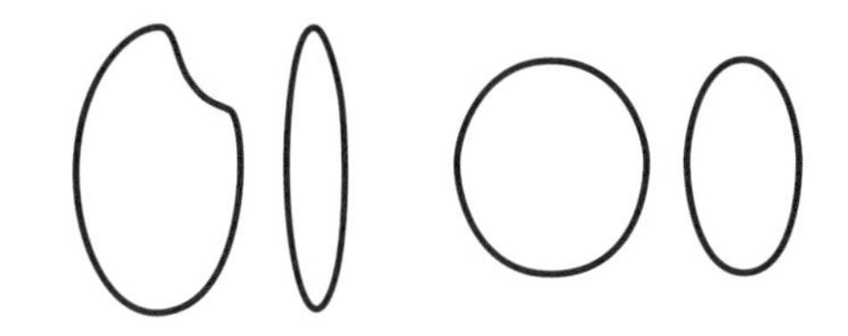
左が独自に開発した「超扁平精米」。
右は一般的な精米で米が球状になる。

麹室が4つもある理由

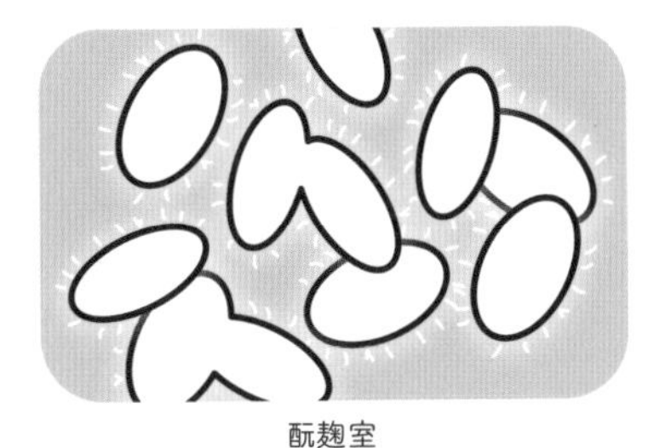
酛麹室

添麹室

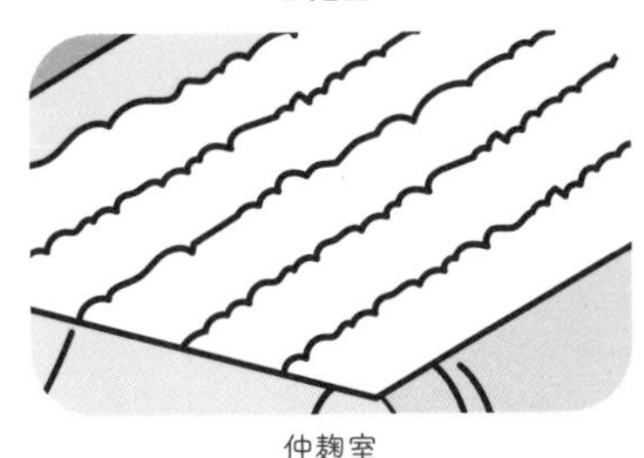
仲麹室

留麹室

仕込む酒の種類によって麹室を2、3使い分けるパターンは時々あるが、大七では4つの麹室で造った麹がひとつの酒になる。つまり、4つの麹室は、麹造りの工程に沿って、部屋を使い分けるために設けられており、それぞれ、酛麹室、添麹室、仲麹室、留麹室となる。別々の部屋で麹を造る理由は、麹の段階によって理想的な環境（湿度や温度など）が異なるためだ。全国的に見ても稀有な例である。

豊かな生酛のバリエーションを味わう

大七のラインナップの中でも最高峰に位置するのが、生酛造りで雫取りの純米大吟醸酒「妙花闌曲（みょうかんらんぎょく）」。その中から、選りすぐりのヴィンテージをブレンドした酒が「妙花闌曲グランドキュヴェ」として登場する。創業時の年号を名前に冠した「宝暦大七」は、生酛造りで史上初めて、全国新酒鑑評会にて金賞を獲得（2000年、2002年）し、話題となった純米大吟醸の原酒。独自の超扁平精米技術で磨かれた酒米を使用した純米大吟醸酒「大七箕輪門」は、洗練された味わいが、海外の星付きレストランでも好評。定番酒は「純米生酛」で、生酛を味わう入り口の酒としても知られ、幅広い層に愛されている。

日本初の無酸素充填システムにより瓶詰めされ、酸化を防ぐ。

酒屋万流 その4

美吉野醸造

所在地：奈良県吉野郡吉野町
銘　柄：花巴山廃、花巴水酛、
HANATOMOE水酛×水酛、自然淘汰、ほか

美吉野醸造が蔵を構えるのは吉野川のほとり。銘柄「自然淘汰」のラベルには、美吉野橋から望むその姿が描かれている。

奈良吉野の風土とともに

千本桜の絶景で知られ、吉野杉・檜の集散地でもある奈良吉野にて1912（明治45）年に創業。2010年に社名を「御芳野商店」から「美吉野醸造」に変更。

橋本晃明氏。酒造りについて聞けば、理路整然と言葉を重ね、笑顔で答えてくれる。

景色のような酒

蔵元杜氏は4代目の橋本晃明氏。東京農業大学醸造学科を経て、修業先の兵庫県・灘「剣菱酒造」で山廃や酵母無添加の酒造りを学んだ。2005年に実家の蔵を継ぎ、2017年から全量酵母無添加に転換。2018年からは全量契約農家栽培米（奈良県産）を使用。地元の農林業者との交流を通じて得た気づきから、常に自然と対峙する一次産業に連なるような、独自の「自然淘汰」的醸造哲学に至る。橋本杜氏のいう「景色のような酒」は、地元の米、微生物、風土、天候などがもたらす自然の恵みと、人間が制御できないゆらぎまでも受け止めて醸されている。

県内の米生産者と共生する

酒米には「こだわりのないこだわり」があるのだと橋本杜氏はいう。生産者や年度によって異なる品種と品質を限定せずに受け入れ、醸造工程の選択肢を増やし、商品を多彩にすることでカバー。例えば、麹米にしたり、掛米にしたり、硬ければより精白することで調整したり、清酒に向かなければ甘酒の原料に回すことも。得意とする水酛は酒米品種に左右されにくい酒母でもある。吟のさとをメインに、山田錦や五百万石も使用するが、品種や精米歩合はラベルに表記しない。「どんな米でも花巴の味になりますから」と杜氏。

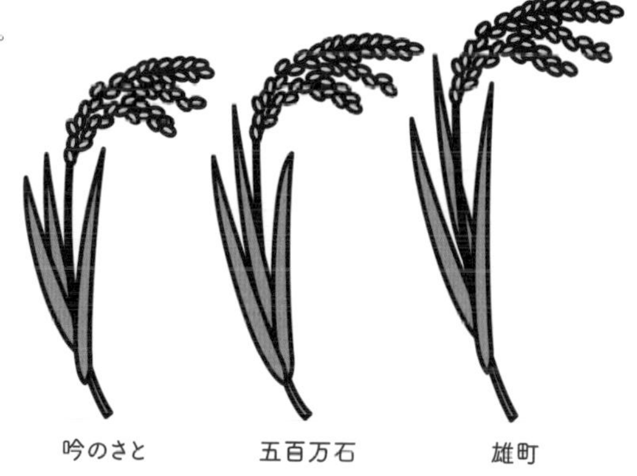

「吟のさと」はほかの一般的な酒米と比べ短稈で倒れにくく収量も多いので、生産者が作りやすいという特長がある。

酒母3種×仕込み容器3種×気候

吉野杉の木桶は、この地で酒を醸す上でのシンボルでもある。

酒母は速醸、山廃（低めの温度が向く）、水酛（高めの温度が向く）の3種類。醪はサーマルタンク（温度調節可能）、ホーロータンク、木桶（保温効果がある）のいずれかを使用し、蔵に棲む野生酵母により醸される。仕込み時期の気候も勘案しながら、この組み合わせで多種類の銘柄を造る。

酸を解放する

総破精麹により米がよく溶け酒母の糖度が高くなると、強い野生酵母のみが自然と残る。それと同時に乳酸菌や酵母菌が乳酸を盛んに生成する。杜氏が「酸を解放する」と表現する通り、発酵の必然として生じるこの酸をあえて抑制しない味わいこそが花巴の核心だ。山廃と水酛の酸には、酸度で計れぬニュアンスの違いもある。また、甘味や苦味など酒に含まれるほかの要素によっても酸の「見え方」は変わってくる。水酛の仕込み水である「そやし水」については、乳酸菌のエサになりやすい蒸米をあえて入れず生米だけを使用。こうすると、できあがりが「遅れてスキが生まれ」味わいの複雑性が増すのだという。さらに、気温が高ければよりさっぱりした味になり、低ければ複雑味が出るが、それも醸造時の環境の表現として酒にそのまま反映させる。橋本杜氏が重視するのは、微生物が生み出すこうした風味の複雑性なのだろう。

氷を入れた「冷管」で山廃の酒母を冷却する。

― 発酵の必然として生じる酸を抑制しない ―

左から花巴山廃、花巴水酛、HANATOMOE水酛×水酛。

nomaが鴨とペアリングした山廃

銘柄は特定名称や酒米品種でクラス分けするのが一般的だが、美吉野醸造では、速醸、山廃、水酛と酒母違いの3ラインを基本に展開。「花巴水酛」を中心に、「水酛」を再仕込みした酸も甘味も濃厚な「HANATOMOE水酛×水酛」にもファンが多い。「花巴山廃」は2015年に東京でポップアップ営業したデンマークのレストラン「noma」のペアリングに登場。醸造時期の気候の違いを積極的に反映する木桶仕込みの「自然淘汰」は、銘柄名どおり花巴の真髄が味わえる。「発酵が強く保存のポテンシャルが高い酒質のものは常温保管する場合もあります。時期（特に温度管理なしの場合）と仕込みにより酒質が異なりますので、熟成という変化を利用して酒を仕上げるのも大切な製法のひとつなのです」と橋本杜氏。

酒屋万流
その5

高嶋酒造

所在地：静岡県沼津市
銘　柄：白隠正宗ほか

蔵の看板に描かれているのは白隠禅師の「達磨図」。

高嶋氏は酒造りの時期が終わるとDJとしても活動。2022年には自らレーベルも立ち上げた。

富士山の伏流水と東海道の文化に恵まれて

駿河湾と富士山に挟まれた東海道沿いに蔵を構える「高嶋酒造」の創業は、1804年（江戸時代後期）。1884（明治17）年に、酒のうまさに唸った山岡鉄舟が「白隠正宗」と名付けた。「白隠」は、蔵の近くにある松蔭寺の住職であり、臨済宗中興の祖とされる白隠禅師に由来。仕込みから作業用まで、使用する水はすべて、蔵の敷地内の井戸から湧き出る富士山の伏流水でまかなう。

造るのは飲み続けられる地酒

蔵元杜氏で代表の高嶋一孝氏は、東京農業大学に進学するも、在学中から音楽の道へ。しかし、尊敬する蔵元に出会ったことで大学卒業後蔵へ戻り、自ら杜氏として酒質改善の陣頭指揮にあたる。2012年には全量純米酒に切替え、「地元の肴に合うだらだら飲める酒」をテーマに掲げ、地酒としての立ち位置を明確化。新たなファンを獲得している。

―「地酒」のあり方を根本から探求―

地元・沼津の名産、干物と合う酒

地元の水と米で造る「白隠正宗」の味わいは、柔にして剛。甘味やアミノ酸は少なくドライで軽やかな飲み心地ながら、酒の骨格はしっかりある。合わせたい肴のイメージは、地元の名産、噛めば噛むほど滋味が広がるムロアジの干物だ。高嶋氏自身が、酒を飲むのが好きということもあり、ずっと飲み続けられて気持ちよく酔える酒を造る。おいしい燗の付け方にも研究熱心で、数年前から「蒸し燗」を推奨している。徳利ごと蒸す方法で日本酒がまろやかに感じるため、いっそう盃が進むと評判だ。

静岡の酒米「誉富士」を中心に純米酒を造る。

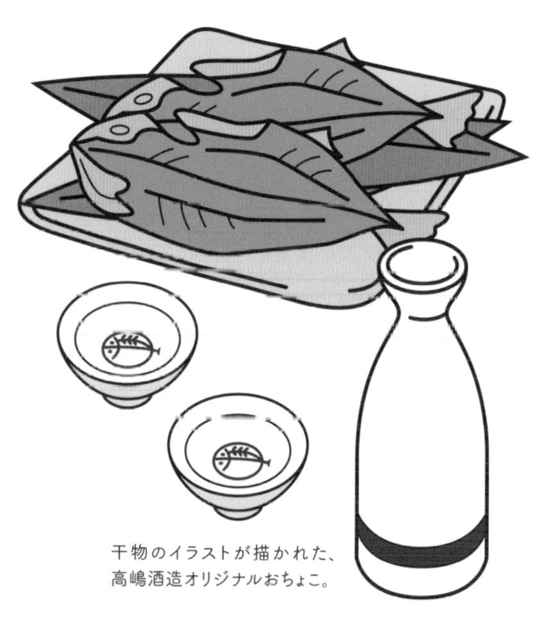

干物のイラストが描かれた、高嶋酒造オリジナルおちょこ。

今田酒造本店

所在地：広島県東広島市
銘　柄：富久長ほか

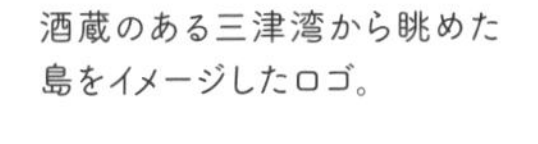
酒蔵のある三津湾から眺めた島をイメージしたロゴ。

近代の酒造りの歴史と重なる、酒蔵の歩み

広島杜氏（三津杜氏）のふるさとであり、江戸時代は幕府への年貢米の積出港として栄えた瀬戸内海の安芸津町三津にて、1868（明治元）年より酒造りを続けている今田酒造本店。銘柄名「富久長」は、軟水醸造法で知られる醸造家、三浦仙三郎（p151）による命名だ。彼の座右の銘「百試千改」（百回試して千回改める）の精神を胸に、広島で確立された軟水による吟醸造りの道を追求している。

女性蔵元杜氏として海外からも注目

今田酒造本店の長女として生まれた今田美穂氏は、大学卒業後、日本能楽芸術振興会「橋の会」を経て1994年に蔵に入り、2000年に杜氏となる。在来品種の酒米「八反草」を復活させたり、精米の形違いの酒を造ったりと、様々な角度から新たな試みに取り組んでいる。2019年に公開されたドキュメンタリー映画『KAMPAI！ 日本酒に恋した女たち』に出演後は、海外からの注目度も高まり、2020年、英国BBCが選ぶ世界に影響を与えた『100人の女性』に日本人として唯一選出。2022年には『フォーブス』誌による「Forbes 50 over 50：Asia 2022」にも選出された。

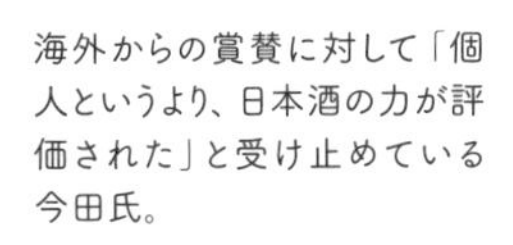
海外からの賞賛に対して「個人というより、日本酒の力が評価された」と受け止めている今田氏。

―「百試千改」の精神を受け継ぐ吟醸の蔵―

在来種の酒米「八反草」を復活

もともと広島県で広く栽培されていた酒米だったものの、100年以上姿を消していた八反系最古の在来種「八反草」。蔵ではわずかな種もみから少しずつ増やし、2001年に栽培を復活させた。代表銘柄「富久長」の中でも「八反草」を使用した酒が、蔵の顔となっている。

安芸津の食に合う酒

蔵のある安芸津は、豊富な魚介類（なかでも牡蛎が有名）とレモンの産地。地元の食材に寄り添う日本酒を目指し、柑橘類に含まれるクエン酸を生成する白麹で仕込んだ酒「海風土」を造っている。

米の精米の形で飲み比べ

蔵と同じ市内には、1896（明治29）年に日本で最初に動力式精米機を発明したメーカー「サタケ」がある。通常、精米すればするほど球状になる酒米を、「サタケ」では、タンパク質は除去しつつ、米のデンプン部分を削り過ぎないよう扁平に磨く「扁平精米」と、米のもとの形のままに磨く「原形精米」の技術を開発。米を削った形から生まれる味わいが飲み比べられるよう、「富久長 八反草 サタケシリーズ HENPEI」「富久長 八反草 サタケシリーズ GENKEI」の2種類をリリースしている。

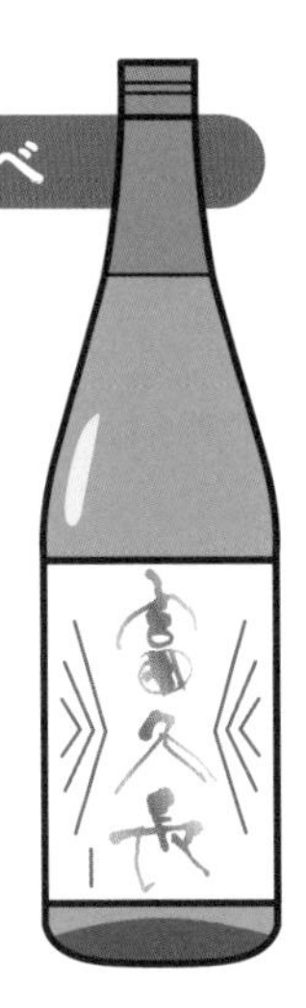

酒屋万流 その7

土田酒造

所在地：群馬県利根郡川場村
銘　柄：シン・ツチダ、誉国光（ほまれこっこう）、ほか

ロゴマークは象形文字の「土」がモチーフ。

土田蔵元（左）と星野杜氏。YouTubeで配信中の「土田酒造のくらびらき！」では絶妙なコンビぶりを披露。蔵のどこからでも現場へ指示を出せるように杜氏は無線機を装着。

仕込み水は武尊山の伏流水

1907（明治40）年群馬県沼田市で創業。1992年、武尊山の伏流水を求めた5代目が川場村へ蔵を移転。広大な敷地には近代的な醸造蔵、沼田市の蔵を移築した販売所、イタリア料理店、庭園などのほか、自社田も。

名コンビが探る日本酒の原点と未来

ゲーム会社を経て2003年に蔵へ帰った土田祐士6代目蔵元と、2006年入社の星野元希杜氏が蔵の顔。2人は2017年よりアル添、速醸、表示義務のない添加物を全廃し、生酛、山廃、野生酵母、低精白米による原点回帰的酒造りに邁進。一方、全蔵人が常時Slack※で情報共有したり、蔵内に存在する微生物叢（そう）を解析するなどテクノロジーも駆使。

※Slack：チームコミュニケーション用オンラインチャットツール。

── 教科書にない酒造りに挑み、日本酒の可能性を広げる ──

パワフルな麹で短時間製麹

酒造りの鍵は製麹にある。「麹が第一。精米歩合や米の品種はその次」と蔵元。酵素の強い焼酎用黄麹の種麹を大量に撒き、標準より短い製麹時間で仕上げた麹は低精白の米を溶かしきり、糖分もアミノ酸も存分に引き出す。米のすべてを可能な限り酒に込めるのだ。

種麹を大量に撒くため、種切りには園芸用の小型粉末散布機を使用。

食用米と地場の微生物

低精白米を丸ごと酒に。もはや酒米の心白（p28）はいらないので食用米（群馬県産）が多用される。また「研究醸造」の結果、中長粒米も問題なく醸造可能と判断。全世界で作られている米の9割以上はインディカ種ゆえ、海外の現地米と微生物による日本酒醸造の技術指導が今後の目標のひとつ。「世界の人たちが新規参入できる日本酒の可能性を広げたい」と蔵元。

伝統の地酒から実験的シリーズまで

銘柄は、シン・ツチダ、土田生酛、Tsuchida 99（麹歩合99％）、12などの土田シリーズに加え、中長粒米（プリンセスサリー）やアミノ酸度4.0に挑戦するなどの研究醸造シリーズもラインナップ。100余年続く伝統銘柄、誉国光も造り続けている。

日本初、製麹時間別（29、37、41、45、49時間の5種）のTsuchida99 STUDY セットは製麹研究のたまもの。

酒屋万流 その8

髙澤酒造場

所在地：富山県氷見市
銘　柄：有磯 曙、AKEBONO LIGHT、ほか

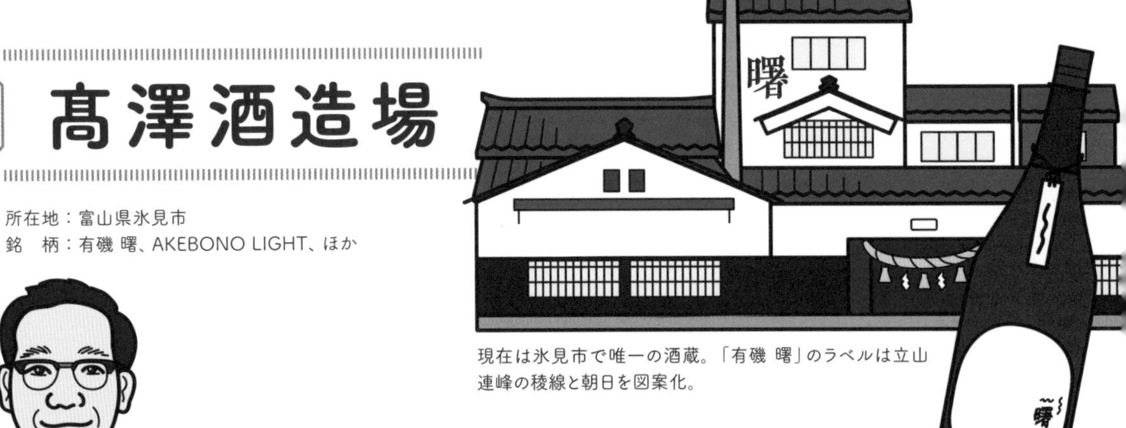

現在は氷見市で唯一の酒蔵。「有磯 曙」のラベルは立山連峰の稜線と朝日を図案化。

蔵元杜氏の髙澤龍一氏。東京農大、小泉武夫氏の研究室で学んだ。

富山湾と立山連峰を望む蔵

福岡町（現・富山県高岡市）の髙澤利右ヱ門が、1872（明治5）年に氷見で創業。主銘柄「有磯 曙」の名は、豊かな魚介類をもたらす富山湾（有磯海）と、立山連峰から昇る朝日に由来する。氷見港の埋め立てが行われるまで、蔵のすぐ裏手は海だった。

氷見で酒が造れるのはすごいこと

蔵元杜氏は7代目の髙澤龍一氏。東京農業大学では小泉武夫氏に師事し「清酒酵母由来のにがみ成分」について研究、1999年に卒業。「食に恵まれた氷見で酒が造れるのはすごい」と蔵へ戻ることを決意した。以後は、「満寿泉」の桝田酒造店で杜氏をつとめた能登杜氏四天王のひとり三盃幸一氏をはじめ、県内の先人たちにも教えを請いながら酒造りの技術を確立してきた。

― 氷見の豊かな食と酒の四季を味わい尽くす ―

酒は全量槽搾り

ほぼすべて（95％）の原料米が富山県産。富の香や雄山錦などの酒米や、低グルテリン食用米の八代仙など、富山生まれの米も多用。蒸米や麹の放冷には、蔵戸を開放して氷見の海から吹く「あいの風」をあてる。全量槽搾りである。

蔵で稼働する槽。今のところ「ヤブタを導入する予定はない」という。

寒ブリには利右ヱ門、岩ガキにはAKEBONO LIGHT

「四季折々の食と酒を楽しんでほしい」と髙澤氏。まず氷見といえば冬の寒ブリ。これには必ず毎年度最初に造って最初に出荷する、にごり生原酒の「利右ヱ門」をあてたい。1年熟成した「有磯 曙」もマッチする。春先のイワシやホタルイカには線が細めの新酒を。初夏の岩ガキには白麹使用の「AKEBONO LIGHT」を冷やして。秋口のフクラギ（ブリの幼魚）、アオリイカにはひやおろしのぬる燗がいい。ちなみに蔵の近所にある「柿太水産」も創業100余年の老舗だ。こちらの6代目当主がつくる氷見名物「こんか漬」（イワシなど魚の糠漬け）も髙澤酒造の酒に合わせたい。

AKEBONO LIGHTのラベルイラストは、富山出身の漫画家である堀道広氏による。

新たに蔵をつくるには？

新規の清酒製造免許取得が難しいといわれる日本酒の世界において、蔵元以外の参入者が新たに蔵を設立する際は、清酒製造免許を保持する既存の蔵を買収するケースがほとんどだ。しかし、最近では限定された条件付きながら、新規の製造が認められる場合も出てきた。

輸出用清酒製造免許制度がスタート

2021年4月から、日本酒の輸出拡大を後押しするため、輸出用清酒製造免許制度の適用が始まった。これにより、輸出用に限定した清酒製造においては最低製造数量基準（60kℓ）を適用しないことになり、新規で日本酒の醸造所の設立が可能となった。クラフトサケ（p96）の醸造所では、「その他の醸造酒製造免許」のほかに、この輸出向けの清酒製造免許を取得し、清酒製造を手がけるところもある。

東京駅構内にマイクロ醸造所が出現

2020年8月、清酒製造免許を新規取得した醸造所「東京駅酒造場」が東京駅構内に誕生し、話題となった。醸造所の運営元の酒販店「はせがわ酒店」に交付されたのは、あくまでも「試験製造免許」という限定的なもので、国内外の東京駅利用客に日本酒造りに興味をもってもらうことが主な目的だ。

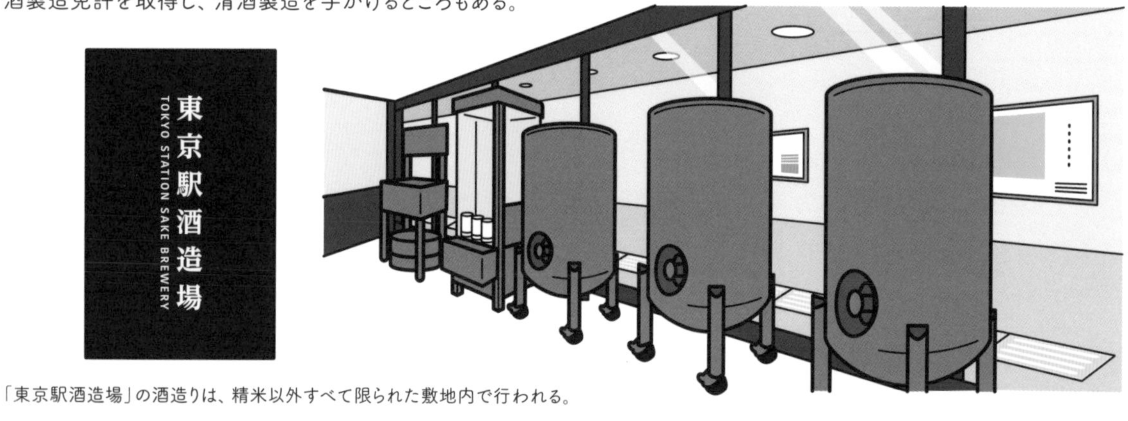

「東京駅酒造場」の酒造りは、精米以外すべて限られた敷地内で行われる。

北海道に3蔵。教育機関と連携も

新蔵設立で話題になったのが北海道・上川大雪酒造。2016年、休業していた三重県の酒造会社を北海道上川郡上川町に移転し、上川大雪酒造株式会社を設立。さらに、2020年には、国立帯広畜産大学キャンパス内に大学と連携した醸造所を、2021年には函館高専と連携した醸造所を函館に設立。酒蔵がなかった地域に新たに蔵を建て、地域の活性化にも貢献している。

進化するどぶろく

酒税法上は「その他の醸造酒」に分類される醪をこさない酒、どぶろく（p27）。最近では、味わいの進化のみならず、清酒に比べて比較的製造免許が取得しやすいことから、新規参入の入り口としても注目を集めている。

地方でも都市でも再注目されるどぶろくの主なあゆみ

2002年の行政構造改革により誕生した「どぶろく特区」は、第1号となった岩手県遠野市をはじめ、地域活性の目玉のひとつとして全国各地に広がった。その後、2010年代に入ると、東京でもどぶろくが飲めるブルワリーパブが出現。どぶろくを身近に感じるようになると同時に、酒造りを夢見る者にとっては新規参入のロールモデルとなり、2019年以降、現在に続くクラフトサケ醸造所の勃興へとつながっていく。

- **2002** どぶろく特区制度が設けられる
- **2003** 岩手県遠野市が「どぶろく特区」第1号に認定される
- **2004** どぶろくの改革者、佐々木要太郎氏が初めてどぶろくをリリースする（p27）
- **2005** どぶろくの品質向上を目指す「全国どぶろく研究大会」がスタート
- **2011** 東京・芝にて「東京港醸造」がどぶろく造りを始める（2016年には清酒製造醸造を取得）
- **2015** 東京に初めてどぶろくのブルワリーパブがオープン
- **2018** 東京に「WAKAZE 三軒茶屋醸造所」（p48）がオープン
- **2020** 東京駅構内に「東京駅酒造場」がオープン（p92）
- **2021** 秋田にクラフトサケ醸造所「稲とアガベ醸造所」がオープン（p98）
- **2022** 東京に平和酒造による「平和どぶろく兜町醸造所」がオープン
- **2023** 長崎にどぶろく醸造所「でじま芳扇堂」がオープン

新しい潮流、クラフトサケとは？

日本酒の技術をベースに造られる新しいジャンルの「クラフトサケ」。日本酒との違いや誕生の背景を紹介する。

クラフトサケの定義

2022年6月に設立された「クラフトサケブリュワリー協会」は、「クラフトサケ」を「日本酒の製造技術をベースとして、従来の『日本酒』では法的に採用できないプロセスを取り入れた、新しいジャンルの酒」と定義している。酒税法が定める酒類製造免許は、日本酒は「清酒製造免許」、クラフトサケは「その他の醸造酒製造免許」としており、免許種類も酒の条件も異なる。（日本酒の定義についてはp10参照）

〈 クラフトサケの例 〉

酒税法上「その他の醸造酒」に分類される「クラフトサケ」の一例

◉ **もろみをこさない**
どぶろく

◉ **副原料を加える**
ホップ、ハーブ、果実、茶葉など

◉ **主原料が清酒の定義**（米、米こうじ、水）**から外れる**
全麹の酒など

〈 副原料の例 〉

クラフトサケが生まれた背景

日本酒の消費量が伸び悩んでいる現在、需要と供給のバランスを保つため、清酒製造免許の新規取得は原則として認められていない。そこで浮上したのが「その他の醸造酒製造免許」だ。2018年、「WAKAZE」（p48）が、「その他の醸造酒製造免許」を新規で取得し、日本酒のベースに副原料を加えた「ボタニカルサケ」を造り始めたのを皮切りに、日本酒蔵での修業を経た若者たちが相次いで参入した。2022年にはクラフトサケの醸造所7蔵によって、前述の「クラフトサケブリュワリー協会」が発足し、ますます活況を呈している。

地図で見るクラフトサケ醸造所

クラフトサケ醸造所は7蔵（2024年2月現在）だが、今後も新たに設立される動きがある。

※「WAKAZE」はフランスに拠点があるため地図には含めていない。

LAGOON BREWERY

新潟県 新潟市	2021年創業

新潟県産のトマトとバジルを使用した「翔空SAKEマルゲリータ」などユニークな発想が光る

稲とアガベ醸造所

秋田県 男鹿市	2021年創業

テキーラの原料、アガベのシロップを副原料に使用したクラフトサケ「稲とアガベ」で知られる（p98）

ハッピー太郎醸造所

滋賀県 長浜市	2022年創業

味噌用糀のどぶろくをベースに、志ある農家の薄荷を加えた「something happy 赤丸薄荷」など、思い入れの強い副原料を使用する

ハッピー太郎醸造所

haccoba -Craft Sake Brewery-

福島県 南相馬市	2020年創業

かつての「どぶろく」の自由な文化を現代的に表現。代表銘柄は、東北のどぶろく製法「花酛」をベースにしたホップの酒「はなうたホップス」

LIBROM Craft Sake Brewery

福岡県 福岡市	2020年創業

日本酒の入り口になるような酒を標榜し、副原料にレモンバーベナを加えた「Verbena」が代表作

木花之醸造所

東京都 台東区	2019年創業

都市型醸造所のアプローチでクラフトサケ造りに挑戦。白麹を使用した「ハナグモリ～THE酸～」はクエン酸由来の酸味がポイント

クラフトサケをもっと知ろう

新たに生まれたジャンル「クラフトサケ」は、多面性が魅力だ。ここでは、副原料や製法に由来する多様な酒が生まれる「醸造の自由」、世襲制に捉われないがゆえに、醸造所の場所を選択できる「起業の自由」、そして、異業種や次世代が出入りする「共有地」という三つの側面から、クラフトサケを読み解いてみよう。

醸造の自由と多様性

多種多様な副原料の使用

日本酒と比べて最も特徴的なのが、クラフトビールやクラフトジンの文化にも通じる副原料の存在だろう。例えば、秋田「稲とアガベ醸造所」は、醸造所名にあるアガベシロップを醪に加えている。ハーブやフルーツを加える醸造所は多々あるが、新潟「LAGOON BREWERY」がリリースした「翔空　SAKEマルゲリータ」は、新潟産のトマトとバジルを使用。副原料の意外性はクラフトサケならでは。

ユニークな発想と独自の製法

福島「haccoba - Craft Sake Brewery-」では、東北地方に伝わるどぶろくの製法「花酛」に着想を得て、東洋のホップ「唐花草」とアロマホップを加えた「はなうたホップス」が定番酒。「糀屋」としてスタートし、味噌や甘酒を造っていた滋賀「ハッピー太郎醸造所」が醸すどぶろくは、醪に自家製の甘酒を加えて発酵させている。

新たな「日本の酒」が生まれる運動体

「稲とアガベ」の岡住修兵氏は、「日本酒でもなく、ビールでもなく、ワインでもない醸造酒を造れるのが、その他の醸造酒製造免許」と捉え、2022年12月には、ブドウと米と麹をいっしょに発酵させたクラフトサケ「稲とブドウ」をリリース。ハイブリッドな酒も醸せるクラフトサケは、今までにない「日本の酒」を育むゆりかごだ。

起業の自由と地域性

醸造所の場所を選ぶ理由

「haccoba」は、東日本大震災以降、一時期は住民がゼロになった福島県南相馬市小高区に設立。理由は、地域文化をみんなでゼロからつくっていける環境だったから。「稲とアガベ」は、修業した蔵が秋田で、この土地に恩返しがしたいとの思いで醸造所を築いた。

地域の経済圏と文化圏の拠点

「稲とアガベ」は、過疎化が進む町で大規模なクラフトサケフェスを開催したり、酒造りと並行して、醸造所の周囲に食品加工所やラーメン店をオープンしたりするなど、雇用と活気をもたらしている。ほかにも、「haccoba」が2023年に福島県浜通りに新たに醸造所を2軒設立するなど、醸造所が地域活性化の拠点になる例が増えている。

副原料で地域の食材を発信

クラフトサケには、各醸造所が思い入れのある地元の食材を副原料として使用する例が多い。福岡「LIBROM Craft Sake Brewery」では、福岡産のレモンバーベナやいちごなど様々な素材を加えて醸造している。

共創と育成の場として

ジャンルを超えた酒造り

クラフトサケの各醸造所では、クラフトビール、ワイン、クラフトコーラなど、様々なジャンルとのコラボレーションが盛んで、次々に実験的な酒が生まれている。ハイブリッドな酒に続き、コラボレーション酒も、クラフトサケの可能性を広げている。

次の造り手を育てる場所

積極的に次世代の造り手を受け入れるのもクラフトサケの醸造所ではよく見られる。それは、造り手の増加が、結果的に日本の酒を底上げすることを自覚しているから。ヨーロッパ各地からの蔵人を受け入れるフランス「WAKAZE」や、設立当初から造り手の孵化機能を意識し、現在3人目の醸造責任者を迎えている東京・浅草の「木花之醸造所」など、積極的に門戸を開いている醸造所が多い。

柔軟な発想で風土を醸すクラフトサケ

クラフトサケブリュワリー協会に加盟する醸造所の中から、
秋田県男鹿市に誕生した「稲とアガベ醸造所」を紹介する。

設立したのは規制に切り込む醸造家

日本酒蔵での修業などを経て、2021年、秋田県男鹿市に「稲とアガベ醸造所」を設立したのは、代表で醸造家の岡住修兵氏。新政酒造などでの修業を経て新たな「サケ造り」に挑むと同時に、清酒製造免許の新規取得が難しい現行制度に風穴を開けるべく、クラフトサケのムーブメントを牽引し、クラフトサケブリュワリー協会会長も務める。

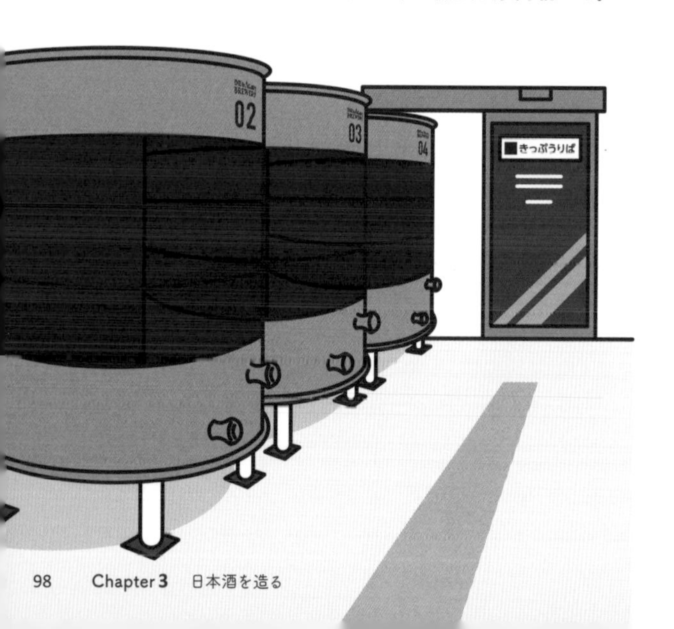

醸造所は旧駅舎

醸造所は、JR男鹿駅旧駅舎を再利用。岡住氏の、酒造りを通して地域経済に貢献したいという思いが地元との縁をつないだ。駅前の広場では、クラフトサケの大規模なイベントも開催。地元に活気を生んでいる。

男鹿の風土を一献に込める

米は秋田県産、自然栽培のササニシキを使用。「米を磨かず、技術を磨く」という考えの下、精米歩合はすべて90％。仕込み水は、豊富な地下水を抱え込んだ男鹿・寒風山の湧き水を使い、「男鹿の風土を醸す」ことをコンセプトに掲げている。

SANABURI FACTORY

レストランや加工所も運営

醸造所にはペアリングが体験できるレストランも併設。また、酒造りの工程で発生し廃棄せざるを得ない酒粕などを、新たな食品に加工する工場兼販売所も稼働。さらには、地元になかったラーメン店もオープンするなど、男鹿の活性化に貢献している。

「サケ」の概念を更新中

醸造するクラフトサケのラインナップは、「DOBUROKU」、副原料を加えた「CRAFT」、ジャンル横断的な実験酒「TAMESHIOKE（試し桶）」3シリーズ。醸造所名を冠した「稲とアガベ」は、文字通りアガベシロップを加えたクラフトサケだ。

このほかに、輸出用清酒、委託醸造清酒の「SAKE」シリーズがある。

SAKE HOME BREWING 日本酒の自家醸造について考える

一般的に酒というものは酒の製造免許を持つ業者が造る商品であり、個人で造るものではないと考えられている。しかし、それは日本の特殊な事情なのかもしれない。

どぶろくは自家醸造酒だった

日本酒の源流は濁酒だ。室町時代に上槽（p140）が一般化してからは、酒造専門家が清酒を造り、どぶろく（濁酒）は家庭内の自家醸造酒として受け継がれてきたと大まかにいえる。そして1899（明治32）年、酒税が富国強兵を標榜する政府の大財源だった関係から自家醸造は禁止され、その状態が現在まで百年以上の長きにわたり続いている。

かつて、どぶろくは家庭で造られるものだった。家庭ごとに様々なレシピがあったといわれる。

自家醸造がクラフトビールを育てた

米国のクラフトビール運動に目を転じると、その根底には自家醸造（ホームブルーイング）文化があり、多くの著名ブルワーはその経歴を自家醸造から始めている。世界的に読まれている『自分でビールを造る本』（The Complete Joy of Homebrewing）の著者チャーリー・パパジアン氏ら米国クラフトビール黎明期のキーパーソンたちは、関連法改正のため政治にも積極的に介入した。AHA（米国自家醸造家協会）によれば、全米には110万人の自家醸造家がいる（2017年）。

合法の国、違法の国

製造量、課税、商用の可否など細かい規定は国により異なるが、基本的に自家醸造が違法な国は少ない。厳密にいえば日本の場合、禁じられているのは酒税法でアルコール1%以上と定義される「酒類」の自家醸造であり、1%未満なら可能。これを根拠に、ビールやワインの自家醸造キットが市販されている。

【自家醸造合法国と違法国の一例】

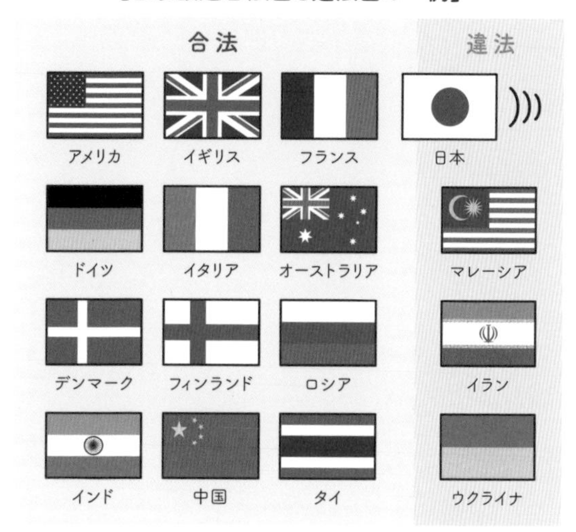

ある意味グレーゾーンに位置する日本。2022年、自家醸造を禁じていたタイが、非営利かつ自家消費用に限りこれを容認した。

サケ・ホームブルーイング

日本酒への関心が高まる米国には、ビールの延長で"SAKE"の自家醸造に着手するホームブルワーがいる。日本には国内と世界に向けて日本酒の自家醸造キットを販売する企業もある。また、2019年には「日本ホームブルワーズ協会」が設立された。自家醸造は、一般流通する酒類の販売量を引き下げるどころか、文化的成熟を促すことで逆に業界を活性化するとの意見もある。

Chapter

4

日本酒の味わい方

好きを見つけるテイスティングの心得

日本酒において、ワインでいうところの「テイスティング」にあたるのが「利き酒」だ。「香を聞く」という表現があるが、「酒を利く」の「きく」に「聞く」をあてることもあるのだそう。テイスティングを重ねることで自分の趣味嗜好を理解し、味わいを言語化できるようになれば、酒販店や飲食店で好みの日本酒に最短距離でたどりつける。ここではテイスティングに対するプロと愛好家のスタンスの違いや、方法などを紹介する。

客観的? 主観的? プロと愛好家で異なる視点

プロと一般の愛好家とでは「テイスティング」に対する視点が異なる。造る、売る、飲食店でサービスするプロは酒質をチェックするため客観的に試飲し、減点方式の評価を行うことが多い。一方、愛好家は楽しむことが第一の目的。主観的な官能評価では、「オフフレーバー」（プロがネガティブに評価）を好ましく感じることも。まずはスタンスによる評価軸の違いを理解しよう。

造り手の技術は全国新酒鑑評会で評価

「全国新酒鑑評会」は、1911（明治44）年から独立行政法人酒類総合研究所（旧国税庁醸造研究所）が「全国の新酒の調査研究を通じて製造技術と酒質の現状・動向を知り、清酒の品質と国民の認識を高める」ことを目的に主催※。毎年春に開催され、高い技術力の証である「金賞」獲得を各蔵が競う。審査では、同研究所や各県の醸造試験場の関係者など日本酒の専門家たちが香りの成分や味わいなどを評価して優秀な酒を選出。一時は受賞酒の同質化が指摘されたが、最近は個性ある酒の受賞も目立ち多様化が進んでいる。

※2007年より業界団体「日本酒造組合中央会」と共催。

様々なテーマでテイスティングに挑戦してみよう

飲み比べで感じた差異からテイスティングの基準を見出そう。ワインでは水平飲み※1や垂直飲み※2が知られるが、日本酒では同蔵の酒米違い、同じ酒米や酵母で蔵違い、同蔵同スペックで火入れの有無など、原料、造り、酒蔵の違いに着目して飲み比べても面白い。銘柄を隠したブラインドテイスティングでは、結果の意外さや他者のコメントで思い込みがリセットされ新たな知見が得られることも。

※1：同じヴィンテージで異なる造り手を飲み比べること。
※2：同じ造り手で異なるヴィンテージを飲み比べること。

見る　嗅ぐ　味わう　記録する

テイスティングの4ステップ

それでは、実際にテイスティングをしてみよう。最初に、目で色やにごり具合などを確認。次に鼻で香りを嗅ぎ、口に含んで舌で味を感じたら、最後にその味わいを記録するという4つのステップを紹介する。深遠なる日本酒の世界を泳ぐための基本を身に付けよう。

1 色を見る

多くの日本酒は無色透明ではなく、ほんのり黄みや青みを帯びている。鑑評会などのテイスティングでは、白地にブルーの蛇の目柄が描かれた専用酒器「ききちょこ」が使われ、白い部分で黄みを、青い部分で透明度や光沢をチェックする。酒の色の表現で頻出するのが「冴え」。どんより濁って見える酒を「冴えの悪い酒」などというが、主な原因はタンパク質の混濁などだ。「青冴えし、うっすら黄みを帯びツヤがある」のがよい酒の色とされる。発泡のある酒は泡の様子や細やかさなども評価対象。香りはもちろん色も判別しやすいワイングラスも役に立つ。酒の見た目をつぶさに観察しよう。

2 香りを嗅ぐ

香り（嗅覚）は味（味覚）と共に「味わい」を構成する重要な要素だ。日本酒では、酒器から直接感じる「上立ち香」、酒を含んで感じる「含み香」、酒を飲み込んだり、飲み込まず吐き出したりしたあとに口中に残る「戻り香」を評価する。バナナやリンゴのような吟醸香や、苦手に感じた香りを注意深く読み取ろう。

3 飲んで味わう

軽くすするように口に含んで香気成分を充満させ、口内全体に行き渡らせる。量は5～10ccくらいが適当。複数銘柄をテイスティングする場合は含む量が一定になるよう注意。銘柄ごとに和らぎ水（日本酒のチェイサーのこと）を飲んでリセットするとよい。酒を飲み込んだあとや吐き出したあとに感じるキレや余韻もじっくり味わおう。

4 感じたことを記録する

①～③を経て、実際にテイスティングしてみた感想をすぐに書き留めておこう。プロが集まる飲み比べの会でも、彼らはその都度メモをとっている。繰り返し記録して記憶を定着させることで、自分が好む味の傾向も見えてくるはずだ。

情報の宝庫、香りを嗅いでみよう

「味わい」を構成する「味覚」と「嗅覚」。味覚は、「酸味、塩味、甘味、苦味、うま味」の基本五味（味覚の受容体は5種類）を識別する。一方、嗅覚は、におい分子（においのもととなる物質）を受け取る受容体がマウスで約1000種類、人間では約400種類あるといわれており、その複数の受容体の組み合わせにより、何万種類ものにおいの識別が可能なほど、バラエティに富んでいる。香りを把握すれば、日本酒をより深く理解できるはずだ。

においを感じる仕組みを知ろう

試しに鼻をつまんで飲食すると風味を感じにくい。これは嗅覚の役割が非常に大きいから。嗅覚の知覚は「におい」（好悪の判断なし）や「香り」（良いにおい）、「香気」（科学的表現）などと表現され、人は食物のにおい分子を感知している。鼻の先から入る「オルソネーザル」（日本酒でいう上立ち香）と、口内に食物を含んで飲み込んだ際に喉から鼻に抜ける「レトロネーザル」（含み香や戻り香）という、ふたつの経路でにおい分子が嗅上皮に到達し、そこに集まる嗅細胞の嗅覚受容体を刺激。それが脳の嗅球、さらに梨状皮質、視床下部・偏桃体、海馬に情報が伝わる。それぞれ、「においの分子構造に基づく整理（におい地図）」、「においのカテゴリ」、「情動」、「記憶」の処理の中心的な役割を担っている。環境や個人の経験によっても感じ方が変わる嗅覚は大変複雑で、におい分子だけで食物のおいしさや好みを測り切れないのが面白いところだ。

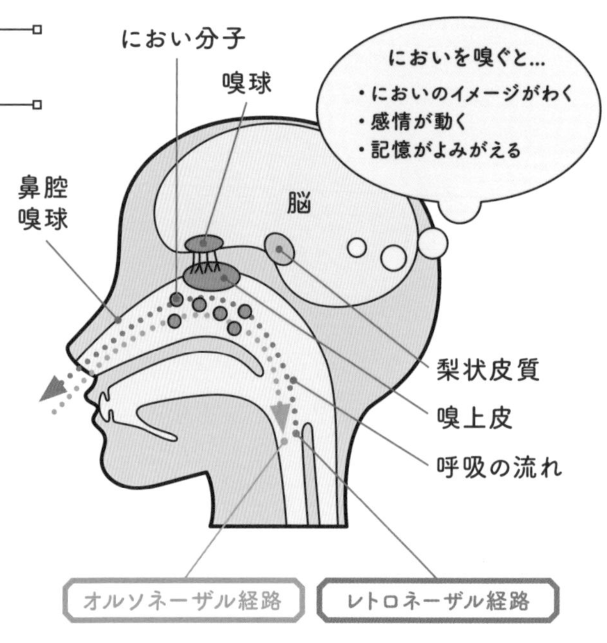

『食科学入門　食の総合的理解のために』（2018年、昭和堂刊）
朝倉敏夫・伊澤裕司・新村猛・和田有史編 p123をベースに作成

バナナやリンゴのような香りはなぜ？ 日本酒の香気成分を知ろう

米が原料でありながらフルーツなどの複雑な香りで楽しませてくれる日本酒。精米歩合や酵母の種類にもよるが、香気成分は吟醸酒では約200種類からなるともいわれ、嗅いだ香りの由来を知れば日本酒の深い理解につながる。例えばバナナ香の由来は、酵母の発酵中に生じる香気成分「酢酸イソアミル」だ。酒類総合研究所では主な香気成分について香りの由来と評価用語を作成している。最近の研究では、ライチやマスカットの香りを思わせる「4MMP」という成分に注目が集まっている。

日本酒のフレーバーホイールと香りの由来

日本酒の味わいを表現する際に、製造や評価などに携わる専門家たちが共通言語で話せるようまとめたフレーバーホイールと官能評価用語が、酒類総合研究所にて作成されている。代表的な香りの評価用語とその由来の中から、主なものを紹介する。

フレーバーホイール、及び評価用語とその由来についての資料提供：すべて独立行政法人 酒類総合研究所

清酒のフレーバーホイール

日本酒の評価用語をにおい8、味8、計16のカテゴリーに分け、官能評価用語がどこに紐づけられるかを、フレーバーホイールで示している。

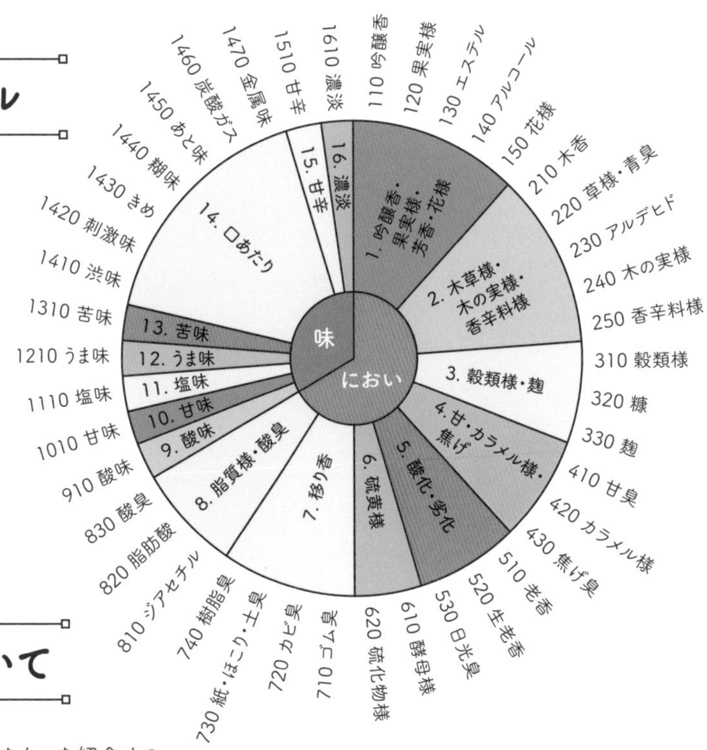

評価用語とその由来について

フレーバーホイールに登場した評価用語の中から主なものを紹介する。

131 酢酸エチル

（過剰だと）除光液や接着剤様のにおい。基本的なエステル成分であり、酵母が発酵中に生成する。また、生酛系酒母の工程中では産膜酵母により生成される。

132 酢酸イソアミル

バナナ様のにおい。吟醸香を構成するエステル。酵母が発生中に生成する。不飽和脂肪酸が多い条件では生成が抑制される（蒸し時間の長さや吟醸酒の精米歩合を低くする理由のひとつ）。

133 カプロン酸エチル

リンゴ様のにおい。吟醸香を構成するエステル。酵母が発生中に生成する。また、これを多く生産するよう改良された酵母がある。

141 エタノール

アルコール臭。酒類の主成分。清酒に大量の活性炭を使用するなど、ほかの成分による特徴が少なくなった際に特性として現れる。味の刺激や濃淡に関係する。酵母が発酵中に生成する。

142 高級アルコール

ホワイトボードマーカー様のにおい。清酒の基調香。酵母が発酵中に生成する。酵母のアミノ酸代謝（ロイシン）と関係し、精米歩合が高く発酵温度が高い場合に多く生産される。これを多く生産するよう改良された酵母がある。

210 木香（きが）

樽酒のにおい。杉樽に由来する。主成分はセスキテルペン及びセスキテルペンアルコール。

231 アセトアルデヒド

木や草、青リンゴを連想する軽いにおい。アルコール発酵の中間代謝物であるピルビン酸が多い時期にアルコールを添加すると、アセトアルデヒドが増加する。

232 イソバレルアルデヒド

生老香（なまひねか）。生酒を常温で貯蔵した場合に生じる刺激的なにおい。また、老香の構成成分。生酒においては、イソアミルアルコールの酵素的酸化により生じる。

240 木の実様

ナッツ様のにおい。熟成中のメイラード反応による。ローストしたヘーゼルナッツではアルデヒド、ケトン、ピラジン、フランが増加すると報告されており、これらは清酒の熟成過程においても増加する成分である。

251 4-ビニルグアイアコール

純米酒などでみられる燻製や香辛料を連想するにおい。米の細胞壁構造に含まれるフェルラ酸を、麹菌の酵素が変換して生じる。または、野生酵母や乳酸菌などが変換して生じる。

320 糠

糠を連想するにおい。原料米の酸化により生じるチアミンの分解物や、脂肪酸の分解物（ヘキサナール）によると考えられている。

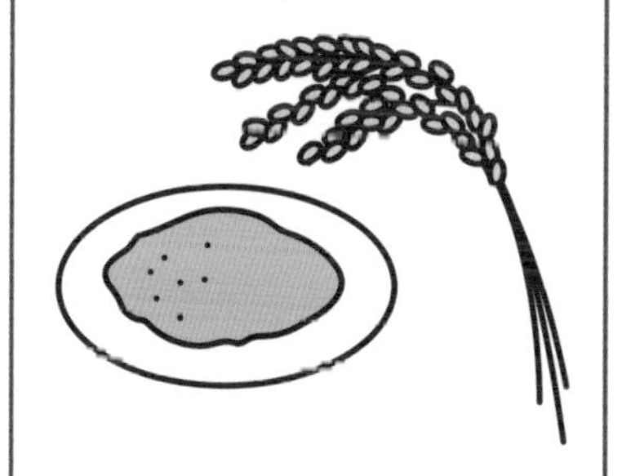

330 麹

米麹のようなにおい。製麹後半に、リノール酸が麹菌の酵素により酸化的分解を受けて、キノコ様の1-オクテン-3-オール、さらに1-オクテン-3-オンが生じる。また、アミノ酸代謝に関係すると考えられるメチオナール、フェニルアセトアルデヒドも麹のにおいに寄与している。

420 カラメル様

清酒を貯蔵すると生じる甘いにおい。老香の構成成分。スレオニンの分解で生じるα-ケト酪酸とアセトアルデヒドの縮合、またはメイラード反応による。

510 老香(ひねか)

においの見本は45℃で4週間貯蔵した清酒。清酒の貯蔵・流通過程で生じる酸化、劣化したにおい。清酒中のアミノ酸及び関連代謝産物の分解による。アミノ酸が多くなる製造方法や貯蔵・管理温度に影響を受ける。

520 生老香(なまひねか)

においの見本は30℃で4週間貯蔵した生酒。生酒の貯蔵・流通過程で生じる酸化、劣化したにおい。主要成分はイソバレルアルデヒド(232)だが、麹(330)、ポリスルフィド(624)などの特性も混合している。

530 日光臭

青瓶や透明瓶に詰めた清酒を直射日光にあてると、着色度が増加するとともに発生するにおい。トリプトファンの分解による3-メチル-インドール、メチオニンの分解によるメルカプタン(622)などによると考えられる。

622 メルカプタン

玉ねぎやガスのにおい。ひなた香。熱や光などによるメチオニンの分解。標準見本はエチルメルカプタンだが、清酒中ではメチルカプタンが主である。

624 ポリスルフィド

たくあん漬け様のにおい。老香の構成成分。含硫アミノ酸メチオニンの代謝に関連して派生する物質などから生じると考えられる。

810 ジアセチル

発酵バターやヨーグルト様のやや甘いにおい。つわり香。α-アセト乳酸が大量にある時期での上槽(酵母との分離)、または乳酸菌による汚染。

831 酢酸

酢のにおい。酵母が発酵中に生成する(過剰な通期や醪が空気と接触する面積が大きい場合に多くなりやすい)、または乳酸菌などによる汚染。

832 酪酸

銀杏、チーズ様のにおい。火落菌による汚染、または柿渋からの移行。

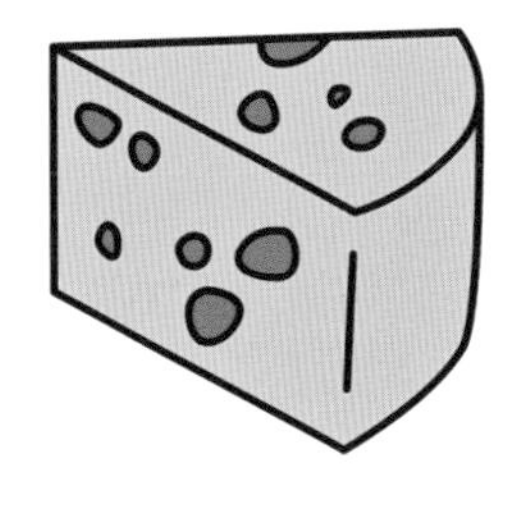

日本酒の味覚について知る

「味わい」を構成する「嗅覚」と「味覚」のうち、ここでは「味覚」について見ていこう。

舌と味覚の基本

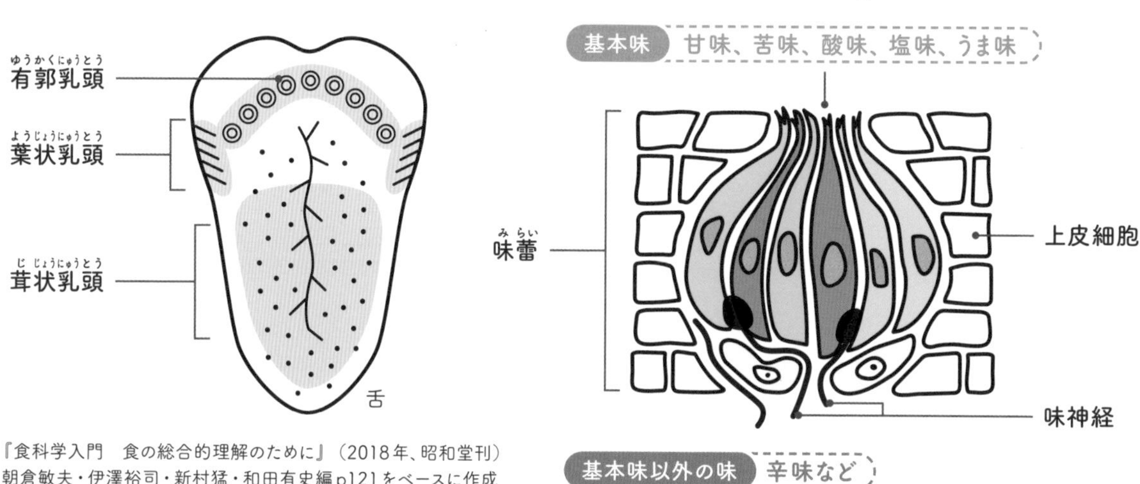

『食科学入門　食の総合的理解のために』（2018年、昭和堂刊）
朝倉敏夫・伊澤裕司・新村猛・和田有史編p121をベースに作成

かつて甘味は舌の先、塩味や酸味は舌の両端、苦味は舌の奥のほうに感じとる場所があるとする、いわゆる「味地図」が舌上にあるとされていたが、最近では舌の乳頭にある味蕾の一つひとつに、甘味、苦味、酸味、塩味、うま味という基本五味の受容体があるといわれている。つまり私たちは舌の先や奥など、場所にかかわらず五味を感じていることになる。

日本酒の瓶のラベルから味の目安を読み取る

ラベルに記載された「日本酒度」「酸度」「アミノ酸度」はあくまでも目安。舌で感じる味は全体のバランスによるところも大きい。

日本酒度

日本酒の比重を示す指標で辛口か甘口かの目安になる。基準値が±0で、糖分が(＋)になるほど少なく、(－)になるほど多くなる。ただし甘味の感じ方はアルコール度数や有機酸、アミノ酸の量や質、飲む際の温度などにも左右される。

酸度

酸の量を示す指標。日本酒に含まれる酸には乳酸、リンゴ酸、コハク酸などがある。一般に酸度が高いと濃厚で辛く感じ、低いと淡麗で甘く感じる傾向はあるが、有機酸のタイプにより感じる味のニュアンスも異なるため、単純な酸味の話に終始しない点に注意したい。

アミノ酸度

アミノ酸の量を示す指標。味の濃淡に影響し、一般にアミノ酸度が高い日本酒は味が濃く、少ないと淡い味といわれている。ただしひと言で「アミノ酸」といっても、日本酒に含まれるアミノ酸の種類は多様で、うま味成分だけでなく甘味や苦味を感じるものもある。

一般に市販されている
清酒の成分

アルコール分	15.28度
日本酒度	3.6度
酸度	1.17度
アミノ酸度	1.22度
エキス分	4.54度
グルコース	2.09度

（『全国市販酒類調査結果』
令和2年度調査分 国税庁調べ）

日本酒を構成する4つの味

日本酒から感じる、甘味、酸味、うま味、苦味を詳しく見てみよう。

甘味

日本酒に含まれる糖分のひとつがグルコース（ブドウ糖）。グルコースは甘味を強く感じる糖分で日本酒の甘味のカギを握る要素。そのため、「日本酒度」が同じ日本酒があったとしても、グルコース濃度が高いと甘く感じるなど、グルコース濃度によって甘味の印象が変わってくる。

うま味

日本酒に含まれるアミノ酸は味わいに複雑味やコクを与える。アミノ酸はうま味以外にも、甘味や苦味を感じるものもあるが、うま味に絞ると、グルタミン酸、アスパラギン酸、アラニン、グリシン、セリンなどがある。一般的にアミノ酸度が1.0を超えると、濃醇な味わいの日本酒になるといわれている。

酸味

日本酒の酸味は、乳酸、リンゴ酸、コハク酸、クエン酸などの有機酸によるもの。乳酸が多いとまろやかでふっくらした印象に、リンゴ酸やクエン酸が多いと爽やかに、コハク酸が多いと濃醇な印象となる。酸度が1.0以下だと柔らかに、1.5以上だとしっかりした味の印象になる。

苦味

日本酒で感じる苦味は、アミノ酸の中の、ロイシン、イソロイシン、バリン、プロリン、アルギニンなど数種類に及ぶ。また、酸味で登場した、あさりやしじみなど貝類に含まれることで知られる有機酸のコハク酸にも苦味成分がある。この苦味は、日本酒のコクにも寄与している。

日本酒における甘口と辛口

日本酒の味わいの表現において「辛口」という言葉をどう捉えるかは、しばしば意見がわかれるところだ。一般的に、日本酒度が高いほど「辛口」とされるが、酸や甘味、香りなどほかの要素も含めた全体のバランスによっても左右される。さらに、意欲的な造り手が様々な酒質の酒を造る時代においては、「甘」と「辛」だけで味わいを表現することは難しい。そこに一石を投じたのが、2013年の『dancyu』日本酒特集。今や、日本酒業界における「辛口」と、飲み手がイメージする「辛口」の間にギャップがあると指摘。好みの酒にたどり着くための解決策として、「甘い」「辛い」を「重い」「軽い」という表現に置き換えることを提案した。酒販店や飲食店でも「辛い」を「すっきり」や「ドライ」といった言葉に代えながら、お客の好みを探ることも多い。大切なのは言葉のイメージにとらわれず、コミュニケーションを図ることだと記事を締めている。

日本酒のタイプを知る

日本酒の味わいは多種多様だが、一般的には大まかに、「フルーティなタイプ」「軽快でなめらかなタイプ」「熟成タイプ」「コクのあるタイプ」の4つに分けられることが多い。

※日本酒造組合中央会発行パンフレット「&SAKE　二十歳からの日本酒BOOK」を参考に独自に作成

フルーティなタイプ

香り 果物や花の香り。華やか。

味わい 甘さと丸みが程よく、爽快な酸との調和がとれている。

熟成タイプ

香り スパイスやドライフルーツのような、力強く複雑な香り。

味わい とろりとした甘味と、熟成でマイルドになった酸が調和する。

軽快でなめらかなタイプ

香り 穏やかで控えめな香り。

味わい 清涼感を感じる味わいで、口あたりがさらりとしている。

コクのあるタイプ

香り 米の味わいを感じさせる香り。

味わい 甘味、酸味、心地よい苦味と、ふくよかな味わい。

複雑
香り高い
華やか

軽やか
若々しい味
シンプル

旨み
濃醇な味
複雑

シンプル
穏やか
香り控えめ
軽やか

料理と合わせる基本的なポイント

今や日本酒は、和食に限らず様々なジャンルの料理とのペアリングへと幅が広がっている。ここでは、料理と合わせる際におさえておきたい、基本的なポイントを紹介する。

1. 素材の味を引き立てる

日本酒と料理（特に和食）の相性において、従来日本酒に求められるのは、料理に寄り添い、素材そのものの味（例えば刺身など）を邪魔せず引き立てる役割だ。今でもその傾向はあるものの、酒質や食の嗜好、潮流といった様々な変化に伴い、日本酒と料理を合わせることで、新たな味わいの誕生を意識したペアリングの提案も見受けられる。

2. 口内をリフレッシュさせる

魚介類の生臭さをおさえる、肉や揚げ物など油脂分を洗い流す。

3. チーズなどの発酵食品と合わせる

発酵食品のうま味を増幅させる。温度帯により印象も変化する。燗酒で口内の温度が上がることでいっそうまろやかな味わいになる。

4. 出汁と合わせる

出汁のうま味を増幅させる。

5. スパイスと合わせる

スパイスと合わせることで、日本酒に新たな風味が生まれたり、スパイスの辛味がまろやかになったりする。最近ではカレーやエスニック料理との相性にも注目が集まっている。

日本酒とチーズが合う理由

うま味成分が含まれるチーズと日本酒の相性の良さについて白ワインと比較した実験データが、2020年、独立行政法人酒類総合研究所発行の広報誌『エヌリブ』に掲載されている。それによると、「ワインに多く含まれる酒石酸、リンゴ酸などの有機酸は食品のうま味や後味を弱める効果がある」、つまり、「有機酸を多く含まない日本酒では、うま味やコクが残り“チーズそのものの味がよくわかる”」とし、チーズと日本酒の相性のよさを科学的に裏付けた。

4つのタイプ別相性のいい料理

フルーティなタイプ

野菜や魚介類など食材の味を活かした、シンプルな料理が合う。レモンや柚子など柑橘類の果汁をアクセントにした料理との相性もいい。

菜の花のおひたし
山菜の天ぷら

カルパッチョ

八宝菜
生春巻き

軽快でなめらかなタイプ

あっさりして後味が軽やかな料理に合う。淡白な素材との相性がよいとされるため、合わせる料理も和食を中心に幅が広い。

出汁巻き玉子
そば
冷ややっこ
生牡蠣

棒棒鶏
春雨サラダ

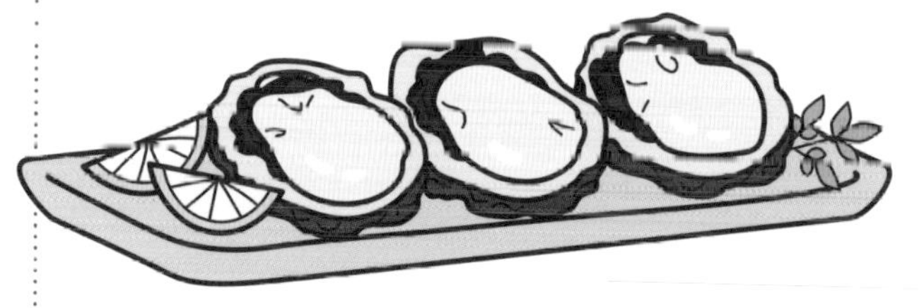

p110で紹介した4タイプの酒質別に相性のいい料理の例を挙げる。それぞれの日本酒の酒質や酒の温度に加えて、当然、料理の味付けによっても相性は異なってくるため、あくまでも大まかな傾向をつかむためのリストとして見てほしい。

※日本酒造組合中央会発行パンフレット「＆SAKE　二十歳からの日本酒BOOK」を参考に独自に作成

コクのあるタイプ

肉類のうま味や、バターなど乳製品のコクを活かした料理と合う。おでんのような和食から身近な洋食まで幅広い。

焼き鳥（タレ）
あじの干物
おでん

クリームシチュー
グラタン
ハンバーグ

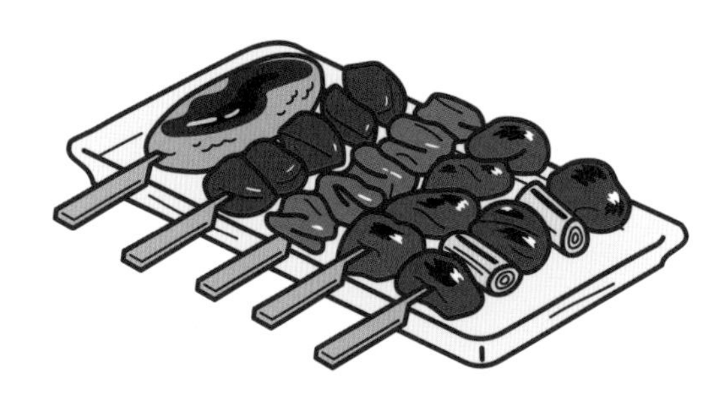

熟成タイプ

強いうま味や油脂分の多い料理や濃いめの煮込み料理と合う。そのほか、スパイスを使用した料理とも相性がいい。

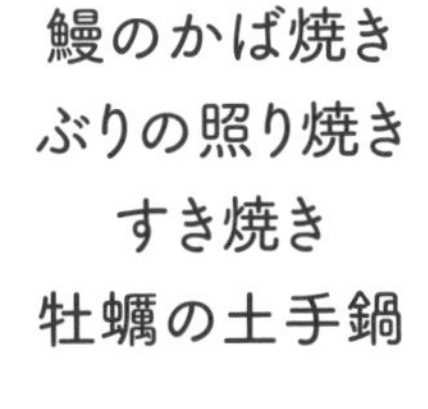

鰻のかば焼き
ぶりの照り焼き
すき焼き
牡蠣の土手鍋

ビーフシチュー
フカヒレの姿煮
カレー

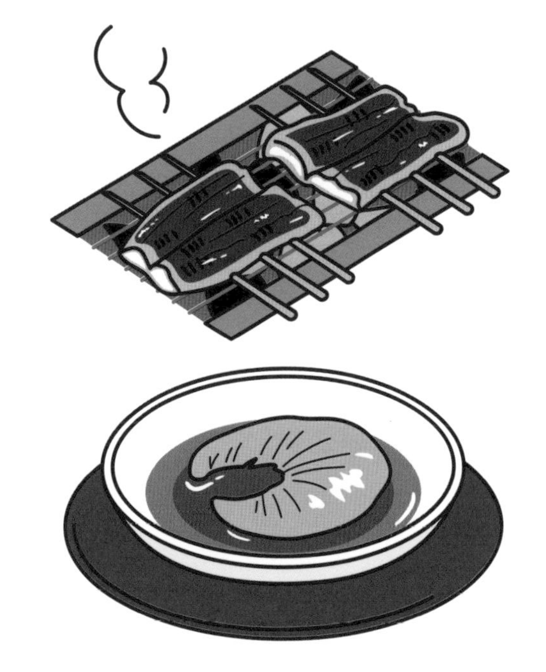

スペシャリストが広げる、日本酒ペアリングの可能性

ここ数年の間に、新たな切り口で日本酒と料理のペアリングを提案する飲食店が増えている。なかでも最先端を走っているのが、科学的なアプローチをもとに、斬新なペアリングを自店で実践したものを一冊にまとめた『最先端の日本酒ペアリング』の共著者としても知られる、千葉麻里絵氏だ。彼女のペアリングのスタイルをのぞいてみよう。

新たな日本酒体験を発信し続けるトップランナー

千葉麻里絵氏は岩手県出身。山形大学で食品の物質工学を学ぶ。卒業後はシステムエンジニアを経て、飲食の世界へ。気軽に立ち寄れる日本酒の店、新宿「日本酒スタンド酛」で店長になると、豊富な日本酒の知識や、造り手との交流などにより、日本酒業界においてたちまち一目置かれる存在となる。2015年には、「日本酒と人は宝物」をコンセプトに、新たな店、恵比寿「GEM by moto」をプロデュース。日本酒の魅力をより引き出すために研究を重ねたペアリングの提案や、－5℃の氷温熟成庫の導入、燗酒以外の日本酒は、すべて品質管理のしやすい四合瓶で統一など、飲食店における日本酒体験を更新させた。評判を聞きつけた海外の日本酒ファンも訪れるようになり、新たなファン層の拡大にも貢献。2016年には、幅広い活躍が評価され、第14代酒サムライを叙任。2019年には、出演した日本酒ドキュメンタリー映画『カンパイ！日本酒に恋した女たち』が公開された。2022年に独立し、西麻布「EUREKA！（ユリーカ）」をオープン。引き続き、ペアリングに重点を置いた提案を発信し続けている。

提唱するペアリングのポイントとは？

ペアリングの理論を構築した千葉氏は、日本人が食事の際、ごはんとおかずをいっしょに食べる、いわゆる「口内調味」という習慣に着目。日本酒を飲む際も、料理を咀嚼しながら日本酒を飲むという口内調味が成り立つとして、様々なペアリングを日本酒造組合中央会理事 宇都宮仁氏との共著書『最先端の日本酒ペアリング』（2019年）で提案した。彼女はこの本の中で、計9種類のペアリング理論を披露している。そのひとつ「余白を埋める」に基づいた、代表的な料理と酒のペアリングが、厚切りハムにブルーチーズとジャムのような発酵黒にんにくを挟んだ「ブルーチーズハムカツ」と、どぶろくという組み合わせだ。「余白を埋める」とは、あえて料理を完成させず、酒と合わせることでひとつの料理として成立させるという考え方。どろっとしたどぶろくはハムカツのソースの代わりとして提案する。両者を口の中に入れると、ハムカツとどぶろくのお互いのうま味が爆発したかのような強烈な味わいを残す。新店でも新たなペアリングメニューが生まれており、日夜、最先端のペアリングを体験しに日本酒ファンが訪れている。

季節や行事で楽しむ様々な日本酒

お屠蘇（とそ）や節句など、昔からの行事と結びついた日本酒や、１年間の酒造りのサイクルの中で登場する様々な日本酒を知って、日本酒をより深く楽しもう。

1年の始まりはお屠蘇で

もともと平安宮中の薬酒だった「お屠蘇」。山椒やぼうふう※などの生薬を家庭で調合して日本酒やみりんに漬け込み新年の無病息災を祈う習わしも、現在は袋入りの「屠蘇散」が売られ、好みの日本酒やみりんに漬け込めるように。正月用にオリジナルの「屠蘇酒」を売り出す蔵も。 ※ぼうふう：セリ科の植物。

新酒のシーズン到来

この季節になると、新酒を搾る蔵もちらほら出てくる。また、ギフト需要や年末年始に向けて一年のうちで日本酒が注目を浴びる季節である。

3月

ひなまつりは白酒（しろざけ）で祝う

3月3日のひなまつりには無病息災を祈念し「白酒」を。室町時代からあるといわれ、もち米と麹を発酵させ石臼で挽いた濃厚でなめらかな、甘酸っぱい味わいが人気だった。なかでも「博多練酒」は有名で、いま福岡では復刻版も造られる。江戸中期以降はみりんや焼酎に蒸米や麹を加えて発酵させたものに変化した。

酒造りの流れ

12月から1月にかけて、各蔵は新酒のシーズン。軒先に青々とした杉玉を掲げ新酒の出来上がりを告げる風景は、この季節の風物詩だ。搾りたてのフレッシュな新酒が楽しめるのもこの時期ならでは。

秋から始まった酒造りもいよいよ大詰め。造りに慣れてきたこの時期は、全国新酒鑑評会に向けた吟醸酒に着手する。

早いところでは9月から酒造りに取りかかる蔵も。

日本酒の醸造のサイクルは毎年7月1日から6月30日まで。これをBY（Brewer Year=醸造年度）と呼ぶ。7月は醸造年度の始まりの月である。

「日本酒の日」に乾杯

10月1日は日本酒の日。十二支の酉の月で、酉は壺の形を表す象形文字に由来し、酒を意味する。またかつての酒造期は10月～翌9月で、酒造年度の開始日でもあった。1978年に日本酒造組合中央会により制定。当日は各地で乾杯イベントが開かれるなど、ファンにとって楽しみな一日となる。

10月

4月

桜の季節は花見酒とともに

桜の木の下で開催される「花見」という名の宴会に酒は欠かせない。最近では、各蔵から、花見用に桜をあしらったラベルを貼った酒も登場している。

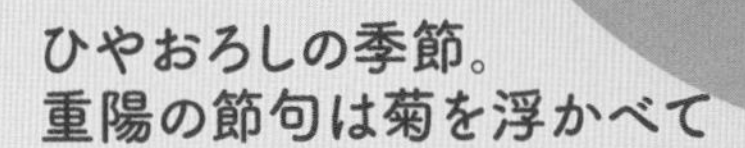

ひやおろしの季節。重陽の節句は菊を浮かべて

9月

「ひやおろし」とは、春に搾った酒を1回のみ火入れし、ひと夏寝かせて熟成した日本酒のこと。落ち着いた味わいに惹かれて、毎年この季節を楽しみにしているファンも多い。また、9月9日は重陽の節句で、平安時代初期には宴が開かれた記録もある。菊を浮かべ長寿を祈る。

6月

7月

冷やす？ それとも、温める？

自分がおいしいと思う温度を見つけよう

世界の醸造酒の中でも、冷やしたり温めたりと温度による味わいの変化が楽しめるのが日本酒の面白いところ。温度の違いが日本酒にどのような効果をもたらすのか、基本的なポイントをおさえよう。

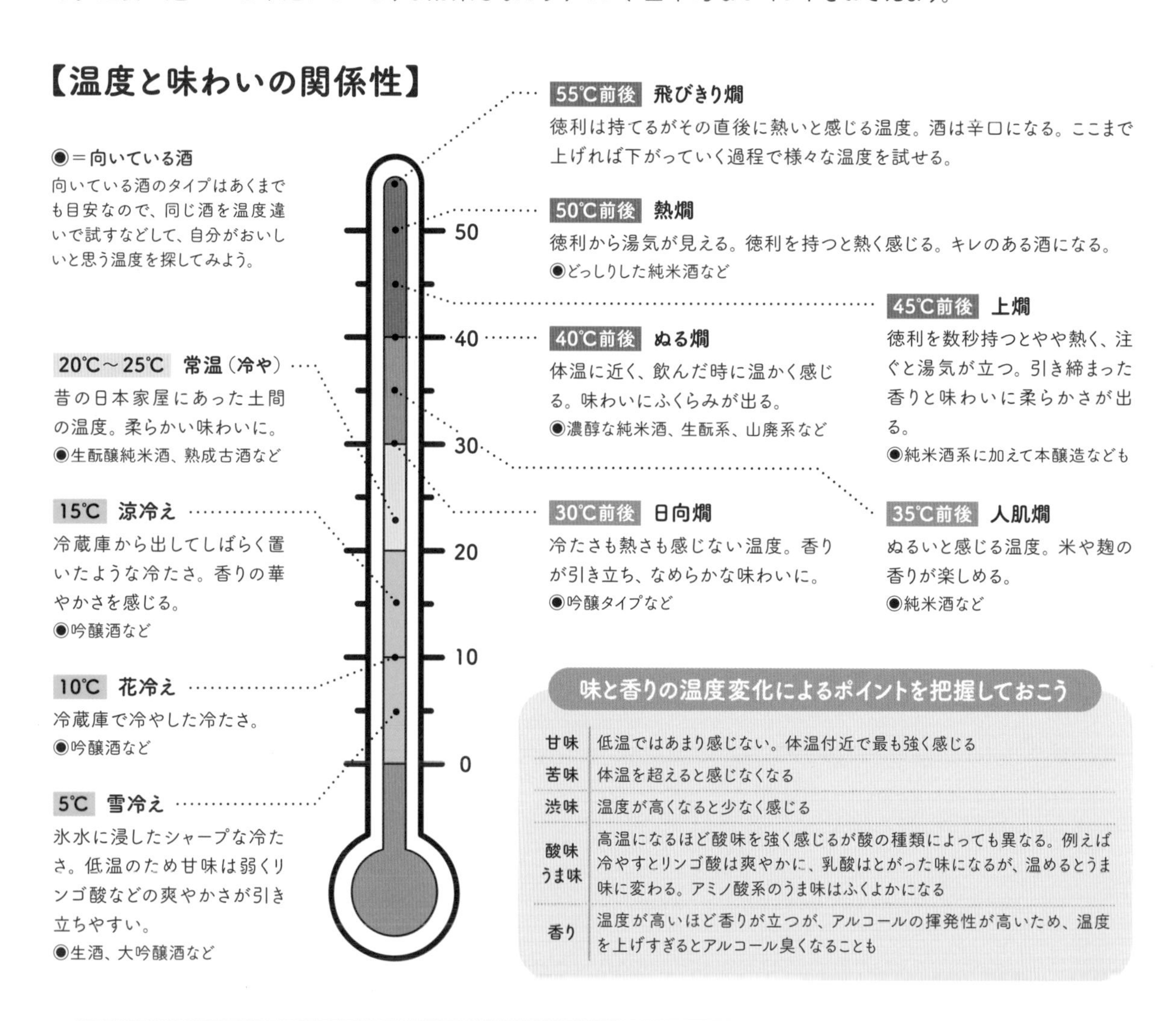

味と香りの温度変化によるポイントを把握しておこう

甘味	低温ではあまり感じない。体温付近で最も強く感じる
苦味	体温を超えると感じなくなる
渋味	温度が高くなると少なく感じる
酸味 うま味	高温になるほど酸味を強く感じるが酸の種類によっても異なる。例えば冷やすとリンゴ酸は爽やかに、乳酸はとがった味になるが、温めるとうま味に変わる。アミノ酸系のうま味はふくよかになる
香り	温度が高いほど香りが立つが、アルコールの揮発性が高いため、温度を上げすぎるとアルコール臭くなることも

冷たい？ 常温？ 時代で変わりつつある「冷や」の意味

日本酒選びに迷うあなたに、酒販店スタッフがこう話しかけてきたとしよう。「お燗、常温、冷や。お好きな飲み方は？」。もし、少しでも日本酒の知識があれば「ん？『冷や』とは常温のことでは？」と思うかもしれない。そう、冷蔵庫普及以前は「冷や」とは常温（室温）を意味した。ところが昨今は、文字通り「冷えた状態の酒」を指す傾向にある。「酒は純米、燗ならなおよし」の名言を残し酒造界の生き字引だった上原浩氏の著書『純米酒を極める』（光文社新書，2002年）では、すでに「冷やした状態」の意味で「冷や」が使用されている。今後は「冷や」＝「冷たい」に統一されていくのだろうか？

いよいよ燗付けを実践

様々な方法で自分の好きなお燗を試してみよう

温度と味わいの関係がつかめたら、次は実際に自分でお燗を付けてみよう。道具は台所にあるもので事足りる。まずは、マグカップや湯呑みで湯せんする手軽で基本的な方法を紹介する。鍋でお湯を沸かすのでも、お湯をはったボウルでもやりやすいほうで。慣れないうちは適温がわかるまでテイスティングしながらの燗付けになるので、少し多めの量で試してみよう。酒器の材質によっても変わるので注意しよう。日本酒を入れた酒器の高さより少し上くらいまで湯に浸けることも忘れずに。また、アルコール度数の高い酒を燗付けする際には、酒の10分の1程度の水を足すという飲み方もある。割り水をすることで、アルコール度数が下がり飲み心地も軽やかになる。

簡単な湯せん燗

マグカップ（湯呑みや耐熱ガラスのグラスでもよい）

小さな鍋やボウルなど

温度計

鍋に浸ける場合

❶ 鍋でお湯を沸かす

❷ 沸騰したら火を止めて日本酒を入れたマグカップをお湯に浸ける

❸ 温度計で温度を測りテイスティングする

ボウルに浸ける場合

❶ やかんなどで湯を沸かし、ボウルに注ぐ

❷ 日本酒を入れたマグカップを、お湯をはったボウルに浸ける

❸ 温度を測ってテイスティングする

もっと手軽にレンジでお燗

湯せんよりもさらに簡単なのが電子レンジでの燗付け。レンジ対応の容器で温めるだけで最も手軽だが、一気に温度が上がって過加熱になったり（エチルアルコールの沸点は78.3℃のためアルコール臭が強く出てしまうことも）温度にムラができたりするため、様子を見ながら温めよう。電子レンジの設定温度は60℃くらいが目安となる。

本格的にお燗を楽しむならこんな道具も

徳利

細くなっている首のところまで酒を注いでお燗にすると、温度の上昇によって口のところまで酒が膨張し、液面が上がってくる。「煮増（にぶえ）」と呼ばれるこの状態の時、酒の温度は約50℃でひとつの目安になる。

ちろり

熱伝導率の高い、アルミや錫（すず）、銅でできた酒を注ぐ道具。ここに酒を注ぎ、湯に浸けてお燗にする。

まだまだあるお燗のあれこれ

蒸し燗

ある老舗居酒屋では湯せんではなく、酒を入れた徳利ごと蒸して提供している。湯せんのお燗に比べて、まろやかに仕上がると評判だ。そこからヒントを得たある蔵元が、家庭でのせいろを応用した燗付け「蒸し燗」を提唱し、新たな燗酒の楽しみを広げている。

燗酒を急冷してみる

ちろりで燗付けした酒を、氷水を張ったボウルに浸けて、急冷すると味が引き締まるといわれている。プロの中には、この状態から再度燗付けして仕上げる強者もいる。

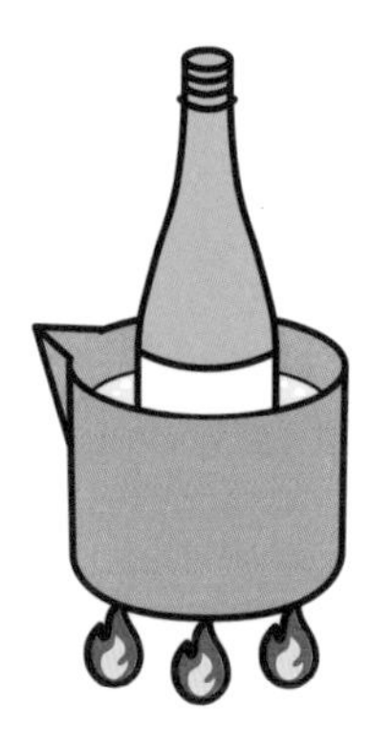

瓶燗

燗を付けるために立ったり座ったりするのが億劫という人は、瓶ごと湯せんするという手も。その場合、熱膨張を見越して蓋を開けておこう。大人数でお燗を楽しみたい時にも。

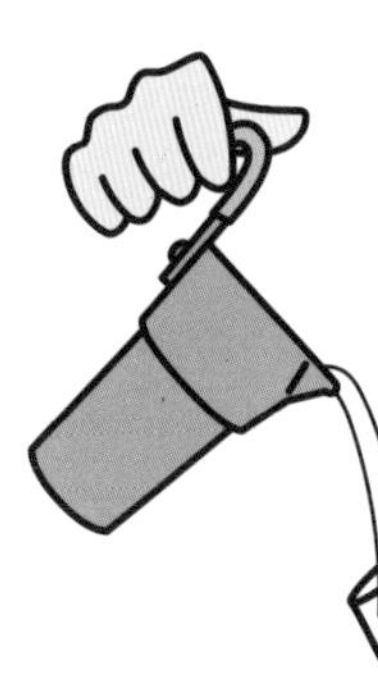

お燗タージュ

ワインを提供する際、おりを取り除いたり、閉じている香りを開いたりするためのテクニックとして知られるデキャンタージュ。このデキャンタージュのように空気に触れさせることでまろやかな味わいにすることを、「お燗タージュ」として取り入れる人も。

燗酒は、「調理」であり、「熟成」。日本酒の楽しみ方を広げるお燗

温めて飲むという世界的にも稀有な飲み方が浸透している日本酒。小説家で料理研究家でもあった本山荻舟による日本文化史の大作『飲食事典』（1958年）においても、「燗酒」に関する記述がある。「本来日本酒は冷用するのが原則であり」と意外な一文から始まり、「はじめて温めて飲むようになったのは平安時代以降のことらしく」「燗は9月9日から3月2日までとある」と続く。燗酒が身近になったのは江戸時代の頃からのようで、当時の照明器具「あんどん」の灯りでじっくり徳利を温める「あんどん燗」というスタイルもあったようだ。時は流れ、飲食店で燗を付ける「お燗番」は、もはやひとつの技能職として認識されている。酒をいっそうおいしく提供しようとそれぞれが燗付けの技術を駆使する様は、さながら酒を「調理」しているかのよう。中には、ワインのヴィンテージと比較して、日本酒はワインのように寝かせない分、「お燗」によって熟成を進めると捉え燗付けに臨む人も。家で気軽に試すのも燗酒の楽しさだが、自分の舌に合うお燗番と出会えたら日本酒の世界がいっそう広がるはずだ。

たしなみ方が見えてくる酒器の世界

日本酒を飲む時や注ぐ時、さらには運ぶ時に必要な酒にまつわるうつわ。うつわ選びの影響は、飲酒空間の演出のみならず、味わいにも影響が表れる。日本酒の歴史の中で、酒器がどのように変化したかを振り返りつつ、様々な酒器を紹介する。

酒にまつわるうつわの変遷

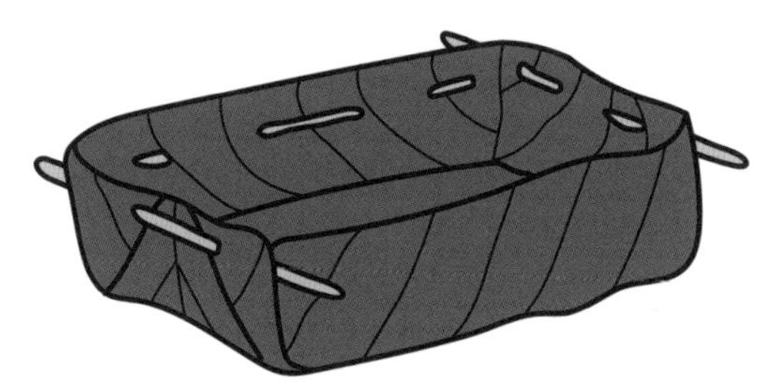

平城宮跡地からは、「かわらけ」と呼ばれる素焼きの土器の酒盃が出土しており、平安時代中期の『宇津保物語』には貝の器で燗を付けたり、鎌倉時代前期の『宇治拾遺物語』には土器で酒を飲んだりする場面が登場する。それ以前には、柏の葉など葉を重ねて竹ひごなどでつなぎ合わせた「柏の窪手（くぼて）」が使用されていたという。近世では漆器が使用されたが、江戸時代後期の『守貞漫稿』では「すでに近年では漆盃を用いることはまれ」で、「もっぱら磁器を用いる」と述べており、正式な宴会では塗盃を使用するものの、日常の酒盃は焼き物に移行しつつあった。また、現在のような「猪口（ちょこ）」や「徳利」が登場したのもこの頃。日本酒を持ち運びする容器は、江戸時代には、蔵から小売りの酒屋への出荷は今も鏡割りなどで見かける樽が使われ、酒屋から各家庭へは、客が持ち込んだ徳利（通称「通い徳利」「貧乏徳利」）での量り売りだった。現在のようなガラス製の瓶は大正時代に普及した。

盃（さかずき）の大きさが語る酒の変遷

今でこそ、日本酒は猪口などに注ぎ銘々で飲むが、時代をさかのぼると、酒は祭りごとや婚礼など集団で楽しむもので、一座で回し飲みするためひとつの盃の大きさは、今よりもずっと容量が大きかった。大相撲の千秋楽で優勝力士が手にするような大盃といえば想像がつくだろうか。『延喜式』には、三升入る「三升盃」という大容量の盃が登場する。参加者全員に盃が行き渡るのを「一献」と数え、宴会の間、酒を注ぎたし、盃を替え、三献、五献と続けた。それが、いつの頃からかそれぞれの器で飲むようになったため（一説によると猪口の出現の影響とも）、回し飲みの時のように順番が来るまで我慢せずとも、自分のペースで酒を楽しめるようになった。一方、時代が下るにつれて醸造技術の進歩により、アルコール度数は高くなったため、器に注ぐ容量が昔に比べて少なくなったともいわれ、酒器の大きさの変化からはその時々の飲み方や酒造りの移り変わりがうかがえる。

日本酒を飲むうつわ

うつわによっても、味わいが変わってくる日本酒。焼き物からグラス、また遊び心のあるものまで、材質やデザインも異なる様々な飲むうつわを紹介する。

盃（さかずき）

酒を飲む小さな器を「杯（さかずき）」と呼び、その後、「盃」の字をあてるようになった。陶磁器や漆器、ガラス、錫など様々な材質で作られる。鼻先と酒の距離が近いため香りを強く感じる。

猪口（ちょこ）、ぐい呑み

猪口は、その形が猪の口に由来する筒形の器。利き酒の際、白磁に青い蛇の目柄が入った「利き猪口」が用いられることでも知られる。盃と同じく、こちらも木製から陶磁器、金属製と様々な材質があり、徳利とセットで揃える楽しさもある。盃に比べて口が狭いため、香りは穏やかに立ち上る。ぐい呑みは、その名の通り「ぐいっと呑む」から名付けられた酒器で、猪口よりも少し大きめのものを指す。

コップ、グラス、ワイングラス

最近では、ワイングラスで飲むことを推奨する日本酒もあり、ワイングラスメーカーも日本酒向けのグラスを開発し、なかにはステムがないタイプもある。同じ酒でもグラスの形状によって、酒が口に入るスピードや口の中への広がり方が異なり、香りや味わいにも差が出てくる。ほかにも、熟成古酒の独特の熟成香を楽しむ時にはブランデーグラスを使うなど、酒のタイプによっては、ワイングラス以外の洋酒のグラスを代用することもある。

日本酒を注ぐうつわ・運ぶうつわ

歴史をひもとくと、飲むうつわ、飲酒器の多様性は近世以降に発展するが、酒を注ぐうつわである注酒器は古墳時代から様々なタイプが散見される。注酒器で注目したいのは、燗付けの際に欠かせない「調理道具」としての側面だ。しばしば話題に上る銚子と徳利の違いについても歴史を追っていくと変遷が見えてくる。また、日本酒の需要と供給の拡大や流通の発達に伴い進化した、酒を運ぶ容器についても触れる。

土器から始まり、弥生時代には木の片口も

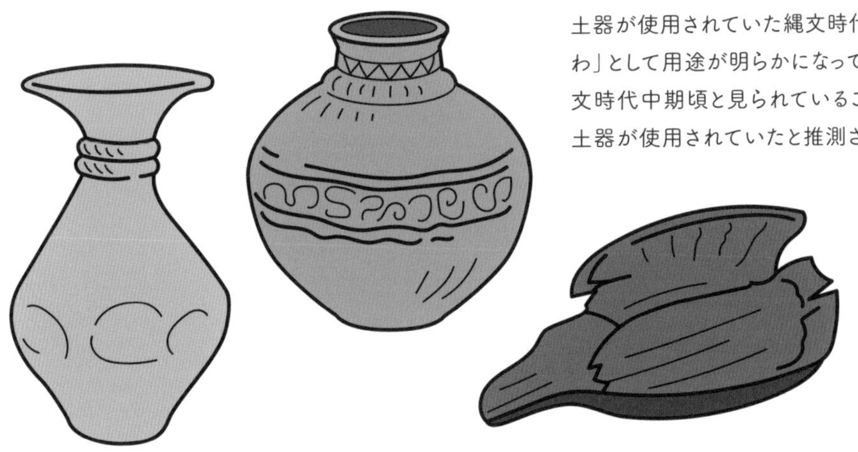

土器が使用されていた縄文時代や弥生時代。「酒のためのうつわ」として用途が明らかになってはいないものの、酒の起源が縄文時代中期頃と見られていることから、恐らく片口土器や壺型土器が使用されていたと推測されている。弥生時代には、大陸から青銅器や鉄器が伝わったことで、それを用いた木や竹の加工の幅が広がったことに注目。静岡県登呂遺跡からは木製の片口鉢が出土している。

奈良・平安時代には燗付けのうつわが登場

弥生時代の土器の流れをくむ土師器(はじき)や、5世紀頃に朝鮮半島より伝わった陶質土器・須恵器(すえき)さらには、木製の漆塗りなど様々な素材が現れるようになった。なかでも須恵器には環形提瓶(ていへい)といわれるドーナツ型のような貯・注酒器や、鳥の胴体を思わせる鳥形瓶、皮袋を模した皮袋形瓶など特徴のあるものが多い。（皮袋を液体の持ち運びに使用するのは西アジアなど各地でも見られる）『古事記』にも酒器の記録が残り、正倉院の宝物の中にもいくつか酒器が現存している。また、『延喜式』には、酒を温める器「燗鍋」に相当する鐺子(そうし)（「鐺」は三本足の鍋の意）が登場し、この頃から燗酒をたしなんでいたことがうかがい知れる。

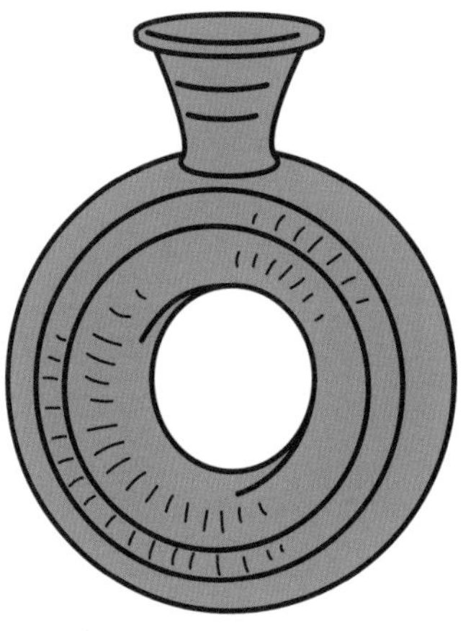

「お神酒徳利」として残る「瓶子」

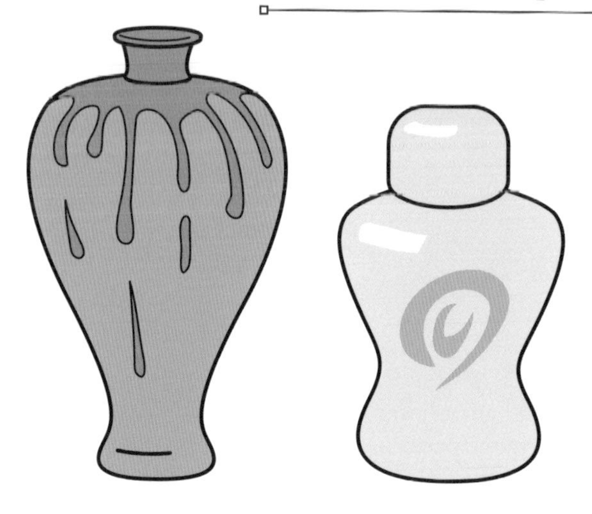

上部がふくらみ狭い口のついた酒器「瓶子」は、運搬や貯蔵のための容器。『延喜式』には白銅製と記されているが、中世に入ると漆塗りや陶製など材質も様々なものが登場した。形は、腰のまっすぐな「直腰式瓶子」と、腰を絞った「締腰式瓶子」の二種類があるが、後者は、現在でもお神酒のお供えに用いられる「お神酒徳利」として残っている。

「鳥獣戯画」に登場する銚子は銚子ではない!? ～注・温酒器の移り変わり

現在、「銚子」といえば、「徳利」とほぼ同意で使われているが、時代をさかのぼると銚子は、片口（時には両口）に長い柄がついたもの。酒を注ぐのに使われた長柄銚子は、中世以降は主に鉄製で、酒を温める器として使用された。平安時代から鎌倉時代にかけて作られたかの「鳥獣戯画」には、「長柄の銚子を担ぐ兎」（ただしここで登場する銚子は陶製と見られている）が登場する。また、酒を温める器として鉄鍋に木のふたをつけた「燗鍋」（のちに提子のようにふたがなくなる）が知られているが、この燗鍋も銚子と呼ばれることがあった。さらに、片口の上部に取っ手がついた鉄瓶のような形をした「提子」という注酒器もあった。もともと金属製だった銚子、燗鍋、提子は室町時代には漆塗りが増え、江戸時代には、酒を温める器として、熱伝導率の高い銅製の「ちろり」を使用するようになる。銅のちろりに酒を入れ湯せんにすると早く温度が上がるが、冷めるのも早い。銚子に移し替える手間もかかる。そのため初めから磁器製の燗徳利に入れて温めるようになった。そこで、もともと混同されていた銚子、提子、燗鍋に加えて、燗徳利も銚子と呼ばれるようになり、注ぐと温めるを兼ねた器の呼び名は、ますます混乱していった。ほかにも、酒を温めた際に使用する道具としては、燗徳利の温度が下がらないように徳利に付ける「袴」といううつわもある。

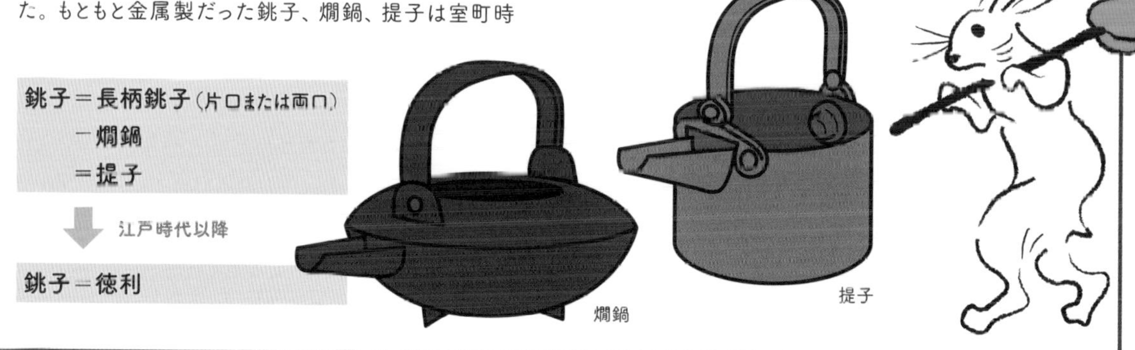

広く使われる徳利

注ぐための徳利

室町時代後期から注酒器として使用され、その後、温酒器として、さらには、酒の運搬容器として、幅広く使われていた徳利。お互いに酒を注ぎ合い親睦を深める様子を指す「さしつさされつ」という場面において、徳利の存在は欠かせない。その文字は、当初、ほかにも「得利」「止久利」など様々な漢字があてられていたが、江戸中期以降はほぼ「徳利」に統一されている。徳利が普及した背景には、近世以降、飲食器全般に起きた陶磁器の隆盛がある。古くから窯業の産地だった愛知県の瀬戸や岡山県の備前、佐賀県の唐津、伊万里など、今も続く産地が栄え、いつの頃からか好事家の間では「備前の徳利、唐津のぐい呑み」といわれるようになり、全国各地の陶磁器の産地の中でもとりわけ両地域の注目度は高い。また、温酒器でもある徳利は、保温の観点から錫製のものも多かった。

運ぶための徳利

徳利が酒を運ぶ「運搬器」として使用されるのは、江戸時代。当時の酒屋は量り売りだったため、酒を買う際は家から酒を入れる容器を持って買いに行った。酒をたびたび買っていると貧乏になることから「貧乏徳利」、あるいは、徳利が行き来するため「通い徳利」とも呼ばれていた。貧乏徳利の容量は2 合半、5合、1升で、江戸の遺跡からは2合半のものが多く出土されている。徳利には酒屋や酒の銘柄が記されていた。

そのほかの様々なうつわ

これまで見てきたように、日本酒を注いだり運んだりするうつわは、時代によっても大きく移り変わってきた。ここでは、趣向を凝らした注酒器や、現代の生活に便利な運搬容器など、主なものを紹介する。

徳利あれこれ

船徳利

波で揺れる船の上でも安定して使えるよう、底を広く平らにした形が特徴的な船徳利。漁師たちが使用したといわれている。

鳩徳利

鳩の胴体のような形をした陶器製の徳利は、とがった部分を囲炉裏の灰に差し、酒を温めるのに用いる。この徳利は全国的に見られ、地域によって「ニンジン」（形が似ているため）など様々な呼び名がついている。

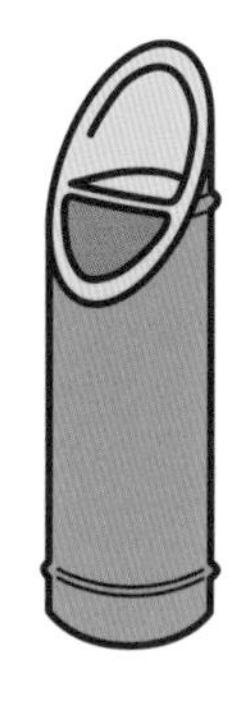

竹筒

竹の香りが酒に移るのを楽しむ竹の徳利。

いか徳利

いかの内臓を取り出し胴体を乾燥させたものを徳利に見立て、燗酒を入れて飲む。

ふぐひれ酒用酒器

あぶったふぐのひれを器に入れ、熱燗を注いだあとに蒸らすため、ふたがついている。

日本独自の太鼓樽から、今も続く結樽(ゆいだる)まで

太鼓樽

太鼓の形をした太鼓樽は日本独自のもので、上に注ぎ口があり、底には脚がついている。中世に登場したといわれ、鎌倉時代の絵画にも描かれている。宴席で使用され、長柄銚子や提子に酒を注ぐ貯蔵・運搬の容器。

指樽

指樽は、板を組み合わせた箱形の「指物(さしもの)」で漆塗りが施され、上部に注ぎ口、底には脚がある。室町時代にはあったといわれる貯蔵・運搬用の容器。すでに江戸時代には廃れていたといわれている。

角樽（つのだる）

朱漆塗りの樽の左右から、角が生えたような取っ手がついている角樽は、結納などで使われた。さらに取っ手が長いものを兎樽という。現在では、幅広く慶事の際に使用されている。

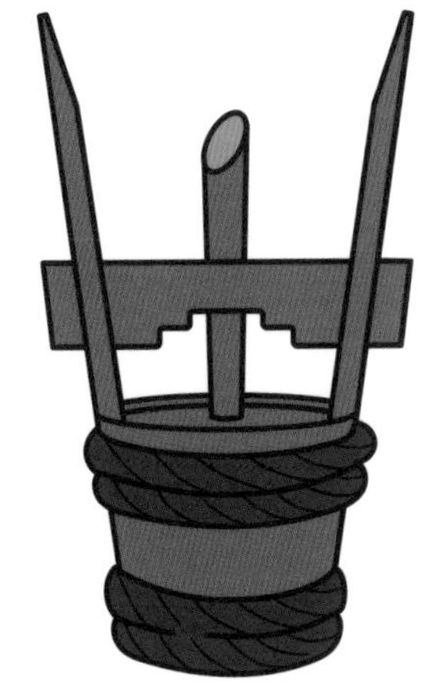

結樽

細長い板を竹の箍（たが）で締めた結樽は、室町時代には貯蔵・運搬容器として使われ、酒の銘柄が入った菰で巻いたものは「菰樽（こもだる）」という。容量としては、一斗、二斗、四斗がある。現在はガラス瓶にとって代わられたが、今も祝い事の鏡割りなどで見かける。

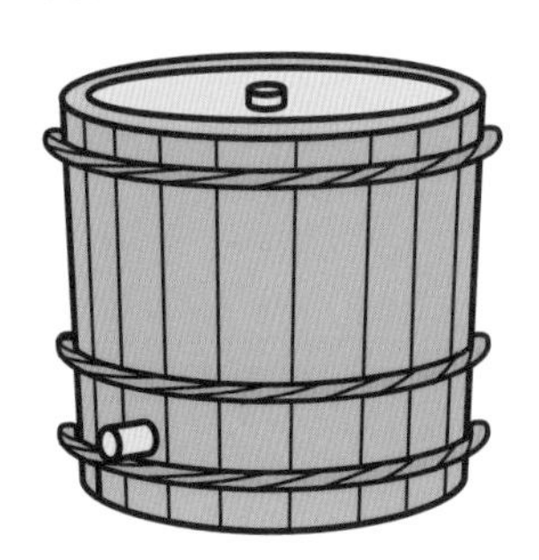

運搬の主流はガラス瓶へ

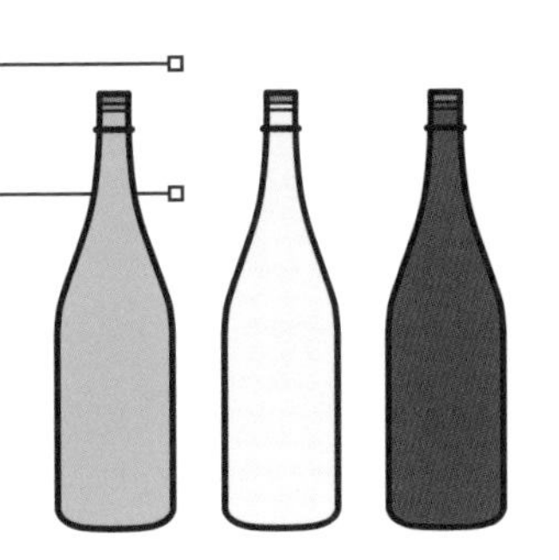

今では一般的なガラスの一升瓶が登場したのは明治時代末期。それまでの量り売りとは違い、中身が見えることで品質の信頼性が高まり、瓶は回収してリサイクルできることなどが主なメリットだった。大正末期になると、いよいよ本格的な量産が始まり、そのまま瓶一色になるかと思いきや、ガラス瓶が大半を占めるようになったのは1965年頃といわれている。

時流に合わせて多様化が進む容器

一合瓶

東京オリンピックが開催された1964（昭和39）年、若者へのアピールなど様々な考えから、大関が広口ガラス瓶に180mℓの酒を詰めた「ワンカップ大関」を発売。手軽に飲めるカップ酒は人気となり、ほかのメーカーも追随した。今では、様々なデザインのカップ酒や、100mℓなどさらに小さいサイズが登場するなど、種類も豊富だ。

アルミ缶

1972（昭和47）年、アルミ缶入り生原酒を初めて売り出したのが菊水酒造。光を遮断し、軽くて扱いやすい日本酒缶は手軽さが受けている。

紙パック

一般家庭でもまだ一升瓶が主流だった1983（昭和58）年、菊正宗酒造が初の紙パック入り日本酒を発売。軽くて持ち運びしやすい紙パックは、スーパーの日本酒売り場でも大半を占めている。日本酒の容器別シェアは、1997年には一升瓶50.7%、紙パック29.5％だったが、2006年には、1.8ℓ瓶入り清酒の出荷量は年々減少したため相対的に紙パックの比率が増え、2006年には、一升瓶31.87%、紙パック44.5％となった。

（国税庁「酒類のリターナブルびんの普及に関する委託調査報告書」2008年のデータより）

パウチパック

日本酒の容器は進化を遂げ、2011年には宝酒造がパウチパックの日本酒を発売。2016年には、菊水酒造が空気をブロックするタップのついたパウチパックを発売。パウチパックは飲んだあとはたたんでゴミのかさを減らすことができるのもメリットだ。

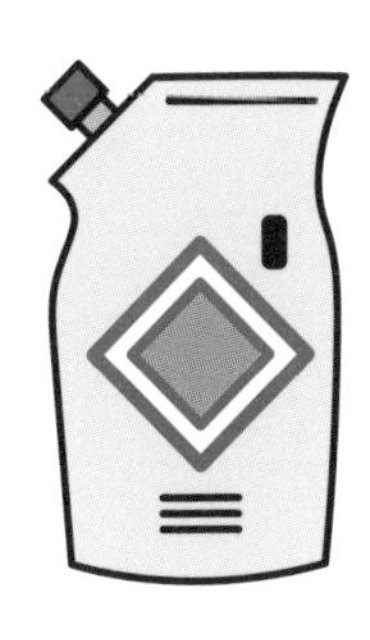

意見が分かれる「もっきり」という飲み方

居酒屋などで、枡の中に入ったグラスに溢れるほど日本酒を注がれた経験がある人も多いのでは。これは「もっきり」というスタイルで、「盛り切り」という言葉が変化したものといわれている。別名、「盛りこぼし」ともいい、あえて溢れさせた酒は店側のサービス精神の表れと捉え、客側もたくさん注いでくれたと好意的に受けとめる人もいるが、こぼれないよう口から酒を迎えにいく姿が美しくない、グラスがベタつく、衛生面が気になるなど、この提供方法を疑問視する声もある。もっきりの手順にルールはなく、グラスの酒が減った分、枡から酒を足す人もいれば、枡の酒をグラスに移さず、木の香りを楽しみながら枡から直接飲むという人も。

「正一合(しょういちごう)」って何？　酒の単位とうつわの話

昔ながらの居酒屋のメニューなどで、時々見かける「正一合」という文字。「しょういちごう」と読むこの言葉は、「正しく一合の酒が入っている」ことを意味する。実は、業務用の徳利の容量は基本的に「八勺(しゃく)徳利」、つまり、「一合徳利」といっても実際の容量は、「一合」に満たないのだ（もちろん、今では「180mℓ」といったように、メートル法で酒の量を表記し、「正しく一合」を提供する飲食店も多い）。ここで、日本酒の量を計る単位「尺貫法」についておさらいしておこう。1959年に日本の計量法は、それまでの尺貫法からメートル法に変わったが、日本酒や米を量る単位は慣例として今も尺貫法が使われている。このようにもともと枡は容積を量るものだが、日本酒においては飲酒器としても使用され、木の香りが移った「枡酒」は祝い事で振る舞われることも多い。ちなみに、業務用徳利は1970年頃、岐阜県土岐市の製陶所が生産量日本一を誇り、その後、全体的に需要は下り坂に。木枡生産量のトップも岐阜県で、素材の檜の一大集積地である大垣市が全国シェア80％を占めている。

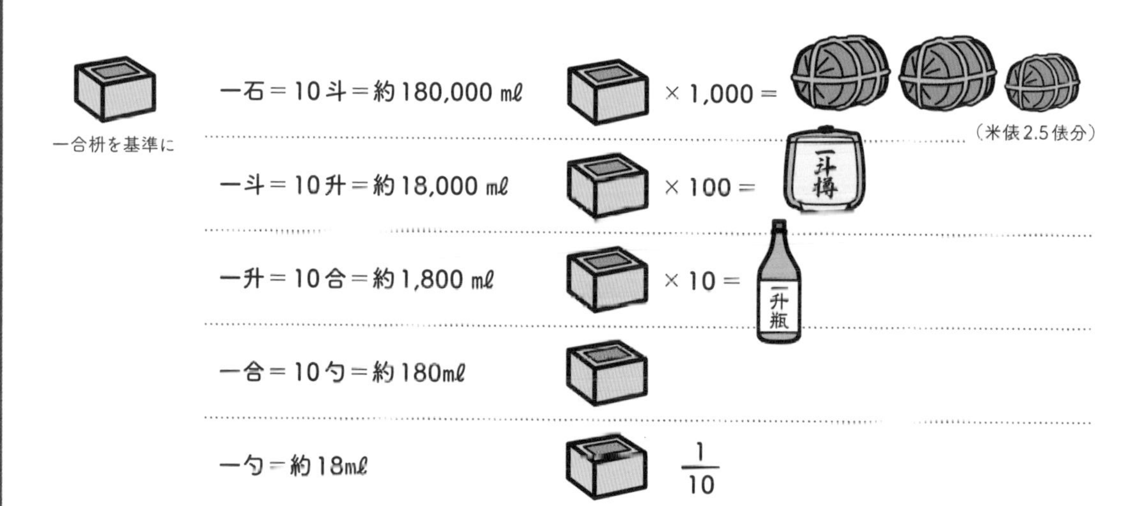

日本酒を保管するには

日本酒を保管するにあたって香りや香味に影響を与えるのは、光、温度、酸素の3つの要素。酒によっては適切な長期保管により熟成させることも可能なため保管方法を一概に語ることは難しいが、ここではあくまでも一般的な保管について紹介する。

光　日光だけでなく室内の蛍光灯などにも注意

酒屋のショーケースを眺めてみると、時々、新聞紙に包まれた日本酒を見かけたり、ショーケース自体の照明を落としていたりすることに気付く人もいるはずだ。日本酒は紫外線に弱く、日光はもちろんのこと、室内の蛍光灯にも気を付けよう。紫外線は「日光臭」といわれる不快な匂いを発生させたり、香味にも影響を及ぼす。また、瓶の色によっても紫外線の通しづらさに差があり、茶色や濃い緑色は光を通しにくく、透明や青色は光を通しやすい。

温度　一定の低温が保てる冷蔵庫へ

熱さは主に日本酒の香りに影響するといわれ、例えば吟醸酒が持つフルーティな香りは保管の際の温度が高いと劣化する。家庭で酒質を維持するなら、冷蔵庫で保管するのが無難。最近では、ワインセラーのように日本酒用のセラーも登場している。保管温度の高さは「老香（ひねか）」の発生に影響を与える。

酸素　酸化を防ぐためにできること

開栓後は空気に触れると酒質も変化していくため、できるだけ早く飲み切るのがのぞましい。酸化で気をつけたいのは、冷蔵庫保管時の横置きだ。瓶を横に置くとそれだけ空気に触れる面が増え、酸化も進んでしまうので気をつけよう。

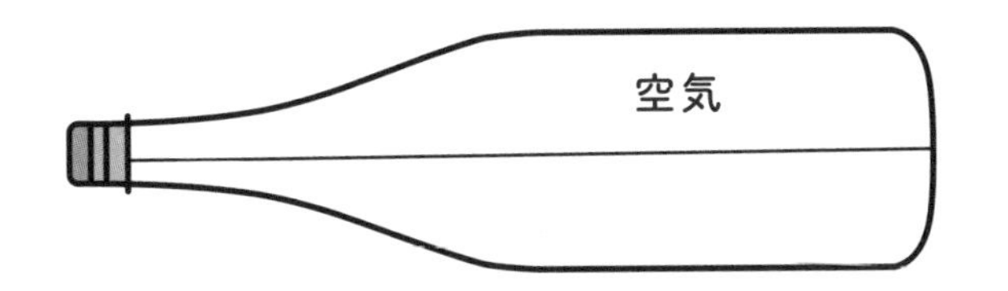

日本酒の賞味期限がない理由

日本酒のラベルには、酒税法により製造した時期（容器に酒を詰めた年と月）を示すことになっているが、消費期限や賞味期限については表示がない。これは、食品表示法によるもので、日本酒は、アルコール度数が高いため、長期間の保存に耐えられるとして表示を省略できる。蔵から出荷されたあと、酒屋や飲食店、個人でも、独自に何年も熟成させ好みの味に「育てる」強者も存在し、日本酒の奥深さがうかがえる。

日本酒を評価する

千差万別の日本酒を一律に評価するのは難しいが、客観的な評価を受けることで、造り手にとっては励みとなり、酒造りの技術に磨きをかける機会にもなる。最近では海外で開催される品評会にも関心が高まっている。

国内の主な鑑評会・品評会

注目度の高さでは群を抜く「全国新酒鑑評会」

数ある日本酒の鑑評会・品評会の中でも、最も注目される会が独立行政法人酒類総合研究所と日本酒造組合中央会の共催による「全国新酒鑑評会」だ。毎年5月に結果が発表され、6月に開催される一般向けの「日本酒フェア」に合わせて、その年の金賞受賞酒を利くことができる「公開きき酒会」も開かれ、日本酒ファンが詰めかける。「全国新酒鑑評会」では、審査の結果選ばれた「入賞酒」と、その中からさらに優秀と認められた出品酒を「金賞酒」があり、金賞は造り手によっては名誉であり酒造りの励みになる。一方、日本酒を購入する側にとっても、蔵のうたい文句として「金賞酒」という文字を目にすることもあり、酒選びのひとつの目安となりうる。

「全国新酒鑑評会」の開催要項には、この鑑評会は「清酒を全国的に調査研究することにより、製造技術と酒質の現状及び動向を明らかにし、もって清酒の品質及び製造技術の向上に資するとともに、国民の清酒に対する認識を高めることを目的」とすると述べられている。各蔵はその酒造年度（7月から翌年6月）に造られた酒を1品のみ出品し、官能審査及び成分分析を経た結果は蔵にフィードバックされる。

かつて鑑評会を席巻した「YK35」

1907（明治40）年、隔年開催の「全国清酒品評会」がスタートし、4年後には現在の「全国新酒鑑評会」の前身である「全国鑑評会」が毎年開催されるようになった（前者は1958（昭和33）年に終了）。歴史を重ねる中で、当然時代によって人々が酒に求める嗜好は変化し、金賞受賞酒にもある特定の傾向が生まれる。「YK35」はその顕著な例だ。「YK35」とは、Yは山田錦、Kは熊本9号酵母、35は精米歩合35％を表す略語で、一時期は、全国新酒鑑評会の金賞酒の多くはこの条件で造った酒だった。鑑評会の審査は減点方式であることに加え、金賞受賞酒の傾向を踏襲すれば、鑑評会で評価される酒の酒質は、どうしても画一的になる。それゆえ、あくまでも酒の個性で勝負したいと願う蔵の中には、あえて鑑評会には出品しない方針を貫くところも。近年では、山田錦以外の酒米や9号以外の酵母を使用した金賞受賞酒も登場し、評価される酒質は多様化の傾向にある。

市販酒の大規模コンテスト「SAKE COMPETITION」

2012年から始まった日本酒の品評会で、総出品数2000点近く(2019年時点)にものぼり、最大級の規模を誇る。先に紹介した「全国新酒鑑評会」の出品酒は一般的には流通しないが、こちらのコンペティションの対象は、酒販店に並ぶ酒である点が大きく異なる。審査員は、全国の酒の技術指導員や蔵元などで構成され、予審、決審ともに銘柄を隠した状態で酒を利く。主催はSAKE COMPETITION実行委員会。純米酒部門・純米吟醸部門・純米大吟醸部門などいくつかの部門に分かれていて、各部門の上位10点はGOLDと順位がつき、GOLD以下の部門上位10%がSILVERとなる。海外蔵の増加に伴い、2018年からは「海外出品酒部門」が設けられている。

新しい飲み方を提示「ワイングラスでおいしい日本酒アワード」

2011年に始まったこのアワードは、海外での和食ブームに牽引される形で日本酒が各国で親しまれつつある状況を反映し、ワイングラスで飲むことで、「世代」や「国」などを超えて日本酒が広がることを目指したもの。飲み慣れた日本酒も香りが強調されやすいワイングラスを使用すると新たな発見が得られる。最高金賞と金賞があり、スパークリングSAKE部門 や、プレミアム大吟醸部門などにわかれている。主催は酒のコンサルティング会社や蔵元数社などからなるワイングラスでおいしい日本酒アワード実行委員会。

世界で唯一「全国燗酒コンテスト」

吟醸酒ブーム以降、冷やして飲む華やかな日本酒が親しまれるようになった一方で、世界でも稀有な温めておいしい酒、日本酒の魅力を発信しようと2009年から始まった燗酒のためのコンテスト。45℃のぬる燗と55℃の熱燗、手ごろな価格とやや高価格と、温度と価格をかけ合わせて計4部門を設置。酒造りの専門家以外に、流通や飲食店従事者など一般の審査員も交えて審査する。出品酒の上位30%を金賞、うち最上位5%を最高金賞と認定。主催は酒問屋や酒蔵などで作る全国燗酒コンテスト実行委員会。

海外の主な品評会

世界的なワインコンテスト「IWC」のSAKE部門

「IWC(インターナショナル・ワイン・チャレンジ)」は、世界的な影響力を持つ1984(昭和54)年に設立されたイギリスで開催のワインの品評会。SAKE部門は2007年に設立され、海外の日本酒コンテストの中でも最大級の規模でひときわ重要視されている。「普通酒」「純米酒」「純米吟醸酒」など9部門に分かれ、ブラインドテイスティングの結果、最も優秀な銘柄が、SAKE部門の最高賞「チャンピオン・サケ」に輝く。海外市場進出への足がかりに参加する蔵元も多い。

フランスの食文化が下敷きの「Kura Master」

「Kura Master(クラマスター)」は2017年からフランスで開催されている日本酒の品評会。最大の特徴は、会の方向性を「フランス人に向けた和酒コンクール」と明確に掲げ、フランスの食文化を語るうえで欠かせない料理と酒の相性を重視していることだ。審査は100点満点の加点法で、プラチナ賞と金賞があり、プラチナ賞の出品酒の中から、プレジデント賞などが選ばれる。審査員は、フランスのトップソムリエや飲食関係者などのプロが務める。

海外開催で最も古い「全米日本酒歓評会」

2001年からスタートした「全米日本酒歓評会」は、海外で開催される日本酒の品評会の中でも先駆けにあたる。当時米国内には、輸入された日本酒を評価する客観的な基準がなかったが、今後、日本酒の発展のためには基準の確立が不可欠と、米国の日本酒愛好家らが立ち上がり、以後、毎年開催されるようになった。また、付随して「ジョイ・オブ・サケ」と名付けられた全出品酒を利き酒できる一般公開の会が存在し、複数都市で開催。過去には東京で開催したことも。

日本酒の資格を取る

仕事で活用したい飲食業の従事者や、知識を体系的に深めたい愛好家に向けて、日本酒に関する資格はいくつかあるが、その中でも代表的なものを紹介する。（WSETに関しては第2章日本酒ニューワールドp57参照）

唎酒師（ききさけし）

1991年にスタートした日本酒サービス研究会・酒匠研究会連合会（SSI）が認定する資格。おもに飲食店や酒販店従事者が対象だが、一般の愛好家でも受験は可能。日本酒の基礎知識などを問うペーパーテストやテイスティングなど、1次～4次試験にわかれ、そのすべてにおいて各試験ともおおよそ7割以上の正解率で合格となる。ほかに、唎酒師の上位資格としてよりテイスティング能力が求められる「酒匠」という資格もある。

J.S.A. SAKE DIPLOMA（サケディプロマ）

2017年にスタートした、一般社団法人日本ソムリエ協会（J.S.A.）が認定する資格。1次はCBT試験、2次は、テイスティングと論述試験からなる。こちらの資格も、唎酒師試験と同様、受験資格に職種の制限を設けていない。2018年からは英語で受験可能な「SAKE DIPLOMA INTERNATIONAL」の認定試験を開始。日本酒の海外への輸出量が増加する中で、日本酒の知識を体系的に身に付けた提供者の需要の高まりに応えたもので、日本国内だけでなく、海外でも開催されている。

「全国きき酒選手権大会」で腕試し

「資格」ではないが、愛好家の利き酒能力を試す舞台として知られているのが、日本酒造組合中央会が主催する「全国きき酒選手権大会」だ。スタートは1981（昭和56）年。日本酒文化の普及・振興を目的とし、参加対象はあくまでもアマチュア。各県予選を突破した代表者が、日本酒に関する筆記試験と、数種類の日本酒を利き酒し、日本一を目指す。

公的機関の認定資格「清酒専門評価者」

酒造関係者でも合格が難しいといわれている「清酒専門評価者」は、独立行政法人 酒類総合研究所が認定する「清酒専門評価者資格」（正式名称は、清酒の官能評価分析における専門評価者）。その定義は「感覚の感受性が高く、清酒の香りや味の多様な特徴を評価するのに一貫して反復可能な能力を有している評価者で、清酒の官能評価分析の経験があるとともに、清酒の製造方法や貯蔵・熟成に関する知識を有している専門家」とされている。2007年から2022年の間に認定されたのは153名という狭き門だ。

Chapter

5

日本酒の歴史

米から造る酒の始まり

紀元前～8世紀

糖分を含む果物やハチミツが自然にアルコール発酵するのと違って、デンプンを糖化させて行う酒造りは、ある程度の知識や技術がなければ成立しない。それは、いつ日本で誕生したのだろうか。

水田稲作伝来以前の酒

日本で米の酒が広まるのは水田稲作が伝わった紀元前5～4世紀頃以降、また別の説では紀元前11世紀以降と考えられているが、もちろんそれ以前の日本に酒が存在しなかったわけではない。文献では1世紀頃中国で書かれた『論衡（ろんこう）』、また3世紀末の『魏志倭人伝（ぎしわじんでん）』における日本の酒に関する記述が古い。考古学的な証拠としては、長野県で出土した縄文中期の有孔鍔付土器（ゆうこうつばつきどき）の中からヤマブドウの種子が発見されており、その頃から果実の酒が造られていたと考えられている。

有孔鍔付土器。ヤマブドウの種の発見から導かれた酒造りの道具であるという説のほか、その用途には諸説がある。

神話に登場する日本の酒

天甜酒（あまのたむざけ）

天甜酒は『日本書紀』に登場する酒で、「狭名田の田の稲を以て、天甜酒を醸みて嘗す」とあり、どぶろくのような米の酒、もしくは甘酒のようなものだと考えられる。天照大神の孫、瓊瓊杵尊（ににぎのみこと）との間に子を成した女神で、酒神でもある木花咲耶姫（このはなのさくやひめ）が祭りのために醸したとも記されている。

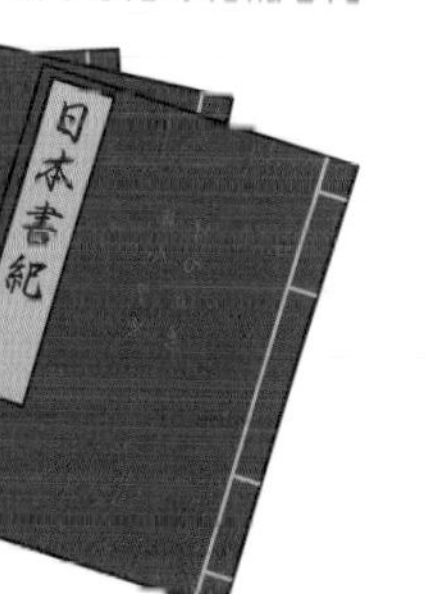

八塩折之酒（やしおりのさけ）

『古事記』と『日本書紀』に登場する八塩折之酒はスサノオノミコトがヤマタノオロチ退治に使ったという酒で、現代の貴醸酒のような造り方をしたようだ（p25）。ただし、「汝、可以衆菓醸酒八甕」（様々な木の実を用いて8つの甕（かめ）の酒を醸すべし）と『日本書紀』には記述されており、米の酒ではなかったとも考えられている。

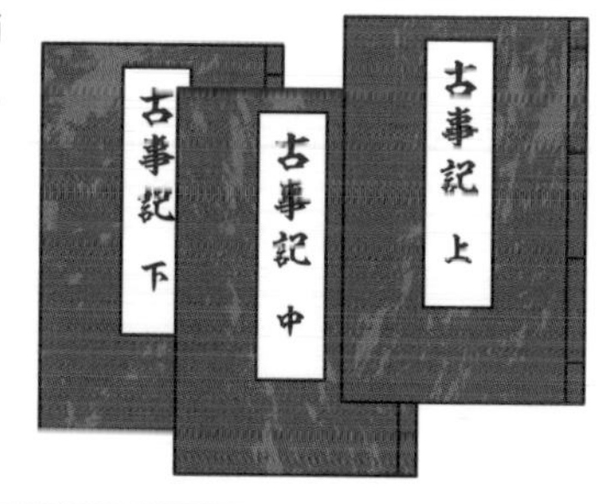

口噛み酒

奈良時代の『大隅国風土記』（713年）に記述されているのが口噛み酒だ。日本をはじめ東南アジアや南米でも行われていた酒造りの方法で、唾液に含まれる酵素のアミラーゼで米や穀物のデンプンを糖化させ、アルコール発酵を導く。近年、アニメ映画『君の名は。』に登場して知られるようになったが、現在では近代的な衛生観念もあり世界中ですたれてしまっている。麹などのカビを糖化に用いる前段階の酒造りの姿とも考えられる。

平城京の清酒

平城京跡から出土した木簡に「清酒」または「浄酒」の文字が見つかっている。もちろん現代の清酒とは異なるものであろうが、醪を搾った酒がすでにこの頃には存在したことをうかがわせる。

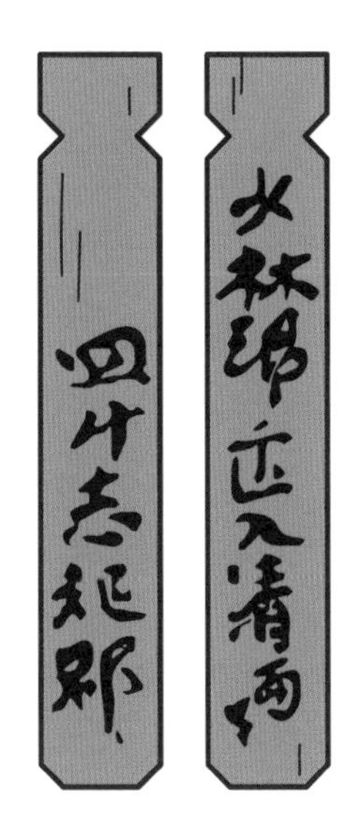

「少林郷缶入清酒」「四斗志紀郡」（志紀郡少林郷から清酒四斗を都に送った）と書かれている。

魚酒禁令

時の権力による禁酒令はアメリカの禁酒法をはじめ古今東西に存在するが、「大化の改新」の翌年である646（大化2）年に公布された「魚酒禁令」は、日本最古の禁酒令だ。農作期は魚と酒を断ち農作業に励むべしとの内容だが、この頃すでに農民も酒をたしなんでいたことをうかがわせる記録でもある。

カビ酒の始まり

『播磨国風土記』（713～716年）には「神に捧げた蒸米が濡れてカビが生え、それで酒を造った」という意味の記述があり、麹などカビで米を糖化させた酒についての日本で最古の記述と考えられている。「麹」という言葉は、「カビ立ち」を意味する言葉「カムタチ」が語源であり、「カムチ」⇒「カウチ」⇒「コウジ」と変化したのではないかともいわれる。

新嘗祭

新嘗祭は毎年11月23日に宮中や、出雲大社、伊勢神宮など全国の神社で行われる祭祀で、その年の収穫を神に捧げて祝う儀式。古くは『古事記』にも記載されたものが、連綿と現代にも続く。伝統の「白酒」として、どぶろくなどをふるまう神社もあり、酒造免許を所持しているところも少なくない。

日本の麹とアジアの麹

散麹と餅麹

米などのデンプンを麹で糖化させて造る酒は、韓国のマッコリや中国の黄酒など、日本以外のアジア各地にも見られる。その中で日本の醸造史が特殊なのは、麹菌（*Aspergillus oryzae*）を選択的に繁殖させた米の「散麹」が特に発達してきたという点にある。アジア各国で目立つのは、加熱しない麦や米などを粉にしたものを水で練って成形し、そこにクモノスカビ（*Rhizopus* sp.）やケカビ（*Mucor* sp.）などを繁殖させ、乾燥させた「餅麹」で、利用される微生物も外観も異なる。日本の麹室で育てられる、米粒にふわふわした白い菌糸が生い茂った、お馴染みのあの麹は、アジア全体で見れば珍しい。では、なぜ日本で散麹が進化したのだろうか。

日本における麹の歴史については諸説ある。カビの生えた米が酒になったという記述が8世紀の『播磨国風土記』にあるものの（p133）、麹は日本で独自に生まれたわけではなく、紀元前には水田稲作の伝来とともに大陸から伝わって来ていたという説が有力のようだ。

『延喜式』の「糵」

糖化材として加工された麹が登場する最古の文献は10世紀の『延喜式』（p136～137）である。ここには「糵」という語で表され、一説によれば米の散麹であると考えられるものが、すでに酒の主要な原料として記載されている。面白いのは、酒の種類によって「糵」以外に、米や麦の餅麹や麦芽なども併用されていたことが読み取れる点で、どうやら『延喜式』の時代は糖化材のバリエーションが現在より豊富だったようだ。

微生物に着目すると、麹菌は加熱した粒の米を好み、クモノスカビやケカビは非加熱の穀物の粉を原料とする餅麹に繁殖しやすい性質を持つ。以上から導けるのは、古くから大陸にあった様々な麹のバリエーションが各地に伝わり、その後、優勢な微生物の違いなど環境的な要因で選択・淘汰が行われた結果、日本に限って麹菌を繁殖させる散麹が進化したという仮説だ。

また食文化に注目した説もある。日本は古くから加熱した粒の米を主食とする文化が定着したため同様の原料で散麹を造り、一方で穀類の粉を麺やパンの類に加工する中国の東北部など粉食文化の地域では餅麹が普及し、それがアジア各地に伝わったとする見方だ。いずれにせよ、日本の麹が独自の進化を経て現在の姿になったことは、間違いないようである。

アジアの麹

韓国
ヌルク
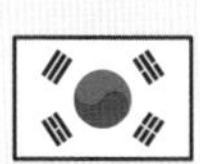

小麦粉で造られ、マッコリの醸造に使用される。ほかのアジアの餅麹と比べて、1個のサイズが非常に大きい。

中国
曲（チュイ）

甘酒に似た酒醸（ジョウニャン）や、醸造酒の黄酒（ファンジョウ）、蒸留酒の白酒（バイジョウ）など、用途に応じて様々な曲がある。

タイ
ルークペン

加熱しない糯米（もちごめ）粉で造られる。甘酒に似たカオマーク、にごり酒のサトー、蒸留酒のラオカオなどに使用。

ラオス
ペンラオ

加熱しない糯米粉で造られる。蒸留酒のラオラオに使用されることが多い。

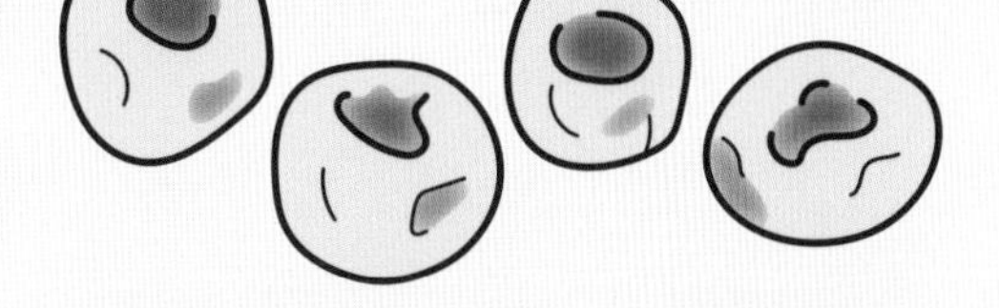

インドネシア／マレーシア
ラギ

米粉に香辛料を混ぜた団子を稲わらの中で発酵させて造る。甘酒に似たタペや、醸造酒ブルムの原料となる。

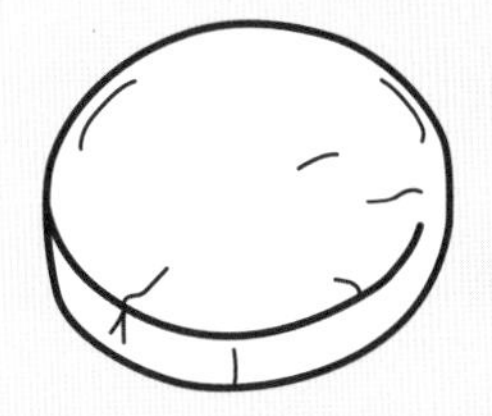

インド／ネパール
マルチャ
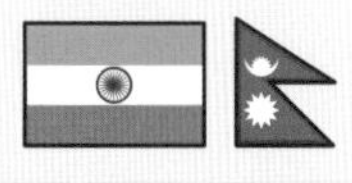

インド・シッキム州やネパールなどの餅麹。米、シダの葉などが利用されるが、民族、地域によって製法は様々。

餅麹の基本的な造り方

1. 生の穀物の粉を水で練って成形する
2. 餅麹の粉など発酵スターターを振りかける
3. 植物の葉などで包んで発酵させる
4. 乾燥させる

宮廷で酒が造られた時代

9〜13世紀

奈良時代には律令制のもと造酒司（みきのつかさ）と呼ばれる役所が置かれ、酒の醸造は庶民をはなれ国家が担うものとなった。平安時代に編纂された律令の施行規則をまとめた法典『延喜式』には、造酒司で造られていた15種類に及ぶ多彩な酒について記述されている。

醸造の役所「造酒司」

律令制による中央集権的国家が誕生すると、酒や調味料などの醸造をつかさどる役所として造酒司がおかれた。平城京跡からは酒造りを示す木簡や醸造用と見られる甕などが出土している。朝廷や貴族の酒宴は重んじられ、造酒司の長である造酒正（みきのかみ）には高官がついた。醍醐天皇の命で905（延喜5）年に編纂開始、927（延長5）年に全50巻が完成した『延喜式』をひもとけば、造酒司で造られていた酒について知ることができる。

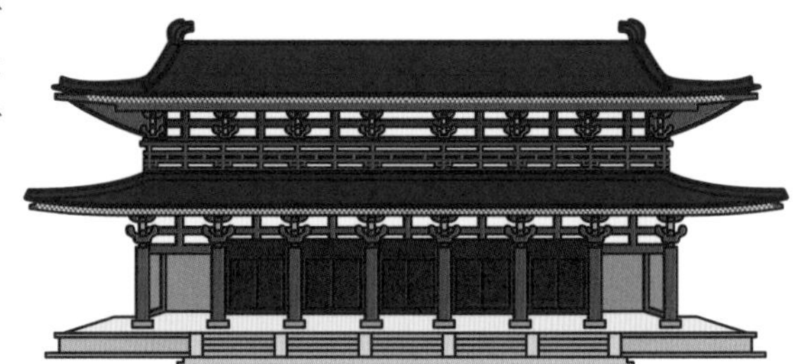

『延喜式』に記された酒の多様さ

『延喜式』には、天皇が飲む酒、雑役夫が飲む酒、儀式用の酒、酒由来の調味料などについて詳細に記されている。当時の冷温貯蔵室である氷室（ひむろ）についても触れられており、そこから取り出した氷でオンザロックにして飲む酒まであったというから驚きだ。また、糖化材として米や麦から造った麹や、麦芽なども利用されていたことが読み取れ、酒の用途、その造り方の多様さにおいて、当時から非常に豊かな醸造文化が存在したことがうかがえる。

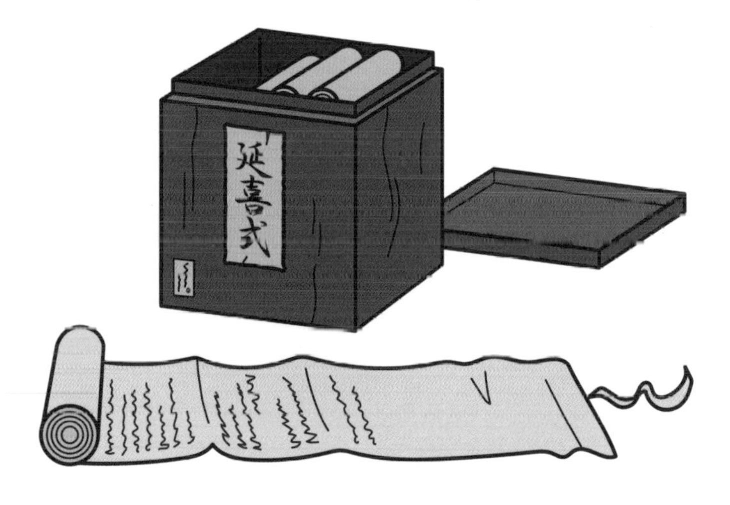

●『延喜式』より 造酒司で造られていた酒●

分類	酒名	説明
御酒糟（ごしゅそう）	御酒（ごしゅ）	天皇への供御酒。また節会のための酒。こした酒に蒸米と麹米を投入して造る。
	御井酒（ごゐしゅ）	御酒よりさらに濃厚、甘口タイプの澄み酒。
	醴酒（れいしゅ）	麹歩合が高く高温で糖化するみりんのような酒。夏場の暑気払いに氷を入れて飲まれた。
	三種糟（さんしゅそう）	米、糯米、精粱米（あわのうるちね）が原料。糖化に麦芽が併用される。
	擣糟（すりそう）	醪を臼ですり、水を加えて濾過した甘口の酒。
雑給酒（ざっきゅうしゅ）	頓酒（とんしゅ）	「短期間で造った酒」の意。速醸型の御酒だろうか。
	熟酒（じゅくしゅ）	熟成させた酒。アルコール分が高く、濃厚、辛口の酒。
	汁糟（じゅうそう）	夏期以外に使用された料理用酒。
	搗糟（つきそう）	夏期に使用された料理用酒。
	粉酒（こざけ）	米粉で造った酒。司工・唐工・木工・雑工・役夫らに支給された。
	韲酒（あえざけ）	「和えもの、なます用の酒」の意。また「酢や醤を混ぜ合わせた酒」から調味料のようなものか。
新嘗会二酒料（にいなめえにしゅりょう）	白酒（しろき）	収穫を感謝する宮中祭祀「新嘗会」のための節会酒。
	黒酒（くろき）	収穫を感謝する宮中祭祀「新嘗会」のための節会酒。白酒に久佐木灰を添加した黒い酒。
釈奠料（しゃくてんりょう）	醴酒（れいしゅ）	春秋2回、孔子など儒教の先達を祀る「釈奠（しゃくてん）」での供御酒。濾過した酒。
	醠斎（おうし）	春秋2回、孔子など儒教の先達を祀る「釈奠（しゃくてん）」での供御酒。にごり酒。

酒を買う武士

平安時代末期から鎌倉時代にかけて、武士階級が台頭してくると、朝廷の造酒司は徐々に存在感を後退させ、代わりに僧坊酒（p138）と呼ばれる寺院で造られる酒や、それを扱う酒問屋が目立ってくる。また、市井に造り酒屋も登場。折しも貨幣経済が発展し始める時期と重なり、商品として酒が流通するようになる。酒は買うものになり、武士たちはその消費者となったのである。

沽酒（こしゅ）の禁

朝廷の華美な世界とは一線を画す武家社会は、質実剛健で質素を旨とするもの。酒は武士に礼節を欠かせ、酩酊のうちに寝首をかかれないとも限らない。1252（建長4）年、大旱魃（かんばつ）に襲われた年に、鎌倉幕府は「沽酒の禁」を発令。鎌倉の民家にある酒壺は各戸1つだけを残してすべて打ち壊された。この時、確認された酒壺の数は3万7千以上にのぼる。同時期には、酒屋に対し税を課すことが議論された。いかに多くの酒が造られ、世に出回り始めていたかがうかがえる。

寺院で酒が造られた時代

14〜16世紀

「僧坊酒」なる寺院で造られた酒の発祥は平安時代までさかのぼる。室町時代になると、これが商業的にも広く流通するようになった。寺院はこれで利益を得ただけでなく、醸造の知識と経験を蓄積し、酒造りの技術革新を起こす。これは現代における日本酒醸造法の基礎となった。

僧坊酒とは？

寺で酒が造られた理由

不飲酒戒といわれる通り仏教で酒はもってのほか、と思われがちだが、当時は神仏習合の時代であり、寺で醸造した酒が神に供えられることも珍しくなかった。ビールやワインが修道院や教会で造られてきたヨーロッパの歴史を思えば、僧坊酒の存在も不思議ではない。日本の中世寺院は荘園領主でもあり、年貢として集まる米は酒の原料にもなった。応仁の乱（1467年）以降、戦国大名が群雄割拠する世となり幕府や朝廷の金回りが悪くなると、国の傘下にあった寺院は独自に財源を確保する必要に迫られた。そのため、酒をはじめ、麹、道具、楽器、食料まで売っていたという。

奈良・正暦寺の醸造革命

奈良県・菩提山正暦寺

僧坊酒の中心的存在が、奈良県の菩提山正暦寺（p18）である。財政面の理由はさておき、寺という場所柄もあって、酒造りには多くの人手が集まり、知識が集約され、経験が蓄積し、歴史的な技術革新が起こった。まず、酸によって雑菌を排除し発酵の安定をはかる酒母「菩提酛」が生まれた。菩提酛で造られる正暦寺の酒「菩提泉」は足利義政に「天下の銘酒」とほめたたえられるほどの美酒だったという。また、「諸白」（麹米掛米ともに精米する）の製法により、奈良の僧坊酒は「南都（南部）諸白」と称され高級酒の代名詞となった（p140）。

『御酒之日記』と『多聞院日記』

僧坊酒の酒造技術や酒造りの様子が記録されている貴重な文献が『御酒之日記』(成立時期は1355年と1489年の2説)と『多聞院日記』(1478～1618年)だ。当時銘酒といわれた「菩提泉」や「天野酒」について、また段仕込み、諸白造り、火入れなどの酒造技術に関しなど、当時を知るための重要な記述が多い。

『多聞院日記』には、おそらく当時の酒造技術の発展に大きく寄与したであろう技能者「弥三」の名前も散見され、興味をそそられる。

菩提泉と天野酒

正暦寺の「菩提泉」と並び称される僧坊酒に、豊臣秀吉が好んだといわれる大阪・天野山金剛寺の「天野酒」があり、これらが当時の二大僧坊酒だった。ほかにも、百済寺樽(滋賀・釈迦山百済寺)、観心寺酒(大阪・檜尾山観心寺)、多武峰酒(奈良・旧別格官幣社 談山神社)、豊原酒(福井・豊原寺 ※現存せず)などの僧坊酒が名を馳せた。

秀吉のお気に入りは天野酒。

造り酒屋も隆盛

鎌倉時代から室町時代にかけては僧坊酒に先んじて、造り酒屋の酒が洛中洛外でもてはやされた。1425～26(応永32～33)年に調査された酒屋名簿には、342軒もの屋号が記載されており隆盛を誇っていたことがわかる。中でも「柳酒屋」「梅酒屋」などは有名で、その酒である柳酒、梅酒は僧坊酒とともに好評を博した。酒屋の多くは豊富な資金力を背景に、「土倉(どそう)」と呼ばれる金融業も営むようになる。

麹座と麹騒動

京都・北野天満宮は、室町時代に「麹座」と呼ばれる麹屋組合を結成。1419(応永26)年には独占製造販売権を獲得した。製麹技術を持ちながら麹座から麹を購入せざるを得ない酒屋はこれに反発。最終的に武力衝突と北野社の炎上を伴う騒動に発展し(文安の麹騒動、1444年)、麹座は解体。麹座による玄米の麹で「片白」までしか造れなかった酒屋が、これ以後は自身で精米して製麹するようになったことで「諸白」が広まった(p141)。

京都・北野天満宮

南都諸白 5つの技術革新

正暦寺における菩提泉の醸造は嘉吉年間（1441～44年）にピークを迎えた。以後、『多聞院日記』が書かれた興福寺ほか奈良の寺院では諸白造りが盛んとなり、その酒は「南都諸白」（南都＝奈良の意）としてもてはやされる。同時期に発達した醸造技術は『御酒之日記』『多聞院日記』ほか、江戸時代の『童蒙酒造記』でも知ることができ、ポイントは下記の５つに集約できる。

1 精米

麹米と掛米の両方に白米を使う酒が「諸白」だ。とはいえ、当時は足踏み式の唐臼で精米していたとみられ、『多聞院日記』の記述から割り出した精米歩合は98.3％に過ぎない。また「諸白」の語には清酒であることや「高級酒」のニュアンスも含まれた。掛米だけに白米を使う酒を「片白」、ともに精米しないものを「並酒」と呼ぶ。

2 酒母

正暦寺で発祥した酒母が菩提酛だ。生米を水に漬けて発酵させ乳酸菌豊富な「そやし水」を造り、それを仕込み水として利用するのが菩提酛であり、できた酒を菩提泉と呼ぶ。酛の概念そのものや、乳酸発酵により酛を酸性とする技術は正暦寺発祥かどうか不明だが、現代の酒造りに通じる非常にテクニカルな醸造法が南都諸白において確立した。

3 段仕込み

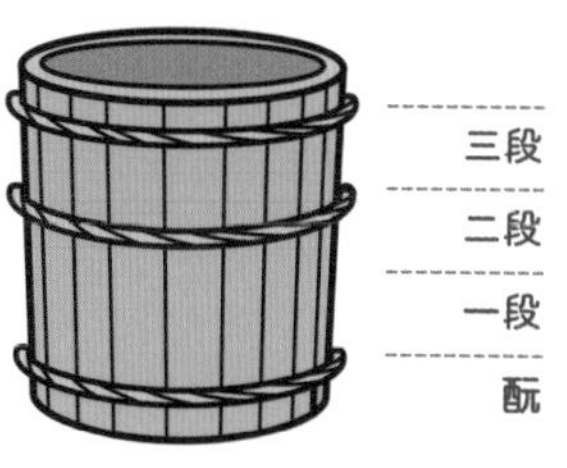

酘方式、つまり段仕込みが確立した。木工技術の発達で醸造容器が小容量の甕から大容量の木桶に変化したことで段仕込みが始まったともいわれる。「天野酒」は二段仕込み。『多聞院日記』に記載のある1568（永禄11）年の正月酒が最古の三段仕込みの記録とされる。

4 上槽

『多聞院日記』には上槽に関連する「酒槽」「酒袋」などの記述が見られる。以前の時代に醪を搾った清酒はすでに登場しているが、上槽は諸白造りに必須の工程でもあった。また、搾ることで酵母などが取り除かれ、流通面における品質安定の意味も大きかった。

5 火入れ

『多聞院日記』を見ると当時から火入れが行われていたことがわかる。これで酒質が安定し、遠方への流通が可能となり、南都諸白の評判が全国規模で広まることにつながっていく。

諸白ブーム

文安の麹騒動（p139）以前は麹座による玄米の麹しか使えず、掛米だけ白米の「片白」を造っていた酒屋が、以降は麹米と掛米の両方が白米の「諸白」を造れるようになり、酒質が格段に向上。南都諸白の名が知れ渡る。当時の公家の日記などに記された南樽、山樽、南酒などの語は南都諸白を指すものと見られ、都での浸透ぶりがうかがえる。また、豊臣秀吉の朝鮮出兵（1592年）で兵の慰労のため携えられた酒のうち、南都諸白だけ長期間の輸送に耐え、色や味わいが保たれたといわれており、中継地の九州や瀬戸内海までその名がとどろくようになる。また、江戸時代に玉井定時らが記した『庁中漫録』には朝鮮人までが「天の下にあるまじき」甘露のようなうまい酒、と喜んだという。やがて「諸白」という言葉の元来の意味は形骸化し、「銘酒」「高級酒」を指す呼び名として、日本各地で「〇〇諸白」と地名を冠した酒が造られるようになる。

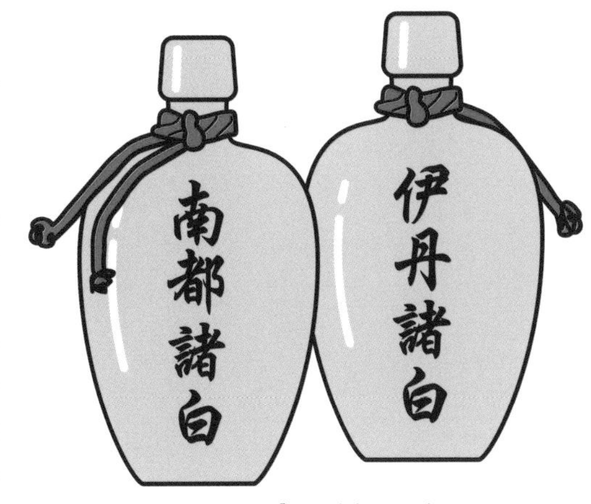

江戸時代に入ると「伊丹諸白」が人気となった。

僧坊酒の衰退

戦国時代末期まで隆盛した僧坊酒だが、織田信長ら戦国大名が大寺院に対する圧力を強め始めると事態は暗転。徹底的な寺院への弾圧としては比叡山焼き討ち（1571年）が有名だが、僧坊酒を造る寺においても、滋賀県・百済寺、福井県・豊原寺が焼き払われている。江戸時代になると幕府の統制も一因となり、僧坊酒の歴史は幕を閉じることになる。

菩提酛復活プロジェクト

長く途絶えていた奈良・正暦寺の酒造り。これを現代に復活させるべく「奈良県菩提酛による清酒製造研究会」（菩提研）が結成。1999年より、正暦寺で醸した菩提酛を奈良県の八蔵（今西酒造、葛城酒造、北岡本店、八木酒造、上田酒造、菊司醸造、倉本酒造、油長酒造）が持ち帰り、それぞれが仕込んで酒に仕上げる活動が毎年行われている。2021年からは、段仕込みをせずに造る菩提泉が醸されている。

菩提研が復活させた、
2021年製の菩提泉。

清酒と奈良漬け

清酒につきものといえば酒粕。清酒発祥の地である奈良の名が、瓜などの粕漬けの名となったのも偶然ではないはずだ。古くは奈良時代の木簡に「進物 加須津毛瓜」とあり、すでにこの頃には瓜の粕漬が存在したようだ。清酒が飛躍的に増える室町時代になると『山科家礼記』（1492年）に「ナラツケ」の語が記される。南都諸白から生まれる上質な酒粕で作られた美味な奈良漬けが世に広まったのも、この頃かもしれない。

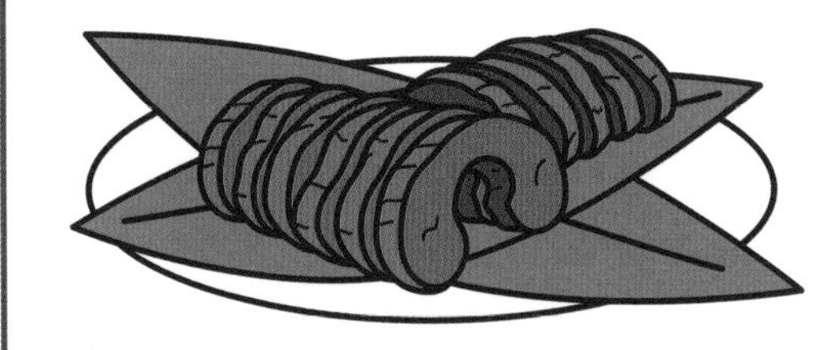

寒造りの始まりと下り酒

江戸時代

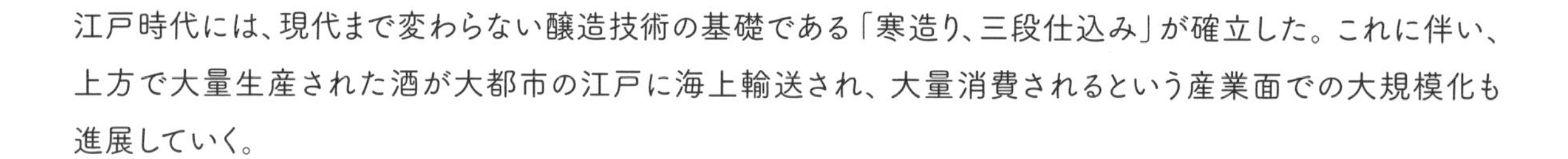

江戸時代には、現代まで変わらない醸造技術の基礎である「寒造り、三段仕込み」が確立した。これに伴い、上方で大量生産された酒が大都市の江戸に海上輸送され、大量消費されるという産業面での大規模化も進展していく。

伊丹諸白から始まった寒造り

進化する醸造技術

奈良の僧坊酒にとって代わり、その醸造技術を引き継いで新たに台頭した醸造地の代表が兵庫県・伊丹。その酒は「伊丹諸白」や「丹醸」などと呼ばれて大いにもてはやされた。伊丹の酒では、冬季に仕込みを集中させる「寒造り」も始まった。これは冬季に酒造りを限定する幕府の酒造統制によるもので、雑菌繁殖は少ないが発酵も不活発な低温環境でやむなく酒造りをする技術として発展したものである。さらに、南都諸白における三段仕込みでは、各段等量の麹、蒸米、水が投入されていたが、これを各段倍増させながら仕込む醸造法が確立。一度により多量の酒が造れるようになった。また、焼酎を添加することで腐造を防ぐ「柱焼酎」という技術も江戸時代に生まれている。

『童蒙酒造記』

江戸初期に書かれた大変優れた醸造技術書。「童蒙」とは「子供のように道理のわからないこと」を意味し、著者の謙遜とユーモアを感じさせる。摂津国鴻池郷（現・兵庫県伊丹市鴻池）の鴻池流の醸造家が著者だと考えられており、口伝のみで広がることが多かった酒蔵技術が網羅された大変貴重な史料だ。より強い酒母に育てるための「枯らし」の工程に言及するなど、当時の酒造りの進化をうかがわせる。

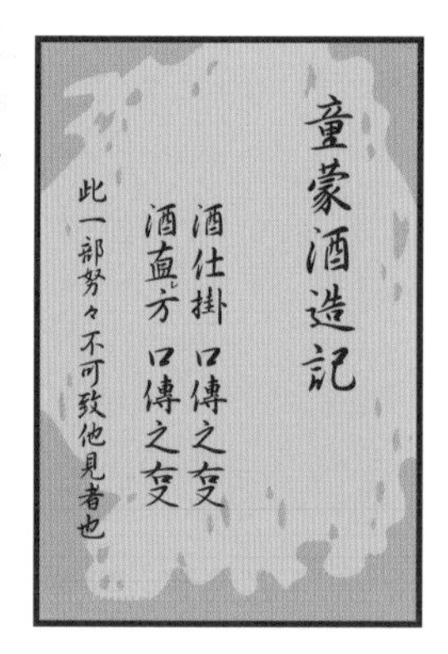

酒造りの分業化と杜氏集団の誕生

江戸前期における醸造技術の進化は、それに携わる酒蔵労働者の組織化、分業化を促した。さらに、江戸後期における寒造りへの移行によって、酒蔵地へ出稼ぎに来る季節労働者たちが杜氏集団などを組織し、さらなる酒造りのシステム化が進んでいく（p71）。

下り酒

上方で造って、江戸で売る・飲む

武士と庶民が主役の人口100万人都市、江戸。人口比で圧倒的に男性が多く、「京の着倒れ、大坂の食い倒れ、江戸の呑み倒れ」などといわれ、幕末にはおよそ1800軒の居酒屋が存在したというから（p148）、どれだけ江戸っ子が酒を飲んでいたかは推して知るべし。その一大消費地に、上方の酒造地から大量に輸送される酒を「下り酒」という。

長距離輸送の技術革新

醸造容器が甕から木桶へ進化して大量生産が可能になったのと同様、重く壊れやすい甕から、統一規格の木製樽に輸送容器が変わったことで長距離輸送が可能になった。輸送中、吉野杉で組まれた樽から酒に移った樽香にも、江戸っ子は魅了された。また、現在でも銘柄の書かれた菰が酒樽に巻かれ、「菰樽」と呼ばれるが、これは下り酒の輸送中に樽の破損を防ぐクッションとして巻かれるようになったものが始まりだ。

下り酒輸送の変遷

馬による輸送　初期は陸上で江戸まで運んでいた。

▼

菱垣廻船　各種の貨物を混載した輸送船。この船で江戸にやって来た品物を「下り物」と呼んだ。「下り物」＝高級品、対して「下らない物」＝江戸の地もの＝二級品という図式から「くだらない」という表現の語源となったといわれる。

▼

樽廻船　やがて酒専門の輸送船が登場する。樽廻船と菱垣廻船は、いずれも大坂と江戸をつなぐ「南海路」を航行。この航路による輸送時間は、元禄期で平均1か月ほど。幕末までには10日～2週間に短縮された。

灘酒の大ブーム

江戸時代

江戸幕府は米価下落への対処のため、1754（宝暦4）年に酒造り奨励の「勝手造り令」（p146）を発する。禁じられていた農村での酒造りも許容したことから、現代でも銘醸地として知られる灘の諸村でも下り酒を意識した酒造りが広まり、急速に発展。それまでの伊丹や池田の酒に取って代わり下り酒の頂点に。1821（文政4）年には下り酒全122万樽のうち、灘酒は72万樽（約6割）を占める存在となった。

海運に好都合な立地

内陸の伊丹、池田の場合、まず酒を川船で大坂湾まで運び、海上輸送の廻船に積み替える必要があり、労力とコストがかかったが、その点で沿岸部の灘は有利だ。江戸が第一の酒の売り先だった当時、多くの酒造家が灘や西宮に移転・進出。その中から、多くの酒蔵を建てて年間1万石近い酒を造る辣腕経営者も現れた。

灘を支えた丹波杜氏

農村に貨幣経済の浸透する元禄期（1688～1704年）、そして出稼ぎが増える享保年間（1716～36年）を経て、農民の季節労働である杜氏集団（p72～73）が形成。同時期に発祥した丹波国篠山の丹波杜氏は日本三大杜氏のひとつであり、成長期の伊丹、池田、そして灘に進出して数多くの銘酒を手がけた。以来、明治時代に至るまで灘を支える存在となる。

江戸時代の酒造りにおける洗米の様子。

灘酒のひみつ

宮水の発見

銘酒といわれる灘酒のひみつの第一は、仕込み水の「宮水」だ。「酒造りの霊水」とまでいわれる名水中の名水で、西宮の海岸近くに湧出する。硬度が高く、リン、カリウム、カルシウムという発酵に不可欠な無機物を豊富に含む。発見者は灘・魚崎郷の酒蔵「櫻正宗」を営む山邑太左衛門であるとするのが定説で、仕込み水、杜氏、酒蔵地を入れ替えての醸造試験を重ねた末、宮水の威力を立証。「延びの効く酒」とか「玉の効く酒」と表現される、加水しても味が崩れにくい酒が宮水のおかげで造れるようになった。以後、灘の酒造家たちがこぞって宮水を求めるようになる。

宮水発祥の地。現在も記念碑と湧き水を見ることができる。

水車精米の威力

もうひとつのひみつは水車精米にある。伊丹諸白までは人が足で杵を操作する「足踏み臼」での精米が一般的だったが、夙川(しゅくがわ)など有数の河川に恵まれる灘では水車の動力を利用した精米機が実用化され、1784（天明4）年には200基ほどの精米水車が稼働していたという。水車動力による精米が量産化に寄与したのはもちろんのこと、同時に酒質も向上。研磨力が高く米をしっかり削れるようになった結果、より米を溶かすことができ、甘さに頼らない辛口の酒が造れるようになった。

水車精米で3割ほどの精白が可能になった。

さらなる灘酒の洗練

寒造りの完成

高度な醸造技術である生酛造りの確立、丹波杜氏（前ページ）により組織化された蔵人たちによるシステマティックな酒造労働、そして十水（下記）の標準化により、寒造りに特化して、より短期間に、より高品質の酒を、より大量に生産できるようになった。

男酒

江戸中期までの伊丹の酒は甘口だったが、水車精米による精白率アップと硬度の高い宮水で仕込まれた灘酒はコクとキレのある辛口で、これが江戸で大好評を博した。その風味は力強く「灘の男酒、伏見の女酒」などといわれることもある。

十水(とみず)

灘酒の「十水」とは、米1石に対し水1石という仕込み水の割合を指す。宮水や麹歩合の工夫などが前提となっており、伊丹諸白のそれより多く、「灘の生一本」呼ばれる上質な酒の量産を実現。現代の汲み水歩合に換算すれば十水は120％である。

秋晴れ

寒造りで仕込まれた酒は春に火入れし、夏のあいだ熟成させ、秋に「ひやおろし」として飲まれる。名水の宮水で仕込まれた酒はこの貯蔵に十分耐える酒質を備え、「秋晴れ」とも呼ばれる味わいで評判を呼んだ。

幕府の酒造政策

江戸時代

江戸幕府は年間で秋以前の醸造を禁じた。これは寒造り誕生のきっかけとして、現代の酒造りにまで大きな影響を与えた江戸幕府の酒造政策である。また、酒造免許や酒税にあたる制度も敷かれ、幕府はそれを通じて酒造りを管理した。また、下り酒に対抗しうる関東酒を売り出そうという野心的な産業政策まで幕府は打ち出していた。

酒株制度

1657（明暦3）年に江戸幕府が施行した「酒株」制度とは、酒造免許のようなものである。酒造主の氏名、所在地、酒造米高が記載された「酒株」が酒造業には必須で、それは経営権と同時に酒造規模を示すものでもあり、生産可能な石数を制限した。もちろん、無株での酒造りは厳禁だ。凶作などを理由に幕府はたびたび「減醸令」を発してきたが、酒造米高の記載は減醸の目安にもなった。また、時を経てその値が実情に合わなくなることを見越し「株改め」なる記載の酒造米高を更新する制度も実施された。

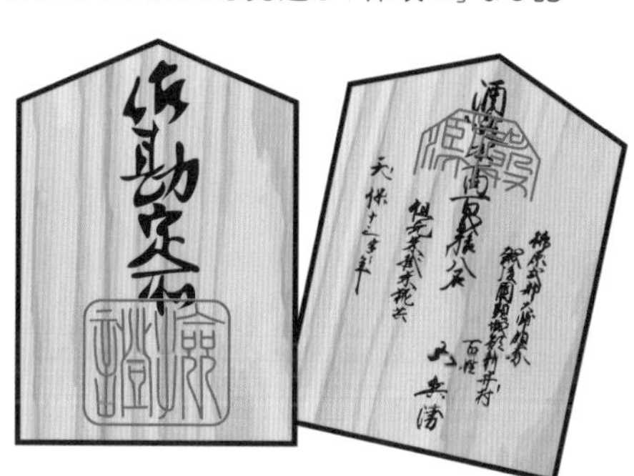

酒運上（さけうんじょう）

1697（元禄10）年、江戸幕府は「酒運上」なる全国統一の酒税制度を敷いた。税率は酒価の5割という高さで、名目は酒による風紀紊乱（びんらん）の抑制だったが、実のところは財政補塡の意味合いが大きかった。1709（宝永6）年に酒運上は廃止され、以後、全国統一の酒税は江戸時代を通して存在しないが、1772（安永元）年には酒、醤油、酢の製造者に「冥加金（みょうがきん）」が課された。一般に「運上金」とは税率が定められたもの、「冥加金」とは営業許可の対価としての上納金を指す。

酒造奨励と規制

酒造規制の筆頭は1673（延宝元）年に年間で秋以前の醸造が禁止されたことだ。以降、「減醸令」などによる酒造規制があるかと思えば、主に米価下落抑止のため発せられた「勝手造り令」なる酒造奨励政策もあり、そのたび酒造業は影響を被ってきた。

◎1697（元禄10）年　株改め・・・規制
◎1754（宝暦4）年　勝手造り令・・・奨励
◎1787～93（天明7～寛政5）年　寛政の改革・・・規制
◎1806（文化3）年　勝手造り令・・・奨励
◎1841～43（天保12～14）年　天保の改革・・・規制

御免関東上酒

下り酒が江戸で大人気を博す一方で、地元の関東酒は「地廻り悪酒」などと酷評され実際酒質も劣っていた。そこで江戸幕府は関東酒の振興政策を打ち出す。1790（寛政2）年、武蔵、下総の酒屋に米を与えて諸白の製造を命じ、江戸には問屋を経由しない直売所を設置。「御免関東上酒」と命名した。ところが、結局のところ下り酒に伍する酒は造り得ず、酒の自由競争が激化する文化3年の「勝手造り令」の頃には立ち消えてしまったのだった。

ランキングが大好きだった江戸っ子は酒の番付表も作っていた。

『山海名産図会』に見る江戸の酒造り

1799（寛政11）年に編まれた『山海名産図会』。全国の名産について文章と絵で紹介したもので、現代では『日本山海名産図会』の書名で知られている。全5巻のうち第1巻のすべてを伊丹での酒造りについてあてており、江戸時代の酒造りの光景を伝える貴重な資料である。著者の木村蒹葭堂（けんかどう）は広く当時の学芸に通じた文人画家・本草学者で「なにわ知の巨人」とも評され、酒造業も営んでいた。絵は大坂の浮世絵師、蔀関月（しとみかんげつ）による。

1

2

3

4

5

1. **洗米**　井戸のある洗い場で米を洗う。道具類もここで洗う。
2. **蒸米と製麹**　左のカマドから火が、甑（こしき）から湯気があがり米が蒸される。右奥に見えるのが麹室。
3. **酒母の仕込み**　仕込んだ酒母を室温の高い2階に運んでいる。
4. **醪造り**　枝桶（三尺桶）の醪を大桶に集めている。
5. **搾り**　石をたくさん吊るした撥ね木式の槽で醪を搾っている。

江戸の居酒屋

EDO IZAKAYA

煮売茶屋と酒屋

江戸で花開いたのは、日本酒を造る文化、流通させる文化、そして忘れてならないのが、飲む文化。中でも現代とも地続きである居酒屋の誕生は、酒を語る上で避けて通れない。「煮売茶屋」は、そのルーツのひとつ。明暦の大火（1657年）を契機として隅田川に両国橋をかけたり大規模開発がスタートすると、土木工事に人手が集まってきた。それを当て込んだ屋台形式の食べもの屋が煮売茶屋だ。当初のメニューは茶飯、豆腐汁、煮しめ、煮豆など。時代が下り天明の大飢饉（1782～87年）を経て寛政年間（1789年～）になると、田楽などをアテに燗酒が飲める「煮売酒屋」に進化。飢饉で故郷を追われた者が開業する例もあり流行した。

もうひとつのルーツは酒屋。酒販店である「請酒屋」は元禄（1688年～）の時代から繁盛したが、享保年間（1716～35年）あたりから現代の「角打ち」のように店頭で飲ませる酒屋が現れ、これを「請酒屋に居ながらにして飲む」という意味で「居酒」といった。つまみは田楽、芋の煮ころがしなど。客は武家奉公の中間や小物、そして駕籠かきなど江戸の庶民たちだった。

江戸の名店「豊島屋」

中でも特筆すべき酒屋が1596（慶長元）年創業の豊島屋だ。徳川吉宗による享保の改革（1716年～）の倹約と増税も一因となり、江戸庶民は不況にあえいだ。そんな金回りのよろしくない酒飲みたちを大喜びさせたのが、豊島屋の徹底した薄利多売だった。試飲してから買える下り酒がどこよりも安く、一合の値段はほぼ原価の八文（現代の感覚では100～200円台？）。もちろん居酒も可能で、名物の肴は自家製の豆腐に酒のすすむ赤味噌を塗って店頭で焼く豆腐田楽。これがたったの二文（数十円くらいの感覚か）で、ほかとくらべて豆腐も大きく「馬方田楽」と呼ばれた。安いうまいで評判を呼び、貧乏な奉公人のみならず、武士まで店に足を運んだそうだ。名物の「白酒」は毎年2月25日に売り出され、これには八百八町から人が押し寄せ江戸名物に。酒や飲食のみならず、空いた酒樽を、酢用、醤油用、味噌用、漬物用と残り香の気にならぬ順で転売し利益を上げていたという。

果たして酒屋の居酒も煮売酒屋も業態の区別はなくなり両者はともに「煮売居酒屋」と呼ばれるようになる。1811（文化8）年にはその数1808軒。ほかには食事専門の飯屋でも酒を出すようになり、これら酒と料理を出す店が江戸の居酒屋として愛され続けていく。

江戸の居酒屋定番メニュー

酒

当時から燗酒は一般的。居酒屋では銅製のちろりがそのまま出てきた。人気はやはり下り酒。高級な諸白から、安い中汲（現代でいう中汲みと異なる）、白玉（濁酒）まで予算に合わせて注文可能。

豆腐料理

江戸っ子は豆腐が大好き。1782（天明2）年刊の豆腐料理レシピ集『豆腐百珍』もベストセラーになった。夏は冷奴、冬は小鍋の湯豆腐。もちろん豆腐田楽も。

まぐろ料理

江戸時代、まぐろは下魚だった。刺身は酒のアテにぴったり。トロとねぎの鍋料理「ねぎま」も人気料理のひとつ。

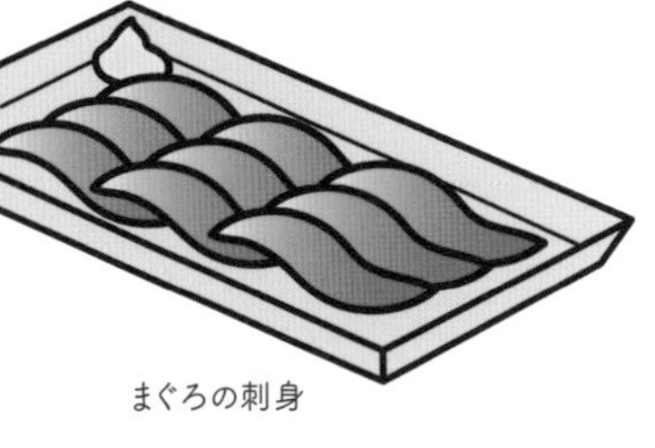

まぐろの刺身

ねぎま鍋

あんこう料理

江戸時代も吊るし切りであんこうをさばいていた。もともと高級品だったが、『放蕩虚誕伝』（1775年）に「貴人の河豚汁、居酒屋の鮟鱇」と書かれたように、時代が変わって庶民にも手が届く存在に。あんこう汁が人気メニュー。

あんこう吊るし切り

ふぐ料理

縄文遺跡から骨が出土するほど昔から日本人はふぐを食べていた。江戸でも庶民的な食材だったが、当たれば死ぬので「鉄砲」の異名も。危ないので禁止された時代もある。料理としてはふぐ汁だけでなく、「すっぽん煮」も人気。これは、ふぐを油で炒め、醤油、砂糖、酒で濃い味に煮て、しょうが汁を加えるすっぽん料理のやり方でこしらえた「すっぽんもどき」だ。

ふぐのすっぽん煮

江戸の居酒屋の目印

典型的な江戸の居酒屋の軒先には、酒林（杉玉）と縄のれん。ハエを防ぐための縄のれんが、のちに居酒屋の代名詞となった。

新時代の幕開けと日本酒の変容

明治時代

鎖国が終わって明治時代が始まると西洋文明が日本を大きく変えた。日本酒の世界も例外ではない。もちろん近代化には素晴らしい面も多かったが、江戸期に育まれた酒造りの伝統が壊されてしまうのも明治時代なのである。

日本酒の西洋初お披露目

明治期以前においても、書物の中で日本酒は西洋に紹介されていた。有名なのはドイツ人医師のエンゲルベルト・ケンペル著『日本誌』（1727年）である。また、日本が初めて正式に参加した国際万博である1873（明治6）年のウィーン万国博覧会には、浮世絵、仏像、刀剣、美術品、生活用具など広範囲にわたる日本の出品物が展示され、その中には日本酒も含まれていた。これが初めての西欧への日本酒の輸出だったともいわれる。

灯籠とシャチホコ。当時の新聞に紹介されたウィーン万博・日本展示のジャポニズム。

明治の酒税

酒株制度の廃止

明治初期の大きな出来事が1871（明治4）年の酒株制度廃止、新方式の酒造免許料と醸造税の導入だ。明治政府に免許料さえ払えば酒造りができる制度で、財源としての酒税確保を狙った。出荷した酒でなく造った酒すべてに課税する造石税の導入や、無免許での自家醸造禁止にも同様の目的があったが、古酒、どぶろくの伝統を途絶えさせる結果も招いた。明治政府の思惑通り、酒蔵数は2万7000まで増えたが、酒造りの素人も多数参入し腐造が日常茶飯事に。酒造りのレベルは地に落ちた。

大日本帝國政府

酒類製造營業免許鑑札

明治時代の酒類製造営業免許。

戦費としての酒税

1896（明治29）年に「酒造税法」が制定されると、政府はその増税を重ねた。これは1894（明治27）年からの日清戦争、1904（明治37）年より始まる日露戦争の戦費確保が主な理由であり、明治30年代には国税における最大の収入源となる。この状況は昭和に入って所得税や法人税による税収が伸びるまで変わらなかった。

「富国強兵」がスローガンの時代でもあった。

明治時代に躍進した酒造地、広島

江戸の「下り酒」で日本一の銘醸地となった灘（兵庫県）。その実力は明治期にも依然として揺らがなかったものの、それに伍すべく新たに台頭する銘醸地もあった。京都府の伏見、福岡県の城島、岡山県の玉島などがそうだが、中でも広島の酒は現代の日本酒に決定的な影響を与えた。

広島の名酒造家、三浦仙三郎の業績

広島酒を世に広めた最大の功労者は1876（明治9）年に酒造業を開始した三浦仙三郎である。腐造が日常茶飯事だった当時、酒質向上のための技術改良に邁進した三浦は、1898（明治31）年『改醸法実践録』にその成果をまとめた。また、腐造の克服以外で三浦の大きな業績といえるのが、これまで評価されてきた灘酒と真逆である色が淡く甘味のある広島酒の確立である。三浦の影響下にある醸造家たちは全国清酒品評会で優秀成績を収めるなど目立った実績を残した。ある意味、現代まで続く清酒の評価軸を明治時代に確立したのが三浦仙三郎だったといっても過言ではない。三浦仙三郎の名前とともに語られることの多い「軟水醸造法」は、三浦の没後に生まれた言葉であり、実際にそのような「醸造法」が開発されたわけではない。ちなみに、水車精米に代わる日本初の動力精米機が開発されたのも広島だ。東広島・西条に本社がある酒造用精米機のメーカー「サタケ」の創業者、佐竹利市による1896（明治29）年の業績であり、後の時代に盛んとなる高精白米による吟醸酒造りに寄与した。

東広島市安芸津町三津、榊山八幡神社には仙三郎の銅像がある。『改醸法実践録』は復刻版が広島杜氏組合から刊行。

京都・伏見大倉恒吉商店の活躍

中世には奈良の僧坊酒とならぶ「柳酒」などで名を馳せた京都の酒。ただ、江戸時代の伏見酒は下り酒市場で灘酒にまったく歯が立たず、その酒質は「場違い酒」と悪評されるほどで、おのずと取引価格も低かった。そんな伏見を明治期に銘醸地として引き上げた立役者が、のちにナショナルブランドとして日本人の誰もが知るようになる月桂冠の前身、大倉恒吉商店だ。創業は1637（寛永14）年と古く、1909（明治42）年には「大倉酒造研究所」を設置し酒造りに近代科学を導入した。また、樽詰め全盛時代だった同年、瓶詰め工場を新設。大正時代には、当時の革新的流通業者であった明治屋と提携して瓶詰め清酒を販売した。

酒造企業としていち早く科学を採り入れた。

日本酒と近代科学の出合い

明治時代

酒母、段仕込み、寒造り、火入れなど、中世の僧坊酒を起点として江戸時代に完成した伝統的酒造技術に近代科学が接続されたのが明治時代である。西洋の化学や生物学の観点から腐造など醸造の失敗を回避、さらなる酒質の洗練をもたらし、日本酒文化と酒造業界を隆盛させ、さらには国家財政に積極的に寄与することを目指した。

「お雇い外国人」と日本人研究者

明治時代に日本酒の科学を担ったのは、日本の酒造りに西洋近代科学を導入した「お雇い外国人」研究者たちと、日本の研究者・技術者たちである。中でもまず筆頭にあがるのは、「火落ち」の化学的原因を突き止めたイギリス人化学者ロバート・ウィリアム・アトキンソン（1850～1929年）だろう。日本人では寒暖計を使用した醪の発酵管理ならびに連続醸造法の技術を確立した化学工学者の宇都宮三郎（1834～1902年）、また清酒酵母をサッカロマイセス・セレビシエとして分類学的に確定した農学・醸造学者の矢部規矩治（1868～1936年）などが知られる。以下では、麹菌を初めて分離したヘルマン・アールブルクと、醸造試験場の設立に尽力した古在由直について紹介する。

オリゼーの名付け親はドイツ人 ヘルマン・アールブルク（1850～1878年）

1876（明治9）年に来日したドイツ人生物学者。現在は「国菌」として認定され、日本酒の醸造はもちろん、日本の食文化全般における最重要ファクターである麹菌を初めて米麹から分離し、*Eurotium oryzae*と命名。後に*Aspergillus oryzae*と改名された。植物採集先の日光で赤痢にかかり急逝してしまったが、その研究は同僚のオスカル・コルシェトがドイツ語で、松原新之助が日本語で発表している。

天逝したアールブルクの面影はあまり知られていない。

醸造試験所の生みの親 古在由直（1864～1934年）

足尾銅山の鉱毒が銅であることを立証したことで知られる農芸化学者。東京帝国大学の総長もつとめた。業界の発展、国民の衛生的保護、国家財政上の観点から、日本酒の醸造技術に関する国立研究機関の必要性を訴え、その設立に奔走。1901（明治34）年には大蔵省と農商務省でその設置調査が開始され、調査委員のひとりとして活躍。その翌年には大蔵省に醸造試験所（現・独立行政法人酒類総合研究所）設置が決定。清酒酵母の純粋培養説を提唱し日本酒の醸造技術発展にも寄与した。

酒から公害問題まで、広く日本のために活躍した学者、古在由直。

醸造試験所と醸造協会の設立

古在由直（前ページ）らの尽力もあって、1904（明治37）年5月9日、大蔵省の所轄にて、東京府北豊島郡滝野川村（現在は東京都北区滝野川）に醸造試験所が設立された。科学的再現性をもって、腐造のない高い酒質の日本酒を量産するため、酒類研究、試験醸造、人材育成の場として、明治期には多くの成果をあげた。組織としては何度かの変転を経て、現在は独立行政法人酒類総合研究所（広島県東広島市）として存続。滝野川の建物は「赤煉瓦酒造工場」として、現在は国の重要文化財に指定されている。さらに1906（明治39）年には醸造試験所の外郭団体として、現在の「公益財団法人日本醸造協会」の前身である「醸造協会」が設立。協会酵母の頒布や、全国清酒品評会の開催を担った。

ドイツのビール工場が手本のモダンなレンガ建築の旧・醸造試験所「赤煉瓦酒造工場」。

山廃酛、速醸酛の開発

山廃酛（1909年に嘉儀金一郎らが開発）と、現在多くの蔵が一般的に採用している酒母である速醸酛（1910年に江田鎌治郎が開発）は醸造試験場から発表された明治期の新技術であり、ともに醸造設備、作業面積、労働負担を節約しながら、酒母に十分な酸を確保し、従来より簡易に醸造の安全性を高める目的があった。また、江田鎌治郎は三段仕込みの各段において乳酸と酵母を添加する「酸馴養連醸法（さんじゅんようれんじょうほう）」も開発、発表している。江田の没年である1957（昭和32）年には、その業績を称え日本生物工学会による生物工学奨励賞（江田賞）が創設された。

「酒造界の大恩人」の異名で尊敬される江田鎌治郎。

全国清酒品評会がスタート

1907（明治40）年には日本醸造協会が全国清酒品評会を発足。以来、1938（昭和13）年まで1年おきの秋に開催された。1911（明治44）年には醸造試験所が主催の第1回全国新酒鑑評会が開催され、現在まで続いている。目的は毎年の新酒の品質調査と、各蔵の醸造技術向上。第1回の出品数は27点で、1位は京都の月桂冠、2位は広島・賀茂鶴酒造の前身である木村酒造の銘柄「菱百正宗」だった。

酵母の頒布

酒質の向上に大きく関与するのが酵母であるという認識と、酒母や醪に人為的に酵母を添加する新技術への必要から、醸造協会は1906（明治39）年より全国の酒蔵に対して酵母の頒布を開始した。これは酒質の優れた蔵の酵母を分離培養したもので、初期は灘（兵庫）の櫻正宗、伏見（京都）の月桂冠の酵母が採用。以後、全国新酒鑑評会で選ばれた蔵の酵母が分離培養されている。

現在、櫻正宗からは協会第一号酵母による清酒が復刻されている。

大震災と戦時下の日本酒

大正・昭和時代

酒造の近代化、機械化、科学的進歩が進む一方で、地震や戦争にも大きな影響を受けた酒造業。米を一切使用しない酒造法の発明や、戦時下の物資不足における流通上の混乱、新たな酒税法の制定などについて解説する。

「米を使わない酒」の製造

米騒動の世相を背景に生まれたのが、合成清酒の「新進」だった。

米が主原料の清酒醸造は主食供給と競合するため、「米を使わない酒」の製造が研究されてきた。明治期には合成したアルコールを調味した「混成酒」、大正になるとサツマイモのデンプンを麹で糖化させ、乳酸、アミノ酸、アルコールを添加して造る「新日本酒」などが試みられたが、いずれも普及はしなかった。1918(大正7)年、米価の暴騰から米騒動が起こると、理化学研究所の鈴木梅太郎らは「理研酒」を開発。糖液にアラニンというアミノ酸を添加して清酒酵母で発酵させると清酒に似た香りが得られるのがポイントで、これにアルコール、糖類、アミノ酸類、有機酸を加えて仕上げる。1923(大正12)年には神奈川県の大和醸造がこれを「新進」の銘柄で発売。1928(昭和3)年より理研の事業会社である理化学興業からも「利久」のブランドで販売された。理研酒は「合成酒」とも呼ばれたが、1940(昭和15)年の酒税法では「合成清酒」として規定されている。

関東大震災を契機に一升瓶が普及

1923(大正12)年9月1日、関東大震災が発生。死者・行方不明者は10万人を超え、現在の貨幣価値に換算して320兆円ほどの被害をもたらした。もちろん影響は日本酒業界にも及んだ。まず、震災後の復興需要で建築資材が払底し木材が高騰。酒樽用の杉材も稀少となる。これを契機にガラス製一升瓶が酒樽に代わって普及し始める。また、江戸の「下り酒問屋」をルーツとし、当時も上方の酒を扱っていた老舗問屋の多くも店舗、倉庫、帳簿などを失う甚大な被害を受けた。食文化全般において、江戸の名残の多くが消え、本格的な東京らしさが生まれる契機が関東大震災だったという見方がある。

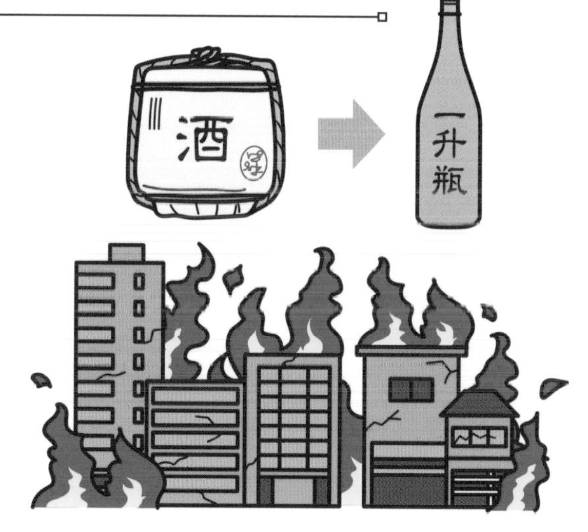

公定価格による販売統制

1939（昭和14）年、国家総動員法に基づき酒を含むほとんどの商品は公定価格による販売統制の対象となった。価格が固定されると一部では「酒質など問題ではない」と考えられ「金魚も泳げる」と表現されるようなアルコール分の少ない「水酒」が出回る。翌年、この問題に対処するため酒質の「アルコール分」と「エキス分」により上等酒・中等酒・並等酒の三等級に区分し、等級別に公定価格を定める制度が全国一律に適用された。1940（昭和15）年、一升あたりの公定価格は上等酒で1円85銭、並等酒で1円65銭であった。清酒の公定価格制度は導入から20年間続き、1960（昭和35）年に廃止された。

酒税法の制定

1940（昭和15）年は明治より45年間続いた「酒造税法」が廃止され「酒税法」が施行。それまで複数あった酒類への課税が一本化された。現行の酒税法は、このとき制定された「旧酒税法」を全面改定することで制定されたものだ。1940年の制定では、日本酒の課税について、従来の造石税（製造した酒に課税）に加えて庫出税（出荷した酒に課税）の2本立てとなり、1944（昭和19）年に造石税は廃止された（p26、p150）。

酒造税法

酒精及び酒精含有飲料税法

麦酒税法 …など

1940年 ↓ 一本化

酒税法

生産統制と配給制度

公定価格などによる販売統制だけでなく、同時代には生産統制も行われた。基準年度の生産実績を「基本石数」として生産統制石数の基準にしたり、戦時食料の確保のため酒米が酒造組合員に割り当てられる方式など、酒造りは様々に縛られていたのである。これが酒の供給不足を招き、酒類の配給制につながっていく。当初は業者間取引の規制であったが、1941（昭和16）年頃には消費者へ配給統制として強化された。割り当てられた清酒、焼酎、ビールから選んで公定価格で購入する制度だったが、酒を飲まない者は転売してほかの食品を手に入れたり、横流しされた酒が高い闇値で取り引きされたりもしたという。配給制度は戦後の1949（昭和24）年に廃止された。

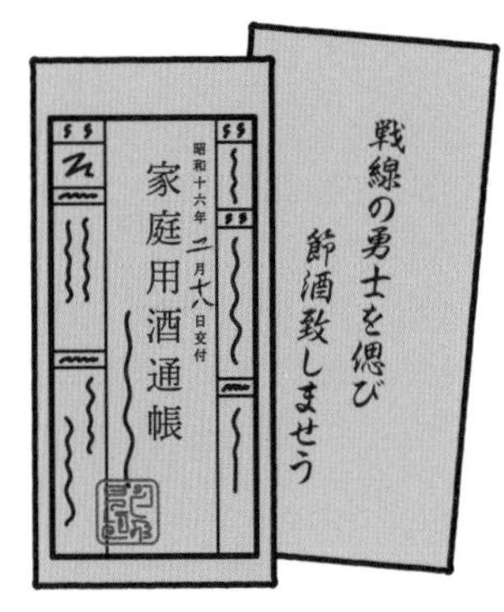

当時、配給に必要だった「家庭用酒通帳」。

日本酒級別制度の導入

1943（昭和18）年には酒税法に日本酒級別制度が導入。官能評価による審査で酒質を「一級」から「四級」の4段階に分類し、級別の税率が課された。配給制度が廃止される1949（昭和24）年には級別の区分が「特級」「一級」「二級」となり、以降はこの3つの級で日本酒がランクづけされるようになる。級別による課税制度は1988（昭和63）年に廃止され、1992年には級別制度自体がその幕を閉じた。長きにわたった級別制度は酒質の画一化や、酒造りや経営の努力を削いできた面もあったと考えられている（p158）。

〈日本酒級別課税制度の例〉

昭和18年		昭和24年	
一級	470円	特級	35,400円
二級	295円	一級	35,700円
三級	165円	二級	18,000円
四級	155円		

※金額は一石あたりの税率

四季醸造とナショナルブランド
戦後から高度成長期へ

戦後の混乱から立ち直り、高度成長期へと向かう時代には、機械化やマスメディアの発達、社会構造の変化によって日本酒の世界にも大きな変化が訪れる。ナショナルブランドが製造するマスプロダクトとしての日本酒が席巻する中、地方の蔵が味わい重視の吟醸酒を売り出し始める。

「三増酒」の普及

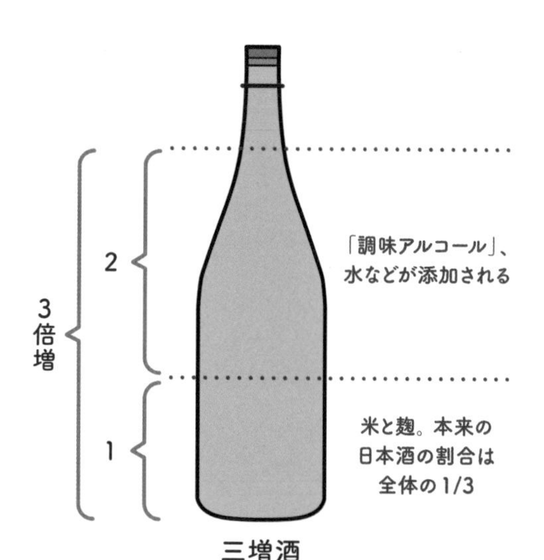

戦時中は酒米不足が深刻化。少量の原料米からより多くの清酒を造るため、すでに満州での清酒醸造で行われていたアルコール添加が国内でも1944（昭和19）年頃から行われるようになる。この流れで戦後も続く食糧難の時代に登場したのが「三倍増醸清酒」、略して三増酒だ。醸造試験所などで「三倍増醸法」（三増法）の試験が始まったのが1949（昭和24）年で、その後は全国で実施されるようになっていく。その要は醪の発酵末期に添加される「調味アルコール」で、これは連続式蒸留器で製造した焼酎、ブドウ糖、コハク酸、乳酸、グルタミン酸ナトリウムを混和したものだった。1953（昭和28）年、三増酒は清酒の全生産量の60％近くを占めた。その後も三増酒は造られ続け、1960年代の製造量は清酒全体の4分の1ほど。その役割を名実ともに終えたのは、2006年の酒税法改正で「清酒」から「雑酒」扱いに変更されたときといえる。ちなみに、江戸時代の柱焼酎がアル添のルーツのようにいわれたりもするが、柱焼酎は腐造防止の技術であり、増量目的のアル添とは本質的に異なる。

四季醸造の本格化

ハワイの「ホノルル日本酒醸造会社」は1908年設立。日本国内に先んじて四季醸造が試みられていた。

江戸時代に発祥し、灘酒において洗練された「寒造り」は、冬季に醸造時期を特化する方法だが、それ以前は季節問わず酒が造られていた。ここで述べる近代の四季醸造とは寒造りを一年中行うことであるため、冷却設備の普及が前提となる。この四季醸造で酒造場の稼働率を上げて製造の合理化を図ろうという試みが、明治時代から醸造試験所などで行われてきた。四季醸造をいち早く実施したのは、ハワイの清酒メーカーで、とくに合衆国の禁酒法（1920～33年）撤廃後から日米開戦（1941年）までの期間は「ホノルル日本酒醸造」など数社合わせて年間二万石ほどの清酒を生産していたという。日本国内で大手メーカーが四季醸造を本格的に開始するのは1961（昭和36）年のことだった。

酒造りの機械化

四季醸造の実現には、季節労働者である杜氏集団の職人的技術に依存せず、冬季以外も醸造環境を安定させる温度管理が必要となるが、これを機械化が解決した。すでに明治には送風式製麹機や竪型精米機が開発され、昭和期にはホーロータンクや醸造冷凍設備などが普及。さらに、戦後、高度成長期には下記のような機械が普及した。

- 洗米機
- 連続蒸米機
- 蒸米放冷機
- 麹切り返し機
- 自動製麹機
- エアシューター
- クーリングロール
- 醪冷却装置
- サーマルタンク
- 自動醪搾り機
- 自動瓶詰機
- 冷房装置

ナショナルブランドの登場

機械化、四季醸造、テレビCMなどにより大手酒造メーカーの存在感は不動となり、「地酒」に対して、日本全国を市場とする企業という意味合いで「ナショナルブランド」と呼ばれるようになる。それらは兵庫・灘と京都・伏見に集中しており、都道府県別の日本酒出荷数量ランキングでは1950(昭和25)年から今日に至るまで70年以上にわたって兵庫県の1位、京都府の2位は不動である。

都道府県別日本酒出荷量ランキング TOP3

1950(昭和25)年度

1位	兵庫	26000 kℓ
2位	京都	10000 kℓ
3位	福岡	9000 kℓ

2022(令和4)年度

1位	兵庫	99159 kℓ
2位	京都	75330 kℓ
3位	新潟	31034 kℓ

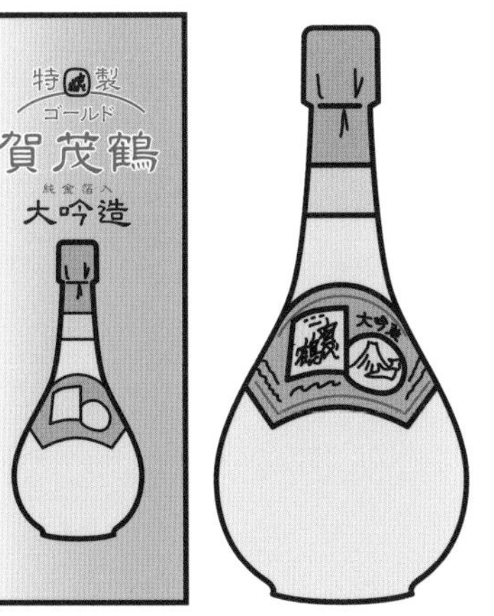

1958(昭和33)年、広島・西条の賀茂鶴酒造は、いち早く高級酒として「大吟造　特製ゴールド賀茂鶴」を製品化した。

桶買い・桶売り

高度成長期には販売規模を拡大する大手メーカーの生産が追い付かず、中小蔵の原酒を買い上げてほかの原酒と混和し、自社製品として販売する方式もあった。これを「桶買い・桶売り」と呼ぶ。酒蔵間取り引きには酒税が発生しないので「未納税移入・移出」と呼ぶこともある。1975(昭和50)年には桶買いの比率が80%を超えるメーカーも存在。一般的にはネガティブなニュアンスで語られる桶売りだが、大手への原酒提供で醸造技術を磨いた中小蔵もあった。

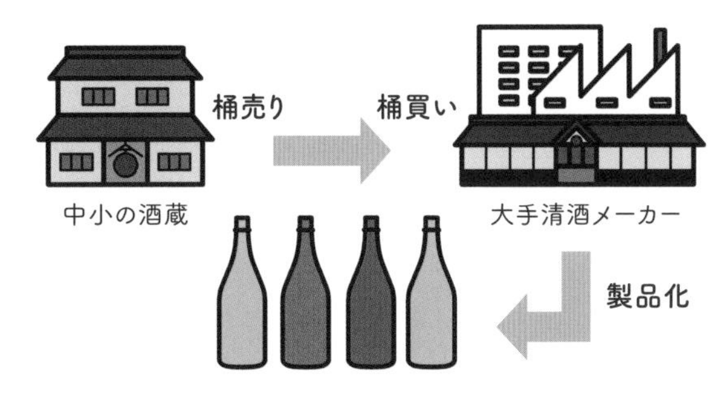

出荷量の頂点は1973年

高度成長期に日本酒は過去最高の生産量となり、頂点は全国の課税移出数量(酒蔵間取り引き以外の出荷量)が177万kℓの1973(昭和48)年だった。以後は下り坂で「日本酒離れ」の低迷期を迎え、平成の時代にはピーク時の3分の1以下にまで落ち込む。ビール、ワイン、焼酎、ウイスキーなど酒類の選択肢が増えたことに加え、三増酒や桶買いに対して消費者がネガティブなイメージを持つようになったことが、その要因とされている。

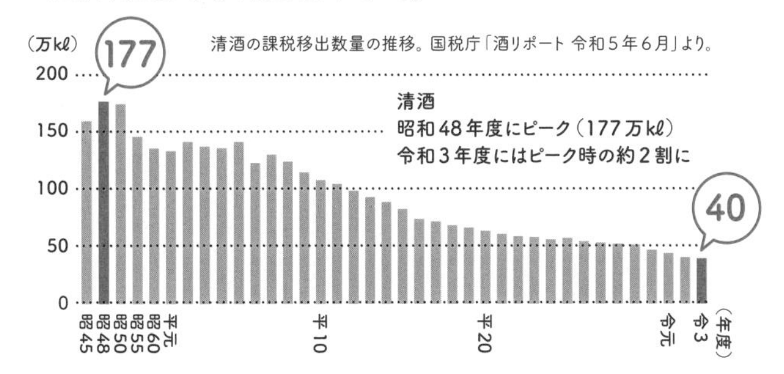

吟醸酒の普及

吟醸酒は明治期の広島で発祥したという見方もあるが、必要とされる高精白、低温管理の技術が普及し、官能評価での基準となるなど徐々に一般化してきたといえる。戦中戦後は一時途絶えたものの、高度成長期の昭和40年代には、新潟や広島などの蔵がナショナルブランドに対抗する高級酒として手がけるようになる。80年代の吟醸酒ブームは1980(昭和55)年に発売された「出羽桜 桜花吟醸酒」が火付け役であるともいわれ、その翌年には全国43社により「日本吟醸酒協会」が設立された。また、吟醸酒を規定する特定名称制度が1990年から開始。その2年後に級別制度が廃止された。

進化・多様化・国際化する日本酒

1970年代〜現代

高度成長期を経て、「地酒」「淡麗辛口」「吟醸」などのキーワードとともにクオリティの高さや、スタイルの多様性に注目が集まるようになった日本酒。近年は、様々な食文化やビジネスのバックボーンを持つ若手が、日本酒を別次元の進化へと導いている。そして特筆すべきは、日本のみならず世界で日本酒が飲まれるようになったことだ。

雑誌『酒』と地酒ブーム

高度成長期は灘や伏見の大手蔵が全国の市場に浸透。続いて低成長時代に入ると、これまで地元だけで消費されてきた知られざる銘酒が「地酒」としてもてはやされるようになった。ブームの発端は、雑誌『酒』が取り上げた「越乃寒梅」（新潟）だといわれている。ほかに「浦霞」（宮城）や「梅錦」（愛媛）なども地酒として脚光を浴びた。

多数の有名作家が酒について寄稿していた雑誌『酒』が、「地酒」の価値を知らしめた。

「無鑑査」の二級酒

1943〜1992（昭和18〜平成4）年まで半世紀ほど続いた日本酒級別制度は、上級ほど税率が上がる酒税の目安であり、「特級、1級、2級」の格付けは官能検査で行われ、原料スペックに基づくものではない。ゆえに酒質より徴税本位のシステムであると疑問視され、比較的上質な酒を、あえて監査が必要ない級別最下位の2級酒とし売る蔵も現れた。一ノ蔵（宮城）は「監査するのは飲み手」というメッセージを込めた銘柄「無鑑査」を発売。

一ノ蔵「無鑑査」は1977年に発売されヒット商品となった。

級別制度から特定名称制度へ

1992年、日本酒の級別制度は完全に廃止された。批判の多かった制度とはいえ、飲み手はこれまでの「特級、1級、2級」というわかりやすい区分けで日本酒を消費することができなくなった。そこで、旧級別にそれぞれ対応させた、「特撰、上撰、佳撰」なる名称を掲げる酒造メーカーもあった。以後は、特定名称酒と普通酒の区分け（p13）が日本酒の分類として一般的になる。

1989年（平成元年）	日本酒級別制度の「特級」が廃止。 中央酒類審議会が「清酒の製法品質表示基準」を答申。 酒税における従価税廃止。
1990年（平成2年）	「清酒の製法品質表示基準」が適用。 特定名称制度が始まる。
1992年（平成4年）	日本酒級別制度が完全に廃止される。

淡麗辛口ブーム

日本酒の味わいを、淡麗か濃醇か、また辛口か甘口かの評価軸で表現することがよくある。淡麗辛口という場合は、糖度、酸度、アミノ酸度が低く、日本酒度が高い清酒を指すのが一般的だ。前ページで紹介した地酒ブームの元祖「越乃寒梅」、そして「八海山」など新潟の銘柄が、80年代に淡麗辛口の清酒として人気を博すと、新潟酒を中心に淡麗辛口ブームが起こった。1985（昭和60）年に発売された朝日酒造の「久保田」は、新潟県醸造試験場長だった嶋悌司氏が開発を担い「新潟の淡麗辛口」を飲み手に強く印象づけた銘柄だ。

80～90年代の先駆的銘柄

酒蔵における新規銘柄の立ち上げ、ブランディング、販売戦略において、80～90年代に誕生した先駆的な有名銘柄の存在感は大きい。例えば、前述した「久保田」もそのひとつであり、酒質もさることながら、独自の方式で酒蔵が特定の酒販店と直接取り引きする販売戦略が成功した。また、高木酒造（山形）の「十四代」は、スター的な蔵元杜氏（p75）の元祖である髙木顕統氏が1994年に世に送り出し、その後の業界に多大なる影響を与えた銘柄だ。

無濾過生原酒の流行

2000年代の日本酒業界で流行したスタイルに「無濾過生原酒」がある。濾過、火入れ、加水という一般的な日本酒の仕上げの工程のうち3つに対するアンチテーゼを掲げ、より加工されていないフレッシュさをアピールした。カテゴリーとしての無濾過生原酒を日本酒ファンに広く認知させた銘柄に、廣木酒造本店（福島）の「飛露喜」などがある。

全量純米酒の酒蔵が登場

アルコール添加から三増酒へと流れた戦中・戦後の時代を断ち切るがごとく、1987（昭和62）年に戦後初めて全量純米酒の方針を打ち出したことで知られるのが神亀酒造（埼玉）だ。当時、神亀の酒造りを担っていた小川原良征氏は東京農業大学在学中から純米酒を指向し、1972（昭和47）年という早くから三増酒を撤廃。誰よりも早く「純米」であることの価値を掲げた醸造家だった。

多様な新しい日本酒

近年は日本酒の多様化、進化がかつてないスピードで、広範囲に進んでいる。醸造においては生酛や菩提酛など酒母における原点回帰（p17～18）や、白麹の使用（p31）など新しい原料への挑戦、原料米の自社生産（p29）などの動きが顕在化。味わいにおいては、これまであまり顧みられなかった酸への注目が集まり、外国料理と日本酒のペアリング（p58～59）も積極的に行われるようになった。世界的な日本食ブームによる日本酒の国際化も忘れてはならない（Chapter 2）。ただ、2020年からのコロナ禍においては、飲食店の営業及び酒類提供に対し行政からの強い圧力がかけられた。現代の「禁酒法」として関連業界に大きなダメージを与える残念な出来事として記憶に新しい。

日本酒年表

※「出来事」に記載されたページに解説がありますので、併せてご参照ください。

時代	西暦	元号	出来事
縄文～飛鳥	縄文時代中期		同時代の遺物とみられる有孔鍔付土器からヤマブドウの種子が発見。酒造りの痕跡か。(p132)
	紀元前5～4世紀頃		水田稲作伝来(紀元前11世紀以降との説もある)。(p132)
	1世紀		中国の『論衡』に日本の酒に関する記述。(p132)
	3世紀末		中国の『魏志倭人伝』に日本の酒に関する記述。(p132)
	646年	大化2年	魚酒禁令。日本最古の禁酒令。(p133)
奈良	8世紀		平城京跡から出土した木簡に「清酒」または「浄酒」の文字。(p133)
	712年	和銅5年	『古事記』に八塩折之酒の記述。(p132)
	713年以降	和銅6年以降	『大隅国風土記』に「口噛み酒」の記述。(p133)
	713～716年頃	和銅6～霊亀2年頃	『播磨国風土記』に「カビ酒」の記述。(p133)
	720年	養老4年	『日本書紀』に天甜酒の記述。(p132)
	8世紀後半		『万葉集』成立。酒に関する歌が多く詠まれる。
			律令制のもと造酒司(みきのつかさ)と呼ばれる役所が置かれる。(p136)
平安	927年	延長5年	『延喜式』完成。当時の酒に関する記述あり。(p134、136)
	平安時代末期		僧坊酒が造られるようになり、造り酒屋も現れる。(p138)
鎌倉	1233年	天福元年	『金剛寺文書』に寺院での酒造りについての記述。
	1252年	建長4年	沽酒の禁。(p137)
室町	1419年	応永26年	北野天満宮が結成した「麹座」が麹の製造販売を独占。(p139)
	1425年	応永32年	酒屋名簿に「洛中洛外の酒屋」は342軒と記される。(p139)
	1441～1444年	嘉吉元年～4年	正暦寺における菩提泉の醸造が盛んに。(p140)
	1444年	文安元年	文安の麹騒動。(p139)
	1467年	応仁元年	応仁の乱。これ以降、奈良・正暦寺の「菩提泉」をはじめとする僧坊酒の全盛期に。(p138)
	1478年	文明10年	この年から、奈良・興福寺の塔頭多聞院にて『多聞院日記』が1618(元和4)年まで書き続けられる。(p139)
	1489年	長享3年	『御酒之日記』が成立。1355(文和4)年成立説もある。(p139)

	1492年	明応元年	『山科家礼記』に「ナラツケ」の語が記される。(p141)
	1552年	天文21年	フランシスコ・ザビエルが「酒は米より造れる」とイエズス会へ報告。
	1569年	永禄12年	『多聞院日記』に酒の加熱殺菌法についての記述。
	1571年	元亀2年	比叡山焼き討ち。同時期、寺院への弾圧も一因となり僧坊酒が衰退。(p141)
安土桃山	1578年	天正6年	『多聞院日記』に「諸白」の記述。
	1592年	文禄元年	豊臣秀吉の朝鮮出兵に「南都諸白」が携行される。(p141)
	1596年	慶長元年	江戸時代の飲酒文化に大きな影響を及ぼした名酒屋「豊島屋」が創業。(p148)
江戸	17世紀		伊丹諸白の製法が確立。(p142)
	1618年	元和4年	奈良興福寺の塔頭多聞院にて、『多聞院日記』が 1478(文明10)年から、この頃まで書き継がれる。
	1624頃	寛永元年頃	「菱垣廻船」が成立し、「下り酒」を上方から江戸へ輸送。(p143)
	1648年	慶安元年	川崎・大師河原酒合戦。(p175)
	1657年	明暦3年	酒株制度が始まる。(p146)
	1673年	延宝1年	年間で秋以前の酒造りが幕府によって禁じられる。(p146)
	1687年	貞享4年	『童蒙酒造記』が成立(推定)。(p142)
	1697年	元禄10年	『本朝食鑑』が成立。酒を含む食全般について記述。(p26)
	1697年	元禄10年	元禄の株改め。全国統一の酒税制度である酒運上の施行。酒造の規制強化へ。(p146)
	1709年	宝永6年	酒運上の廃止。(p146)
	1712年	正徳2年	『和漢三才図会』が編纂。酒造法について記述。
	1727年	享保12年	ドイツ人医師エンゲルベルト・ケンペルが著書『日本誌』で 日本酒について紹介。(p150)
	1730年	享保15年	「下り酒」専用「樽廻船」での輸送が開始。(p143)
	1754年	宝暦4年	宝暦の勝手造り令。酒造奨励期へ。以降、 灘酒が躍進する。(p144)
	1784年	天明4年	この頃には灘で200基ほどの 精米水車が稼働していた。(p145)
	1787 〜1793年	天明7年 〜寛政5年	寛政の改革。酒造の規制強化へ。(p146)

	1790年	寛政2年	江戸幕府による関東酒振興政策「御免関東上酒」開始。(p146)
	1806年	文化3年	文化の勝手造り令。酒造奨励期へ。(p146)
	1811年	文化8年	「食類商売人」の調査で江戸の居酒屋数が1808軒と判明。(p148)
	1815年	文化12年	千住酒合戦。 大田南畝・筆『後水鳥記』に詳しく記録された。(p175)
	1821年	文政4年	下り酒が江戸期最高の122万樽。うち灘酒が72万樽。(p144)
	1840年	天保11年	西宮郷の井戸水が灘酒の仕込み水として使われ始め、 以後「宮水」としてもてはやされる。(p145)
	1841 ～1843年	天保12 ～14年	天保の改革。酒造の規制強化へ。(p146)
	1853年	嘉永6年	喜田川守貞による『守貞謾稿』が成立。 当時の江戸、京都、大坂の風俗・文化の図鑑で酒に関する記述もある。(p119)
明治	1871年	明治4年	酒株制度が廃止。 「清濁酒醤油鑑札収与並収税方法規則」により新方式の酒造免許料と醸造税が導入。(p150)
	1873年	明治6年	ウィーン万国博覧会開催。初めて日本政府が海外に向け正式に日本酒を紹介した。(p150)
	1895年	明治28年	矢部規矩治が醪から清酒酵母を分離する。(p152)
	1894 ～1895年	明治27 ～28年	日清戦争。酒税が戦費にあてられた。(p150)
	1896年	明治29年	「酒蔵税法」が制定される。(p150)
	1896年	明治29年	佐竹利市が初の動力精米機を開発。(p151)
	1898年	明治31年	三浦仙三郎による『改醸法実践録』が上梓。(p151)
	1899年	明治32年	無免許でのすべての自家醸造が禁止される。(p100、150)
	1904	明治37年	大蔵省醸造試験所が設置される。(p153)
	1904 ～1905年	明治37 ～38年	日露戦争。酒税が戦費にあてられた。(p150)
	1906年	明治39年	醸造協会設立。清酒酵母の頒布が開始される。(p153)
	1907年	明治40年	全国清酒品評会が開催。(p153)
	1909年	明治42年	大倉恒吉商店が大倉酒造研究所を設置。(p151)
	1909 ～1910年	明治42 ～43年	醸造試験所より山廃酛、速醸酛の酒造技術が発表される。(p153)
	1911年	明治44年	第1回 全国新酒鑑評会が開催。(p153)
大正	1918年	大正7年	富山県より米騒動が勃発。(p154)
	1919年	大正8年	米を使用しない合成酒「理研酒」の開発が始まる。(p154)

大日本帝國政府
酒類製造營業免許鑑札

	1923年	大正12年	関東大震災。以降、酒樽に代わりガラス製一升瓶が普及していく。（p154）
昭和	1937 ～1945年	昭和12 ～20年	日中戦争。酒不足が深刻化。
	1939 ～1945年	昭和14 ～20年	第二次世界大戦。
	1940年	昭和15年	「酒税法」の施行。等級別の日本酒公定価格制度が導入。（p155）
	1942年	昭和17年	酒造米が配給制に。（p155）
	1943年	昭和18年	酒類が配給制に。（p155）
	1943年	昭和18年	日本酒級別制度が開始。（p155）
	1949年	昭和24年	酒類の配給制度が廃止される。（p155）
	1949年	昭和24年	三増酒の製造が始まる。（p156）
	1953年	昭和28年	三増酒が清酒全生産量の6割近くを占める。（p156）
	1961年	昭和36年	ハワイで行われていた四季醸造を 日本の酒造メーカーが本格的に開始。（p156）
	1973年	昭和48年	日本酒出荷量がピークに。 課税移出数量は177万kℓ。（p157）
	1973年	昭和48年	第一次オイルショック。高度成長期が終了。地酒ブームが起こる。（p158）
	1975年	昭和50年	この頃「桶買い・桶売り」が盛んに。同年、桶買い比率が80％を超えた大手メーカーがあった。（p157）
平成	1992年	平成4年	日本酒級別制度が廃止。以降、特定名称による日本酒の分類が一般的になる。（p158）
	1995年	平成7年	醸造試験所が東広島市に移転し、醸造研究所と名称変更。
	1996年	平成8年	「奈良県菩提酛による清酒製造研究会」 （菩提研）が結成。（p141）
	2001年	平成13年	醸造研究所が独立行政法人酒類総合研究所となる。
	2004年	平成16年	純米酒の精米歩合規定が撤廃される。
	2006年	平成18年	日本醸造学会が麹菌を「国菌」に認定。（p30）
	2013年	平成25年	和食がユネスコ無形文化遺産に登録。世界的な日本食ブームと日本酒の国際化が促進。（p159）
令和	2020年	令和2年	コロナ禍における外出制限、飲食店の営業制限及びアルコール提供の制限により酒類業界にダメージ。（p159）
	2021年	令和3年	「伝統的酒造り」が登録無形文化財として登録。
	2023年	令和5年	「伝統的酒造り」をユネスコ無形文化遺産へ提案。
	2024年	令和6年	『日本酒はおいしい！』刊行。

「酒博士」坂口謹一郎

酒の科学と文化に通じる

「世界の歴史を見ても、古い文明は必ずうるわしい酒を持つ」

名著『日本の酒』の冒頭にある名言だ。著者は農芸化学者で「酒博士」なる異名を持つ坂口謹一郎。明治に生まれ、古在由直（p152）など日本酒の近代化を担った中心人物たちとも縁が深く、平成に没するまでの息の長い活躍により、現在でも存命中の博士に接した者は多い。

古い文明が育てたうるわしき酒を扱うには、大きくふたつのやり方がある。ひとつは発酵、醸造、微生物の分析など科学的なアプローチ、そしてもうひとつは味わいの官能評価、酒の歴史、飲酒の美学などを掘り下げる文化的な態度である。坂口謹一郎は、この科学と文化の両面において活躍した。

研究者としては、日本が世界に誇る応用微生物学を発展させた業績で知られる。酒の醸造に必須の麹や酵母の研究はもちろん、火落ち菌を生じさせる「火落酸」の発見にも関わった。定年で大学を辞したあとは、当時「合成酒」で知られた理化学研究所にも属し、日本酒の風味を構成する成分を分離、化学的な合成物に置き換える研究にも携わっている。

酒に関連する研究はもちろんのこと、広く醸造・発酵関連の多分野で業績を遺した。微生物によるイノシン酸（うま味成分）合成法を発見したのも坂口博士の研究グループで、これ以降グルタミン酸（昆布のうま味）とイノシン酸（かつお節のうま味）が重なるとうま味が飛躍的に強まることが一般にも知られる。

【略歴】

1897（明治30）年	11月17日、新潟県高田（現・上越市）に生まれる。
1922（大正11）年	東京帝国大学農学部農芸化学科卒業。
1939（昭和14）年	同大学農学部の助手、講師、助教授を経て教授に。
1952（昭和27）年	東京大学農学部長就任。
1953（昭和28）年	東京大学応用微生物研究所長（初代）就任。
1957（昭和32）年	『世界の酒』、『歌集 醗酵』刊行。
1958（昭和33）年	東京大学教授定年退官。
1959（昭和34）年	理化学研究所副理事長就任。
1964（昭和39）年	『日本の酒』刊行。
1967（昭和42）年	文化勲章受章。
1974（昭和49）年	勲一等瑞宝章受賞。『古酒新酒』刊行。
1975（昭和50）年	新春歌会始の儀に召人。
1986（昭和61）年	『愛酒樂酔』刊行。
1994（平成6）年	12月9日、逝去。

多くの酒の歌を詠んだ

研究をリタイアしてからは、現在まで読み継がれる名著を生み、日本と世界の酒の文化に関して、広い範囲に影響を与える活躍をした。

不朽の名著『日本の酒』

もちろん個人的にも酒を愛し、酒の品評家としても信頼された。本人は吟醸香や甘い酒は好まず「酒はエタノールがうまいのだ」が持論。新酒よりひやおろしを好み、酒の熟成に関する言及も多かった。また、酒税法に抵触せずにどぶろく様の酒を造る方法（ごく粗く濾過すればよい）を伏見の蔵元に教え、造られたにごり酒が大人気になった逸話も残る。

晩年は歌人としての才能を発揮し『歌集 醗酵』を発表。酒席で取り巻きが「紙をかくせ」といったという笑い話が残るほど、常日頃から湧き出るように和歌を詠んでいた。「作歌数千など、専門の歌人でもなかなかない」と詩人の大岡信にいわしめ、宮内庁の主催する新春歌会始の儀の召人にもなった。もちろん酒の研究について、醸造について、飲むことについても、多くの歌を詠んでいる。

うたかたの
消えては浮かぶフラスコは
ほのぬくもりて命こもれり

うまさけは
うましともなく飲むうちに
酔ひての後も口のさやけき

微生物の培養のため坂口博士の研究室で開発された「坂口フラスコ」。

Chapter

6

日本酒ウェルビーイング

ウェルビーイングで日本酒を考える

昨今、よく聞かれるキーワード「ウェルビーイング（Well-being）」。ビジネスや医療の分野だけでなく、食文化を語るときの切り口にもなる。ここでは、日本酒をウェルビーイングの視点で考える。

ウェルビーイングとは？

1946年に発布されたWHO（世界保健機関）による「世界保健機関憲章」前文では、「健康」の定義を「病気ではない、衰弱していないというだけでなく、身体的、精神的、社会的に、すべてが満たされた状態」としており、この「健康」こそが「ウェルビーイング」な状態であるとされる。

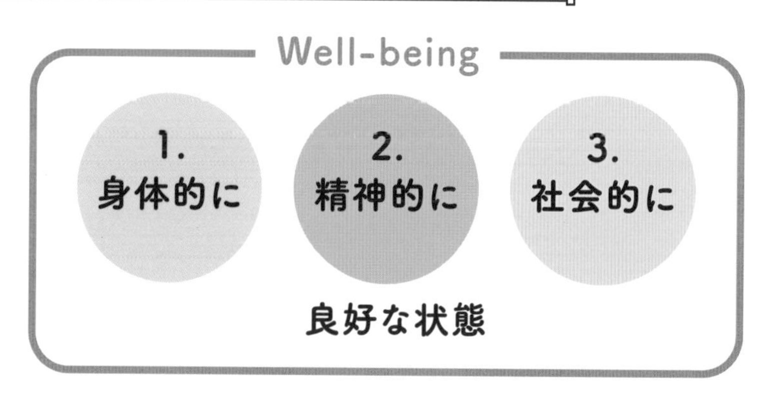

日本酒など食文化を評価する視点にもなる

近代的な人間社会一般においては経済性や合理性でものごとを価値づけることが支配的であるが、ウェルビーイングには「人間の幸福」を基準に世の中を見ていこうというニュアンスが感じられる。ダイバーシティやSDGs、グレートリセットなどのキーワードと関連付けられるウェルビーイングは、奇しくも2020年から始まったコロナ禍によって、より注目されるようになった。

第一に満たされるべき身体的な狭義の健康。そして、単に健康なだけでなく精神的にも良好なこと。さらに、個人と社会の関係や、各個人が構成する社会の健全さ。これらに何が寄与しているのか考えることで、食文化を含む幅広い領域における人間の営みを「幸福」という観点から評価、分析できる。では、日本酒とウェルビーイングの関係はどのようなものか。

次ページでは、ウェルビーイングであるための3要件を日本酒にあてはめた。

日本酒とウェルビーイングの3要件

SAKE Well-being!

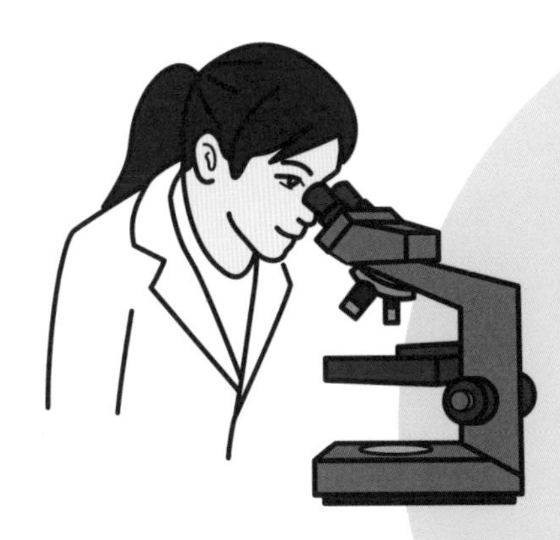

身体的に良好

◎日本酒の各種機能性によって身体の健康が保たれる
◎アルコールのリラックス効果で身体が健全に保たれる
◎アルコールの身体へのリスクをふまえ健康を害さない飲み方をする

…など

精神的に良好

◎日本酒のおいしさ、歴史的価値、文化的価値、ブランド価値に満足を感じる
◎アルコールのリラックス効果で精神の健全さが保たれる
◎アルコールの精神へのリスクをふまえ健康を害さない飲み方をする

…など

社会的に良好

◎アルコールのリラックス効果が社会の潤滑油となる
◎酒造業を中心に、農業、流通、飲食などの文化と経済が活性化する
◎酒造と飲酒の歴史と文化が尊重され発展する
◎酒造の余剰物でもある糠や酒粕が再利用され無駄にならない

…など

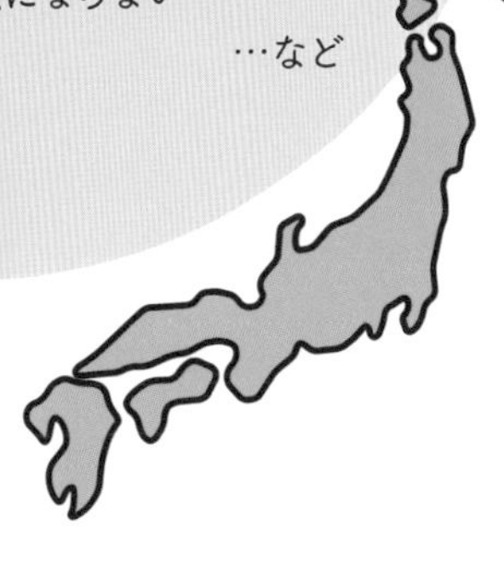

項目としてはアルコール飲料全般にあてはまる事柄がほとんどである。ただし、米と麹を原料とする日本酒ならではの機能性や、糠や酒粕の廃棄／再利用に関する特殊な事情、あるいは酒の「酔い」に関係する日本特有の飲酒文化などが存在する。次ページから詳細を見ていこう。

清酒・酒粕と健康

アルコール飲料全般において、これまでしばしばいわれてきた「酒は百薬の長」「適量飲めば健康にいい」という説は、近年疑問視されている。一方、酒粕については含有する豊富な栄養素や、機能性関与成分に対して熱い注目が集まっており、「かす」どころか「スーパーフード」との声も。

Jカーブ効果とは?

「適量の飲酒は、まったく飲まないより死亡リスクを下げる」。グラフの形状から「Jカーブ効果」としても知られるこの説については、近年、科学的に疑問視される趨勢である。生埋学的因果関係を示したものではないため「飲むから健康」ではなく「健康だから飲めている」実態を表しているに過ぎない可能性もある。2018年、医学雑誌『ランセット』に「少量の飲酒でもリスクあり」と結論する論文が掲載されたことも大きかった。

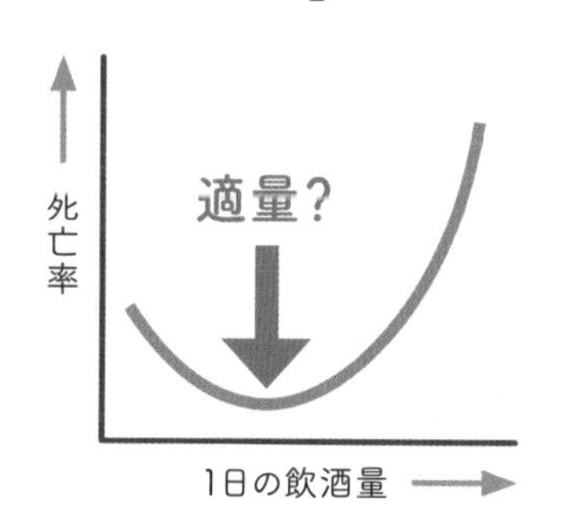

ほぼ水とエタノール?

清酒はその80%が水、15%ほどがエタノール、残りの5%ほどがグルコースや有機酸、そのほかの成分で構成されている。清酒には健康を増進する成分が含まれるといわれることもあるが、その成分はごく少ない割合にとどまることがイメージできるはずだ。

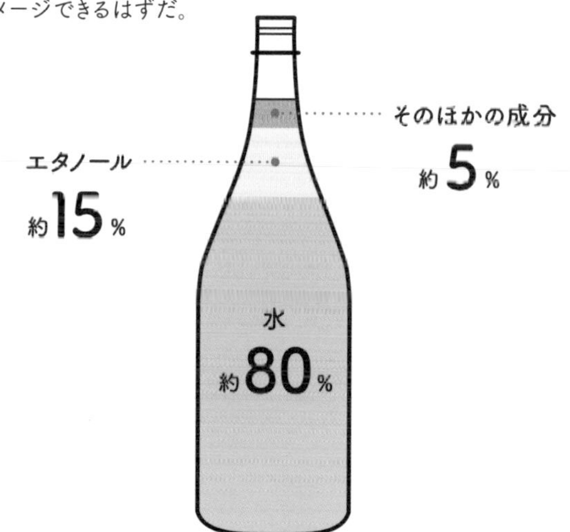

「適量」は人によって異なる

厚生労働省のサイトに「節度ある適度な飲酒」として掲げられるのは純アルコール量で1日平均20g。日本酒に換算するとおおよそ1日1合だ。とはいえ、性別(女性はアルコールの影響を受けやすい)、年齢、遺伝的要因(酒に強い/弱い)に左右されるため、人によって実際の「適量」は異なる。

葉酸とタンパク質が豊富な酒粕

酒粕にも約8％のアルコールが含まれ、そのリスクは考慮しなければならないが、注目に値する栄養素も多量に含んでいる。まず、筆頭はビタミンB群のひとつ、葉酸。DNAやアミノ酸のもととなり、いわば生命の根幹を作りだす栄養素だ。酒粕100gで1日に必要な葉酸を摂取できる。また酒粕の15％はタンパク質であり、いうまでもなくこれも必須の栄養素。米など清酒原料には微量しか含まれないタンパク質が、酒粕にこれほど多く含まれるのは、発酵中に増殖した麹菌や酵母の菌体などに由来しているからだ。

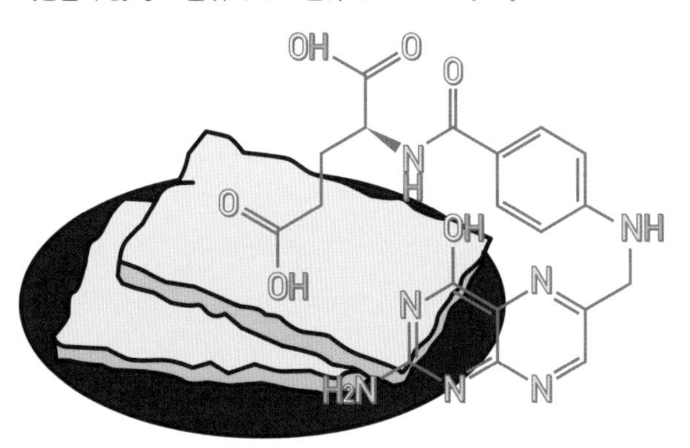

酒粕の美肌効果

酒粕には美容効果もあるといわれる。金沢工業大学の研究では、清酒・酒粕成分であるα-EG（アルファ・エチルグルコシド）が、皮膚のコラーゲン分泌を促進することを確認。保湿、ハリ、ツヤ、肌荒れの改善といった美肌効果が期待できる。また、麹菌に由来するコウジ酸は、メラニンの産生と関係する酵素であるチロシナーゼを抑制するため、美白成分として認められている。いずれも市販の化粧品で採用されている。

機能性表示食品の成分として認可

清酒や酒粕そのものの飲用、食用で必要量を摂取するのは難しいものの、機能性表示食品の成分として認可されているもので、清酒と酒粕にも含まれるものがある。

◎5-アミノレブリン酸リン酸塩（5-ALA）：血糖値改善、睡眠改善、運動量増進、疲労感の軽減、ストレス緩和など。

◎エルゴチオネイン：抗酸化作用、記憶力・集中力・注意力の維持。

◎清酒酵母GSP6：睡眠の質の改善。

「菌肉」とは？

筑波大学が開発中の代替タンパク質が「菌肉」と呼ばれている。タンパク質、ビタミン類、アミノ酸など豊富な栄養素を含む麹菌を成長させ、その菌糸の繊維構造を活かし、栄養価、味わい、食感など含め肉の代替品となる食品を目指す。その麹菌に与える「エサ」として有望なのが酒粕だ。麹菌と酒粕。ともに清酒に関わりが深いものであり、日本酒愛好家の興味をそそる。

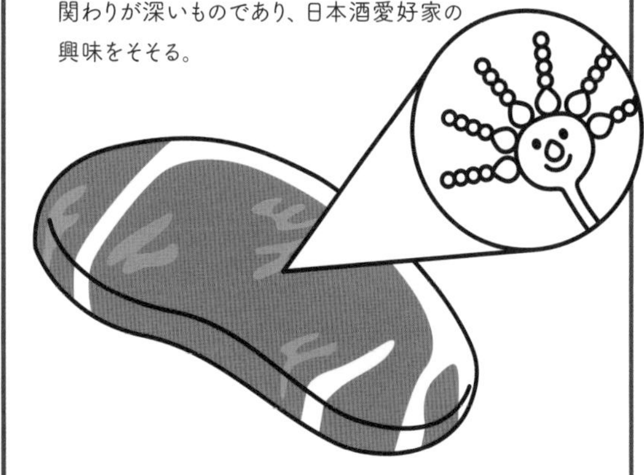

※新潟大学日本酒学センター健康ユニット・ユニットリーダー、柿原嘉人氏への取材に基づいて構成

米糠と酒粕について

清酒製造の余剰物、米糠と酒粕。とくに酒粕はこれまでの大量廃棄が見直され、再利用の取り組みが増えている。ウェルビーイング的観点からは廃棄物が最小であるべきなのはいうまでもない。米糠と酒粕に注目し、日本酒文化とその資源について考えよう。

高級な日本酒ほど余剰物が出る

大吟醸酒の条件は精米歩合50％以下。つまり玄米を半分以上削るため、原料と同等か、それを超える重量の米糠が出る。また、酒粕は一般的に粕歩合30％ほど（精米済み原料白米に対する酒粕の重量）といわれるが、大吟醸酒の醪は低温で米が溶け過ぎないよう発酵させるため、これが40％ほどまでアップ。袋吊りなど高い酒質を狙う低圧の上槽では、50％以上の粕歩合となることも。

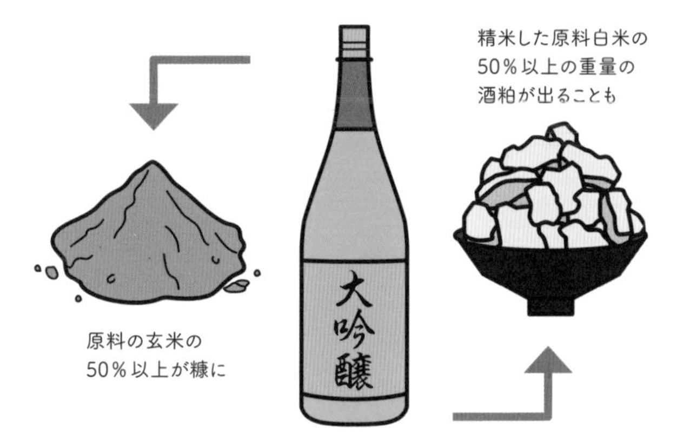

精米と米糠

米の糠層のみを取り除く食用の場合と違い、酒造用の高精白米では胚乳（白米部分）も削る。精米歩合の程度によって、糠の品質と呼び名が異なり、それぞれ再利用の用途も異なる。白糠は、ほぼ米粉と同様のものだ。

赤糠

中糠

白糠

糠の名称	精米歩合	再利用の用途
赤糠	90％ほど	漬物用、肥料、米油など
中糠	80％ほど	家畜飼料など
白糠	70％ほど、 またはそれ以下	製菓材料など

米をまるごと酒にする

精米の技術革新は、水車精米が発明（p145）された江戸時代にさかのぼる。明治には動力精米機の開発（p151）、次いで昭和の竪型精米機（p62）導入で高精白が可能になった。精米技術と酒質向上は大いに関係するが、削るほどいいという価値感のひとり歩きは否めない。現在では洗米や発酵の技術向上で、低精白でも比較的高い酒質が得られる。原料由来の個性を重んじ、できる限り米を削らず酒に変えるのが日本酒の自然な姿だと考える造り手も少なくない。

「粕」とは何か？

ワイン粕、ビール粕、焼酎粕、醤油粕など、液体醸造物には「粕」がつきもの。「かす」という語に感じられる「劣等なもの」「無価値なもの」というネガティブなニュアンスは、「目的のものを取り出したあとの残り」という元来の意味が転じたものだ。

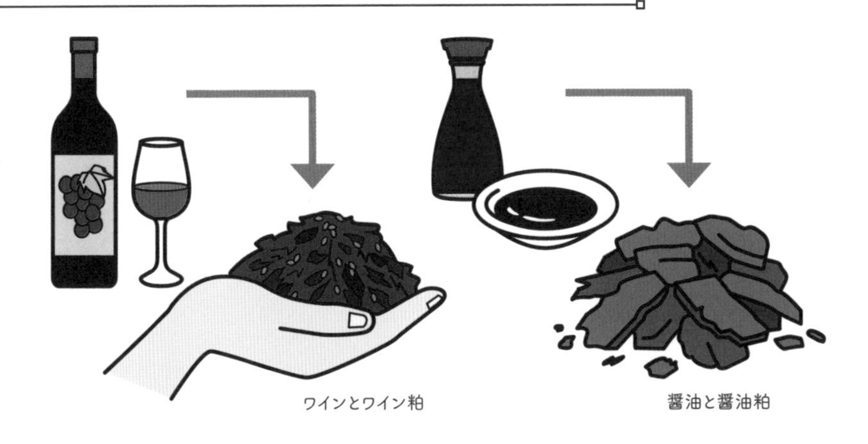

ワインとワイン粕

醤油と醤油粕

上槽と酒粕

上槽が始まった室町時代から酒粕は存在しており、当時から奈良漬けなど再利用されていた（p141）。現在も食品を筆頭に再利用は行われているものの、年間約1800トンが産業廃棄物になるといわれており、廃棄量を抑制すべく様々な再利用の取り組みが行われている。

一般に販売される酒粕の種類

板粕	圧搾機に残った板状の酒粕を四角くカットしたもの。
バラ粕	圧搾機から出た板状の酒粕を崩した状態のもの。
練り粕	ペースト状に加工した酒粕。
踏込粕	熟成した酒粕でピンク～褐色の色合い。粕漬けに使われる。
吟醸粕	吟醸酒を搾った酒粕。低圧の上槽で清酒成分が多く残るものもある。

酒粕の主な利用法

料理の材料	**粕漬けの粕床**　酒粕に醤油、みりん、砂糖そのほかの調味料を合わせた粕床に食材を漬け込み、粕漬けを作る。野菜を漬け込んだ奈良漬け、わさび漬けのほか、魚や肉の粕漬けを焼いて食べる方法もある。
	粕汁など汁物や煮物の調味料　出汁、味噌、醤油などとともに汁物や煮物の味付けに。三平汁（北海道）、しもつかれ（栃木）などの郷土料理にも酒粕が使われる。
	甘酒の材料　米麹とご飯を糖化発酵させて造る甘酒のほか、酒粕を湯に溶き、生姜などで味付けして飲むスタイルの甘酒もある。
	そのまま焼いて食べる
焼酎・酢の原料	**焼酎の原料**　清酒の酒粕を焼酎の原料とする粕取り焼酎（酒粕焼酎）。酒粕そのものを蒸留する方法と、酒粕を原料にした醪を発酵させて蒸留する方法の2通りの製法がある。
	酢の原料　酒粕を原料とするのが「赤酢」。「粕酢」とも呼ばれる。江戸後期の清酒増産とともに大量に出回った酒粕を原料としたのが発祥。赤酢はすしのシャリにも使用される。
加工食品の原料	製菓、製パン、製麺、マヨネーズ、ドレッシングなどの原材料として。
化粧品の原料	酒粕には美容効果があるといわれ、酒粕パック、酒粕洗顔料、酒粕化粧水、酒粕フェイスクリームなどの原材料として使用される。
飼料	牛、豚、鶏などの家畜、また養殖魚の飼料として。

米糠と酒粕の取り組み

米糠の醸造酒

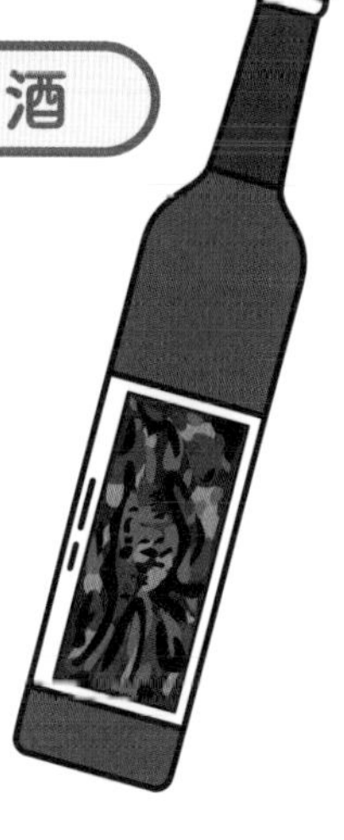

岩手県遠野のオーベルジュ「とおの屋 要」を営み、「高品質などぶろく」を誰より早く世に問うてきた醸造家の佐々木要太郎氏が、無農薬無肥料で自ら育てる米、遠野1号をまるごと酒にすべく、その米糠を原料に使用する唯一無二の醸造酒が「権化」だ。

発酵マヨ

クラフトサケのシーンを牽引する「稲とアガベ醸造所」（p98）直営の「SANABURI FACTORY」のコンセプトは、“酒粕など廃棄リスクのあるものを宝物に変える”。人気商品「発酵マヨ」は酒粕から作ったマヨネーズ風調味料だ。

エシカル・ジン

酒蔵が活用しきれない酒粕を原料とするジン「LAST」を製造するのが「東京リバーサイド蒸留所」を運営するエシカル・スピリッツ社。持続可能性だけでなく、その味わいもWorld Gin Awards、IWSCなどの品評会で評価された。

酒粕再発酵酒

「美川酒造場」（福井）が造る酒粕再発酵酒が「舞美人 MYVY」。酒粕を1年以上再発酵、熟成させてから搾る特殊な製法の日本酒で、その濃厚なうま味と甘味、そして熟成による独特の複雑味がアピールし、蔵の人気銘柄となっている。

酒粕レストラン

1673（延宝元）年に創業した京都・伏見の老舗酒蔵「玉乃光酒造」は、蔵から年間100トンも出る酒粕の有効活用法を模索。京都市内に酒粕専門レストラン＆ショップ「純米酒粕 玉乃光」をオープンした。酒粕料理を提供する飲食店かつ、その活用法を提案するアンテナショップとして機能。

酒粕発電

人気銘柄「東光」を造る「小嶋総本店」（山形）は、自社で製造した清酒の酒粕で蒸留酒も製造し、その焼酎粕を発電に利用。2023年より、酒粕を利用する発電所の再生可能エネルギーで、日本酒の製造に関わるすべての電力をまかなっている。

Let's 酒粕クッキング!

粕漬け、粕汁、甘酒のような定番レシピだけでなく、
"万能発酵調味料"としての酒粕を、もっと自由にキッチンで使ってみよう。

基本の酒粕ペースト

おおよそ同重量の酒粕と水をハンドブレンダーなどで攪拌するか、鍋に入れ弱火で加熱しながら溶かしてペースト状にする。この「基本の酒粕ペースト」を作って保存しておけば、様々な料理にすぐ使える。

酒粕ラーメン

最もインスタントな酒粕クッキングのひとつ。即席袋ラーメンに酒粕ペーストを大さじ3杯ほど混ぜるだけ。酒粕の甘味、うま味、クリーミーさがスープに加わり、満足感が増す。塩、味噌、醤油などスープの風味違いで酒粕との相性も試してみよう。

酒粕マヨネーズ

酒粕ペースト大さじ3、オリーブオイル大さじ1、酢大さじ1、砂糖小さじ1、塩小さじ1/2を混ぜるだけ。普通のマヨネーズのように乳化を意識して泡だて器やハンドブレンダーを使う必要はなし。スプーンなどで混ぜるだけで、クリーミーなマヨネーズ風の調味料ができる。

酒粕チョコレート

板チョコ50gをボウルで湯せんして溶かす(①)。別容器で酒粕(ペーストではなく、そのままの酒粕)50g、ココナッツオイル大さじ1、メープルシロップ(または砂糖)大さじ1をハンドブレンダーで混ぜ合わせる(②)。①②をよく混ぜ、冷蔵庫で冷やし固めてからトリュフ状に丸めてココア(好みで抹茶、粉末のインスタントコーヒー、きなこも可)をまぶす。熟成酒粕(風味がチョコレートに似ている)を使うのがおすすめ。

番外編 酒粕トリートメント

基本の酒粕ペーストに加水してリンスと同じくらいの柔らかさに。シャンプーのあとにトリートメントとして使用すると髪にハリとコシが出る。抜け毛が減った、という人も。バスルームに放置しておくと夏場は発酵しやすいので要注意。

日本人と日本酒と「酔い」の文化

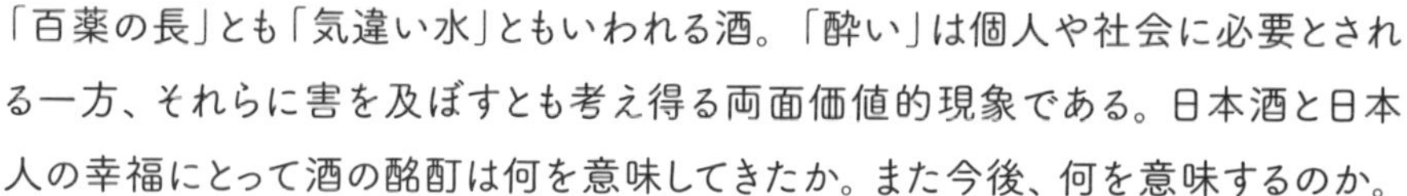

「百薬の長」とも「気違い水」ともいわれる酒。「酔い」は個人や社会に必要とされる一方、それらに害を及ぼすとも考え得る両面価値的現象である。日本酒と日本人の幸福にとって酒の酩酊は何を意味してきたか。また今後、何を意味するのか。

飲酒は文化である

食文化研究の権威である文化人類学者・石毛直道氏は『論集 酒と飲酒の文化』の中で「『文化の学』である民俗学＝文化人類学の研究者が飲酒行動の研究を始めたのは20世紀後半になってからのことである」と書く。それまではアルコール依存症、つまり酔いの「マイナス面」を解決するための疫学、社会学の研究が中心だった。文化としての飲酒の多様性と普遍性が研究対象となったのは、比較的最近のことだ。

美味か酩酊か

前掲書収録の「禁酒文化・考」において比較文明学の高田公理（たかだまさとし）氏は、日本民俗学の始祖、柳田國男による「中世以前の酒は今よりずっとまづかったものと私たちは思つて居る。それを飲む目的は味よりも主として酔ふ為、むつかしい語で言ふと、酒のもたらす異常心理を経験したい為」との言葉を引き、「酒の美味」が強調されるのも、また比較的最近のことだと述べる。さらに、アルコールは「異常心理」を導く向精神剤の一種であり、それを人類が必要とする理由についての仮説を提示する。曰く、文化には通常の意識状態が作り出すものと、「超自然的存在が支配する、不分明な混沌の世界を措定せざるを得ない」領域のものがあり、後者にアクセスするために人間は向精神剤を求めるのだという。

禁酒文化

前掲の論考で高田は、人類が普遍的に求める向精神剤の一種としての酒が、同時に混乱と無秩序をもたらし忌避される両面価値的存在であることを指摘。その上で禁酒文化について言及する。旧約聖書やコーランに記された宗教における禁酒はもとより、日本の鎌倉時代における「沽酒の禁」（p137）やアメリカの「禁酒法」ほか、様々な時代、地域で禁酒の文化やルールが存在する。現代も比較的酒には寛容な日本だが、人々の意識の中では「酔い」に対する肯定と否定が混在しているはずだ。「酒の酔い」の話題より、「酒の美味」に関する情報ばかりが行き交うのも、このアンビバレンツと無関係ではないだろう。

宗教的酩酊から世俗的酩酊へ

柳田國男は著書『木綿以前の事』に収録された論考「酒の飲みようの変遷」で、かつて酒は、限定された機会に、集団で、酔いつぶれるまで飲むものだったと説く。日本でそれが大きく変わったのが、江戸期後半であるという見方がある。江戸、大坂、京都といった都市の成立と、貨幣経済の浸透に伴う酒の大規模な流通が始まると、それまでの村落共同体的社会になかった新しい酒の飲み方が定着していく。

前近代的村落共同体

- 特定の日時と場所において人々が集まり神事を行う
- 神を祀り、皆で泥酔するほどの量の酒を飲む
- 酩酊により超越的な神を感じる
- 酩酊により人々の意識が融和し社会が保たれる
- 飲酒は宗教的な事柄と結び付いていた

江戸時代以降の都市

- 江戸、大坂、京都など都市が成立
- 生産地の上方から消費地の江戸へ酒が流通
- 貨幣経済が発達。酒が商品として消費される
- 日時と場所に縛られず飲んで、酔う
- ひとりでも、神事とも関係なく飲んで、酔う
- 飲酒から宗教色が薄れ世俗化された

平安貴族の遊戯的な飲酒や、鎌倉時代の禁酒令から想像される家庭内での飲酒など、それ以前から個人的飲酒の習慣は存在したと見られるものの、江戸以前の日本で大勢を占める村落共同体的社会では、個人が自由な時間に好きな場所で酒を飲んで酩酊する、といった体験は一般的でなかったと思われる。

酒合戦

「呑みだをれ」の町ともいわれた江戸で、飲酒が遊戯化した例が、酒量を競う大酒飲みコンテスト「酒合戦」だ。浮世絵の祖、菱川師宣が挿画を描いた仮名草子『水鳥記』には、1648（慶安元）年に現在の神奈川県川崎市で行われた「大師河原酒合戦」での勝負が軍記物語のパロディとして描かれる。これと並び称されるのが1815（文化12）年の「千住の酒合戦」。参加者は100人以上で、文人や画家も招かれた。こちらは大田南畝が『後水鳥記』に記録している。

無礼講と泥酔文化

酒の酩酊に対する日本人の寛容さは、しばしば論じられるテーマだ。いわゆる「無礼講」には、あえて酩酊下の混沌を経ることで、より安定した社会的秩序を補完する面もある。古くは中世末から近世初頭の日本を記録した宣教師ロドリゲスの『日本教会史』に、外国人の目には奇異に映ったその習俗が記される。時代は下り昭和の高度成長期の企業社会においても、仕事のあとに同僚と泥酔するまで飲むことで結束を固める「飲みニケーション」が、日本経済の発展に寄与した、という説はよく耳にする。

酔うための日本酒、食中酒としてのワイン

文明開化後、舶来酒受容の歴史において、ワインはビールやウイスキーより日本での定着に時間を要した。その理由を、「日本の食生活に合わなかったから」とする定説に対し、ワイン醸造家・評論家の麻井宇介氏は、著書『「酔い」のうつろい』の中で、日本人の「酒の飲みよう」と合わなかったからというべき、と述べる。概して、酔うために酒を飲んでいた当時の日本人には、食中酒の文化を伴うワインが馴染みにくかったというわけだ。

90年代をピークに飲酒量は減少

高度成長期以降、ビールを筆頭にウイスキー、ワインなど酒類の選択肢が増えた結果、清酒の消費量は早くも70年代に頭打ちとなる（p157）ものの、酒類全体の消費量は90年代まで伸び続け、その後急落するという歴史が、国税庁の統計から見て取れる。「飲みニケーション」を嫌う層が増加したとのアンケート調査の結果などもあり、全体的に飲酒量は減っている。

清酒の出荷量（課税移出数量）

年度	出荷量	備考
1973年度	177万kℓ	※ピーク
2021年度	40万kℓ	※ピーク時の22.5%

酒類全体の出荷量

年度	出荷量	備考
1999年度	1017万kℓ	※ピーク
2021年度	799kℓ	※ピーク時の78.5%

成人1人あたりの年間酒類消費量

年度	消費量	備考
1992年度	101.8ℓ	※ピーク
2021年度	74.3ℓ	※ピーク時の73%

※国税庁「酒のしおり」（令和5年6月）

酒の「ソフトドリンク化」

酒文化の論考集『アベセデス・マトリクス』は、4象限マトリクスに、農業的でローカルな酒（A）、工業的でローカルな酒（B）、工業的でグローバルな酒（C）、農業的でグローバルな酒（D）という4タイプの酒を配置し、20世紀の世界の酒について興味深い図式を提示する。本稿で注目したいのは、酒の工業化、情報化により生じる「ソフトドリンク（S）化」だ。S化の例には清涼飲料水のように自販機で気軽に買える缶ビールの普及などが挙げられる。また、近年の高級レストランでノンアル・ペアリングが選択肢として定着したり、先端的なクラフトビール会社がノンアル、低アル銘柄を盛んに開発する趨勢も、これにあたるだろう。日本酒においても、万人受けしやすいフルーティな低アル銘柄や、日本酒ビギナー向けスパークリング日本酒などの人気はまさにS化だ。社会の成熟につれ、ある時点から飲酒量が減少に転じ、「酔い」への関心も薄くなるのが世界的傾向のようだ。

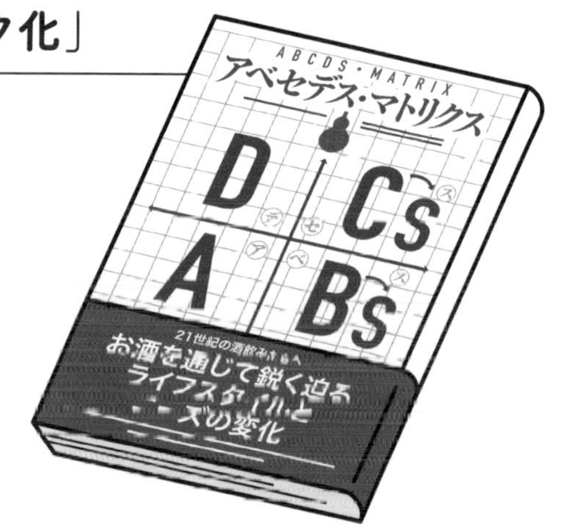

2000年に米山俊直、吉田集而、TaKaRa酒生活文化研究所の共著として出版された本書は、現在の酒文化に対しても示唆するところが大きい。

競合する「向精神剤」

アルコール消費量減少の理由として挙げられるのは、健康志向、若者を中心とする酒離れ、そして直近ではコロナ禍が大きかった。これを経営問題として分析するアメリカのクラフトビールメーカー「ブルックリン・ブルワリー」の共同創業者、スティーブ・ヒンディ氏は著書『ビールでブルックリンを変えた男』の中で、もうひとつの理由として大麻合法化を挙げ、競合する「向精神剤」の存在を示唆する。社会状況が異なる日本でも、近年盛んなゲームや趣味の深掘りなどによる非日常への没入体験が「非化学的な向精神剤」として飲酒に競合するのでは、との考え方もある。「美味」だけでなく、「酔い」にあらためて目を向けることが、日本酒ウェルビーイングを考える際に必要かもしれない。

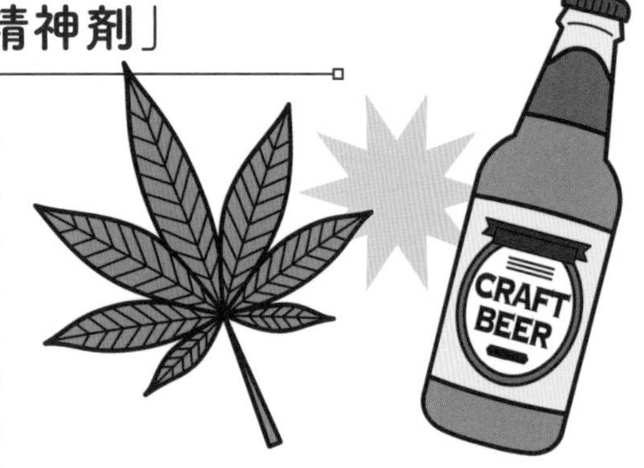

2022年時点で、アメリカでは医療用大麻の合法州が37、嗜好用大麻の合法州が18と首都ワシントン。カナダの大麻企業「ティルレイ・ブランズ」がアメリカのクラフトビールメーカーを買収するニュースも両業界の市場が競合していることをうかがわせる。

前割り燗を飲みながら音楽を楽しむ

東京における日本酒の名店として知られる「にほん酒や」（吉祥寺）と「Sakeria 酒坊主」（富ヶ谷）の店主が中心となって開催されるイベント「ONDO」は、アルコール度数13％程度まで加水した日本酒の「前割り燗」を飲みながら、DJによる音楽を楽しむイベントだ。ワイン程度の度数に落とした燗酒は、飲み口が軽くなるだけでなく、泥酔せずに心地よい酔いが長時間続き、音楽を楽しむのに大変マッチしている。低アル化の趨勢に沿う一方で、意識的に日本酒の酔いに焦点を当て、それをいかに楽しむか探求する姿勢が明確で、これまでにない新しさを感じさせる。

「酩酊」と「恍惚」にこだわった学者、吉田集而（しゅうじ）

前ページ『アベセデス・マトリクス』の著者のひとりでもある吉田集而氏は、日本酒を含むアジア各地の「カビ酒」の製法を探求した『東方アジアの酒の起源』など酒に関する著作が多い文化人類学者だが、世界の温浴文化に関する『風呂とエクスタシー』の著者でもあり、そのあとがきでこう述べている。「実際、この本を書こうと決心したのは、『恍惚としての風呂』を見出したからです。私は酒も研究テーマにしています。それは『酔い』ということの意味を考えたいと思っているからです」。世界各地の風呂やサウナの文化には、宗教的儀式や恍惚を目的としたものが多い。もし吉田が存命していたなら、昨今のサウナブームでいわれる「ととのう」に、きっと言及したことだろう。それは、まさに「恍惚」や「酔い」と同列のものだからだ。

日本酒とローカル

どこでも均質な商品が生産でき、どこでも同じものが消費可能なマスプロダクトとは異なり、日本酒は常に地域と強く結び付いている。日本酒のローカリティについて考え、保護し、飲み手が実際にそれに触れることは、ウェルビーイング３要件のひとつ「社会的な良好さ」を日本酒とその文化に見出す際、とても重要なポイントだろう。

21世紀のローカリティとは何か？

日本酒に宿るローカリティは、その土地に暮らす人たちの誇りであり、域外の飲み手にはその土地への尊敬を生む。ローカリティは、まず第一に自然環境に起因する。土地の気候が農業、米、醸造技術に影響を与えてきた。また文化的要素も大きい。それぞれの杜氏集団が培ってきた酒造法だけでなく、固有の飲酒文化や食文化も日本酒の地域性の一部だ。これらすべてが結実し、独自の酒の味わいが生まれる。

明治以降の近代化に対する揺り戻しで昭和期には「地酒」ブームが起きた。その後のさらなる技術発展と情報化で、地理的均質性が著しく高まった現代は、かつてより各地のローカリティは薄れている。一例だが、研究所で開発された「県産酵母」にどの程度の地域性が見出しうるかは議論の余地があろう。昨今は、ワインでいう「テロワール」がブランディングのキーワードになる場合もある。これに対し蔵内の微生物叢というさらにミクロな環境にこそ「テロワール」は存在するという論も見られる。日本酒のローカリティに関する議論は尽きない。

地理的表示（GI）保護制度とは？

古くから知られるフランスワインのAOCのように、酒類の地域的特性を認め、その品質を保証し、ブランドとして保護するのが「地理的表示（GI）保護制度」だ。国税庁が1994年に制定し、2015年に見直しを行い、すべての酒類を対象とした。一定条件を満たす銘柄が該当産地を名乗ることができ、産地特性に基づいた品質を有する産品として保護される。日本酒においては、国レベルの「GI日本酒」（p11）や、都道府県単位のGI、さらに「GI 灘五郷」（兵庫県神戸市灘区、東灘区、芦屋市、西宮市）など、より小さなエリアも登録されており、国税庁のWebサイトなどで登録状況が確認できる。

GI 灘五郷のロゴマーク。

酒蔵ツーリズム

日本酒のローカリティを観光と結び付け、酒蔵や地域社会と消費者の両方に恩恵を与えるべく、観光庁の主導で2013年に発足したのが「日本酒蔵ツーリズム推進協議会」だ。酒蔵を観光資源としてアピールする取り組みを地域、業界、役所が連携して行うものだが、全国的な動きに先んじて、独自の酒蔵ツーリズムを推進してきたのが佐賀県鹿島市だ。「鍋島」で知られる富久千代酒造がIWC2011のSAKE部門でチャンピオンとなったことがきっかけで、市内の蔵が合同で日本酒イベントを始動。2015年からは近隣の嬉野市も合流して酒造8社が協力し、2019年は2日間のイベントに10万人の動員を記録している。こうした酒蔵が中心となるイベントやツアーなどの企画は全国各地で行われており、参加すれば日本酒の地域性を身をもって体験できる。

日本酒旅のためのマメ知識

日本酒発祥地 vs 清酒発祥地

「日本酒発祥地」は島根県出雲市。「古事記」記載の「八塩折之酒」(p25)がその所以だ。「清酒発祥地」としては、奈良県の正暦寺(p18)と兵庫県伊丹市などが名乗りを上げている。

伊丹にある「清酒発祥の地」記念碑。

日本三大銘醸地

一般的に兵庫の灘、京都の伏見、広島の西条が日本三大銘醸地といわれる。前二者はいずれも巨大酒造メーカーを擁する地であり、西条は『改醸法実践録』の三浦仙三郎(p151)で知られ「吟醸酒発祥の地」ともいわれる。

広島・西条にある賀茂鶴酒造。

酒にまつわる寺社

日本三大酒神神社は、「松尾大社」「梅宮大社」(ともに京都)、「大神(おおみわ)神社」(奈良)とされる。前出のように日本酒発祥地とされるのが出雲市の「佐香神社」(島根)。清酒発祥の地であり酒母の菩提酛が開発されたのが奈良の「正暦寺」だ。ゆかりの地に参拝し歴史に想いを馳せよう。

出雲の松尾神社である「佐香神社」では、毎年10月に室町時代から続くといわれる「どぶろく祭」が催される。

酒蔵に泊まる

前出の佐賀県鹿島市・富久千代酒造は酒蔵ツーリズムのトップを走るだけあり、ラグジュアリーな「酒蔵オーベルジュ」を営む。また、長野県・奈良井宿で蔵に併設の宿泊施設と提携しているのが杉の森酒造。クラフトサケで注目される、秋田県男鹿市の稲とアガベ醸造所も、男鹿観光を活性化させる意図からオーベルジュを計画中と発表している。

富久千代酒造のオーベルジュは1日1組限定。ゴージャスな空間と食事が楽しめる。

蔵見学に行ってみよう

日本酒が好きなら、一度は酒造りの様子を間近で目にすべきである。「酒屋万流」の言葉通り、蔵それぞれの違いも見どころだ。蔵人との交流はもちろん、試飲や売店での買い物も楽しい。愛する銘酒の蔵を巡礼するファンも少なくない。ローカルな飲酒文化、食文化もぜひ体験しよう。

目当ての酒蔵をチェック

見学スタイルは酒蔵によって異なる。Webで確認するか、直接問い合わせよう。完全予約制や、ケースバイケースで要相談、一般向け見学コースやスケジュールを設定している蔵も。有料／無料、試飲の有無なども様々だ。見学一切不可の蔵もある。

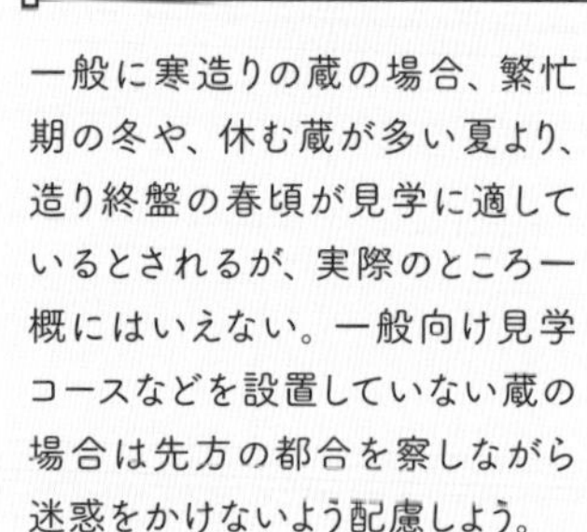

酒蔵見学のシーズン

一般に寒造りの蔵の場合、繁忙期の冬や、休む蔵が多い夏より、造り終盤の春頃が見学に適しているとされるが、実際のところ一概にはいえない。一般向け見学コースなどを設置していない蔵の場合は先方の都合を察しながら迷惑をかけないよう配慮しよう。

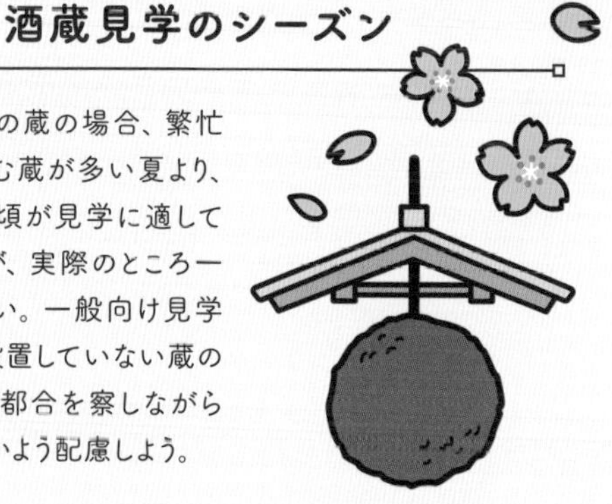

酒蔵見学の基本マナー

衛生面に留意。前日から納豆の摂取NGは常識だが、漬物やヨーグルトの乳酸菌や、みかんにつくカビを嫌う蔵もある。長靴・ヘアキャップの着用、手洗い・消毒が求められる場合も。誤って発酵タンクに転落すると炭酸ガスで窒息する。安全面でも蔵人の指示に従うこと。

レア酒が味わえる?

試飲コーナーではレアな蔵元限定酒に出合える可能性も。持ち帰れる試飲用の酒器は蔵訪問の思い出に。売店でお酒や酒粕、ノベルティグッズなどを購入できる蔵も多い。

オンライン＆VR蔵見学

個人での訪問以外に、専門業者のツアーを利用可能な蔵もある。なかには英語話者向けのガイドを用意するところも。最近は「オンライン蔵見学」「VR蔵見学」なども多く行われる。

地元の酒販店と飲食店へ

見学した酒蔵でおすすめの地元酒販店、飲食店を聞いてみよう。付き合いのあるいい店を教えてくれるかもしれない。訪問すれば、さらに深く地元の酒文化、食文化に触れられるはずだ。飲食店を併設する蔵もある。

日本酒ミュージアムに行ってみよう

蔵見学と併せて、日本酒の博物館や資料館を訪ねるのも一興だ。灘や伏見などにある大手メーカーには、かつて蔵で使用されていた歴史的酒造道具や関連資料を展示する施設を設けているところも。「菊正宗酒造記念館」（神戸市東灘区）は1659（万治2）年に創業した蔵を1960（昭和35）年に記念館として公開したもの。展示の酒造道具は昭和初期まで実際に使用されていた国指定重要有形民俗文化財だ。同様に、かつての酒造りの様子を知ることができる資料館には、「白鶴酒造資料館」（東灘区）、「沢の鶴資料館」（灘区）、「月桂冠大倉記念館」（京都市伏見区）などがある。ほかにも資料館などを併設する蔵は全国に少なくない。酒蔵による施設ではないが、東京では国の重要文化財である「旧醸造試験所第一工場 赤煉瓦酒造工場」（北区、10名からの団体予約制）で日本酒の歴史に触れられる。また、日本酒造組合中央会運営の「日本の酒情報館」（港区）や、“日本酒学”なる新たな学問領域を立ち上げた「新潟大学日本酒学センター」など、酒蔵以外で日本酒の情報を得られる施設も訪問してみる価値がある。

菊正宗酒造記念館

創業100年以上の酒蔵は約900社

日本が老舗企業大国であることは有名で、創業100年を超える企業が3万3259社あり（帝国データバンク、2019年）世界最多だ。そのうち約900社と最も多くを占めるのが清酒製造業（東京商工リサーチ、2018年）。最古とされる酒蔵は、なんと平安時代に創業した「須藤本家」。これに、「飛良泉本舗」、「剣菱酒造」、「山路酒造」（滋賀県、1532年創業）、「吉乃川」（新潟県、1548年創業）などが続く。世界的に突出して長い歴史を持つ職人文化が日本の酒蔵にはある。

【老舗酒蔵TOP3】

須藤本家

1141年創業（永治元年・平安時代）　茨城県笠間市
※創業年はWebサイト「観光いばらき」より

飛良泉本舗

1487年創業（長享元年・室町時代）　秋田県にかほ市

剣菱酒造

1505年創業（永正2年・室町時代）　兵庫県神戸市

日本酒イベント

大勢の消費者と関係者が集うイベントと、ウェルビーイング3要件のひとつ「社会的良好さ」が無関係のはずがない。ここでは、日本酒イベントの意義、ビールやワインのイベント、日本酒の主要なイベントについて見ていく。

造り手と飲み手の出会いの場

経済、社会、文化の各分野で、日本酒イベントは複数の役割を担っている。まず、日本酒の消費量が減少する昨今、宣伝機会としてイベントは大変重要だ。あるいは、品評会を催したり、その入賞酒を試飲できるイベントなどは、日本酒文化を振興する役割を果たしているといえよう。ウェルビーイングの文脈で日本酒がもたらす社会的な健全さに注目するならば、人々が対面で交流できる場としてのイベントはなくてはならないものだ。造り手、飲み手、そして流通や飲食に携わる人々など、大勢が一堂に会して交流する機会は、コロナ禍を経た現在、その重要性が再認識されている。さらに民俗学的に見れば、大勢が集まって酒を酌み交わすイベントは、人類が普遍的に求める祝祭空間でもある。

日本酒イベントの意義

日本酒のPR	消費者に日本酒を宣伝
見本市・即売会	試飲、販売、頒布などの機会
地域おこし	地域社会、地域経済の活性化を促す
日本酒文化の研鑽	品評会、講演、研修、シンポジウムなどの場
他文化と融合	音楽、芸能、アート、工芸などへ領域横断
交流の場	造り手、飲み手が対面でコミュニケーション
祭り	日本酒を通じた祝祭的カタルシス

ビールとワインのイベント

日本酒、ビール、ワインは、一国の文化を象徴する醸造酒であるという点で共通する。日本酒イベント「にいがた酒の陣」発起時のモデルは歴史あるビールの祭典「オクトーバーフェスト」だったというが、それも故なきことではない。伝統行事でもある「栄光の三日間」、権威ある専門誌主催の「ニューヨーク・ワイン・エクスペリエンス」、クラフトビールや自然派ワインのコミュニティが主催する「グレート・アメリカン・ビア・フェスティバル」「ロウワインフェア」など、それぞれのイベントは特定酒文化のシンボルでもある。

特徴的ビールイベント

- **オクトーバーフェスト**　200年以上の伝統がある世界最大のビールの祭典。ドイツ・ミュンヘンで毎年9月下旬から10月初旬まで約2週間開催。
- **グレート・アメリカン・ビア・フェスティバル**　ブルワーズアソシエーションが主催するアメリカ最大のクラフトビールイベント。コロラド州デンバーで毎年開催。

特徴的ワインイベント

- **栄光の三日間**　フランス・ブルゴーニュの中心地、ボーヌで毎年11月第3週末に開催。150年以上の歴史。
- **ニューヨーク・ワイン・エクスペリエンス**　ワイン専門誌『ワイン・スペクテイター』主催の世界的ワインイベント。毎年10月に開催。
- **ロウワインフェア**　2018年にスタートした自然派ワインの祭典。世界各地の都市で開催されている。

様々な日本酒イベント

まず、各県酒造組合主催のイベントに注目したい。県内の酒を一度に試飲でき、地方の特色にも触れられる。「蔵開き」と銘打たれることもある酒蔵主催のイベントや、飲食店や酒販店が主導するイベントも数多い。また、若手醸造家にスポットを当てたイベントや、参加の飲食店をはしごして日本酒を楽しむイベント、「その他の醸造酒製造免許」で運営するクラフトサケ（p94）の蔵が集まるイベントなど、特徴あるコンセプトのイベントも人気だ。下に特に規模の大きな日本酒イベント4例を挙げた。

日本酒フェア

2007年より日本酒造組合中央会が開催。日本全国の酒蔵が出展する「全国日本酒フェア」と、全国新酒鑑評会の入賞酒を試飲できる全国新酒鑑評会公開「きき酒会」からなり、日本酒セミナーなども併催。コロナ前の2019年度は7200人が、2023年は4500人が来場した。

にいがた酒の陣

日本最多の酒蔵数を誇る新潟県酒造組合が主催する日本酒イベント。2014年に同県酒造組合が50周年を記念し第1回が開催された。コロナ禍前の2019年には2日間で14万人を動員したが、コロナ禍後の2023年は入場者数をしぼり1万2千人の参加となった。

酒まつり

30年以上の歴史がある広島・西条の日本酒イベント。西条酒造組合（現・西条酒造協会）が70年代から開催していた西条「酒まつり」と、1979（昭和54）年発祥の「みんなのまつり」が合流して1990年から開催。2023年は2日間で20万人が来場した。

クラフトサケウィーク

元プロサッカー選手の中田英寿氏がオーガナイザーを務め、2016年より開催。2023年、東京・六本木で開催の回では10日間連続、各日10蔵、合計100蔵の日本酒が提供され、高評価される飲食店によるフードブースも出店した。

索引

主な掲載ページのみ記載しています
商品名には「 」を、書籍名には『 』をつけて表記しています

あ

赤酢……171
赤糠……62, 170
赤米……29
赤煉瓦酒造工場（赤レンガ酒造工場）……153, 181
秋あがり……23
秋鹿酒造……29
アキツホ……29
秋晴れ……145
朝日酒造……159
アスペルギルス・オリゼー……30, 152
熱燗……116, 124, 129
アッサンブラージュ……35
安土桃山時代……161
『アベセデス・マトリクス』……176
甘口……65, 109, 145
甘酒……30, 65, 86, 96, 171
天野酒……139, 140
天甜酒（あまのたむざけ）……132
甘味……25, 108, 109
アミノ酸……90, 109, 116, 154
アミノ酸度……37, 108
アミラーゼ……22, 30, 63, 133
あらばしり……20, 66
新政酒造……34, 36, 82, 98
アルコール添加……13, 65, 156
アルミ缶……125
アワモリコウジカビ……31
あんどん燗……118
笊籬採り（いかきどり）……19
いか徳利……124
石川達也……77
石毛直道……174
泉橋酒造……29
板粕……171
伊丹諸白……141, 142
一合瓶……125
一升瓶……125, 154
稲とアガベ醸造所……93, 95-99, 172
今田酒造本店……89
『飲食事典』……118
ウイスキー……9, 26, 176
ヴィンテージ……26, 60, 85, 102, 118
ウェルビーイング……166-183
ウォッカ……9
請酒屋……148
『宇治拾遺物語』……119
宇都宮三郎……152
『宇津保物語』……119
うま味……104, 105, 108, 109, 110, 111, 116
梅宮大社……179
上立ち香……103, 104
栄光の三日間……182
エイジング……26
江田鎌治郎……153
江戸時代……142-149, 161, 162
榎酒造……25
エルゴチオネイン……169
『延喜式』…119, 122, 134, 136, 137, 140
遠心分離……19
大倉恒吉商店……151
『大隅国風土記』……133
オーナー杜氏……75
大神神社……179
お燗タージュ……118
お燗番……118
オクトーバーフェスト……182
桶買い・桶売り……35, 157
男酒……145
踊り……65, 69
オフフレーバー……102
雄町……14, 28, 86
お雇い外国人……152
おり引き……21, 67, 69
オルソネーザル……104
女酒……145

か

嘉儀金一郎……18, 153
掛米……9, 16, 29, 62, 141
頭（かしら）……74
柏の窪手……119
粕……171
加水……22, 23, 159, 177
粕汁……171
粕酢……171
粕漬け……141, 171
粕取り焼酎……171
片白……139, 141
活性炭……21
活性にごり酒……24, 32
勝手造り令……71, 144, 146
カプロン酸エチル……32, 33, 105
鎌倉時代……137, 139, 160
釜屋……74
カマルグ米……42, 48
上川大雪酒造……92
紙パック……125
亀の尾……29
賀茂鶴酒造……153, 157, 179
通い徳利……119
辛口……109
枯らし（酒母）……64, 142
枯らし（精米後）……62
カルローズ……42, 45, 53
かわらけ……119
緩衝力……17
寒造り……71, 142, 145, 146, 156
関東大震災……38, 154
広東料理……59
燗鍋……121, 122
官能評価……102, 104, 105, 130
木桶……34, 82, 87, 140
木桶職人復活プロジェクト……34
機械製麹……63
利き酒（きき酒）……102, 130

唎酒師（ききさけし）……130
ききちょこ……103
喜久盛酒造……38
菊正宗……36, 125, 181
菊正宗酒造記念博物館……181
黄麹……30, 31
貴醸酒……25, 132
貴醸酒協会……25
『魏志倭人伝』……132
木戸泉酒造……26
生酛……16-18, 46, 64, 84
級別制度……155, 158
協会酵母……33, 153
魚酒禁令……133
切り返し……63
禁酒法（米国）……50, 156, 174
吟醸粕……20, 171
吟醸酒……12-15, 129, 157
吟醸酒ブーム……129, 157
吟のさと……78, 86
ぐい呑み……120, 123
クエン酸……31, 109
久須美酒造……29
下り酒……80, 142, 144, 148
口噛み酒……133
「久保田」……159
クモノスカビ……134
蔵見学……180
グラス……120, 126
庫出税……26, 155
蔵つき酵母……33, 81
蔵人……18, 70, 72, 74, 76
クラフトコーラ……97
クラフトサケ……27, 35, 92-99, 183
クラフトサケウィーク……183
クラフトサケブリュワリー協会……94, 98
クラフトジン……96
クラフトビール……52, 97, 100, 177, 182
蔵元……70, 72, 74
蔵元杜氏……70, 75, 76
グレート・アメリカン・ビア・フェスティバル……182
黒麹……30, 31
黒田利朗……47
黒米……29, 60
薫酒……59
軽快でなめらかなタイプ……110, 112
ケカビ……134
月桂冠……151, 153, 181
月桂冠大倉記念館……181
原型精米……14
県産酵母……178
原酒……23, 34, 37, 157
剣菱酒造……80, 81, 181
原料処理……62, 68
公益財団法人日本醸造協会……33, 43, 153
香気成分……19, 32, 104
麹……30, 31, 63, 90
麹座……139, 141
麹蓋……43, 63, 81
麹室……63, 85, 147
麹屋……74
硬水……42, 46, 48
合成酒……154
向精神剤……174, 177
合成清酒……154
酵素……30, 32, 63, 65
公定価格／公定価格制度……155
高度成長期……156, 157
口内調味……114
酵母……16, 32, 33, 43, 64, 65, 153
酵母無添加……33, 46, 86
強力……29, 78
コクのあるタイプ……110, 113
穀良都……29
古在由直……152
『古事記』……121, 132, 133
「越乃寒梅」……158, 159
コシヒカリ……29
沽酒の禁……137, 174
『御酒之日記』……18, 139
古代米……29
國暉酒造……25
国菌……30
コップ……120
木花之醸造所……27, 95
五百万石……28, 86
御免関東上酒……146
菰樽……125, 143
混成酒（酒の分類）……9
混成酒（米を使わない酒）……154

サーマルタンク……87, 157
再醸仕込み……25
『最先端の日本酒ペアリング』……114
冴え……103
坂口謹一郎……26, 109, 164
酒蔵ツーリズム……179
佐香神社……27, 78, 179
盃……119, 120
酒米……14, 28, 29, 42, 62, 86
酢酸イソアミル……32, 105
櫻正宗……145, 153
『酒』（雑誌）……158
酒運上……146
酒粕……20, 69, 141, 168-173
酒合戦……175
酒株……146, 150
酒まつり……183
酒未来……29
ササニシキ……29
指樽……124
佐瀬式……19, 66
サタケ……89, 151
サッカロマイセス・セレビシエ……32, 152
さばけ……28, 62
沢の鶴資料館……181
『山海名産図会』……147

酸馴養連醸法……153
三升盃……119
三増酒（三倍増醸酒）……156
三増法（三倍増醸法）……156
三段仕込み……25, 65, 69, 140, 142, 153
酸度……17, 37, 108
酸味……108, 109, 116
三役……72, 74
三累醸酒……25
シードル……9
自家醸造……27, 100
自家醸造禁止……150
四季醸造……156, 157
仕込廻り……74
地酒……88, 90, 158, 178
四川料理……59
舌……108
自動洗米機……62
篠田統……109
仕舞仕事……63
蛇管……22, 67, 69
尺貫法……126
シャンパーニュ……24, 35
上海料理……59
「十四代」……29, 159
熟酒……59
熟成古酒……26, 120
熟成タイプ……110, 113
酒税……146, 150, 157
酒税法……10, 94, 154, 155
酒造好適米……14, 28
出荷管理……67
出芽酵母……32
酒母……16-18, 64, 140, 153
醇酒……59
純米吟醸酒……14, 15
純米酒……13, 15, 159
純米大吟醸酒……15
正一合……126
上燗……116
醸醸……25
上槽……19, 20, 66, 140, 171
醸造協会（10）……33, 153
醸造試験所……152, 153
醸造酒……9
焼酎……9, 30, 31
賞味期限……127
醤油……30, 171
蒸留酒……9
昇涙酒造……40, 46, 47
昭和……154-158, 163
ジョン・ゴントナー……57
白川郷……27
白川八幡神社……27
白木恒助商店……26
白岩……35
白麹……30, 31, 159
白酒（しろざけ）……115, 148
白糠……62, 170
神亀酒造……77, 159
新酒……67, 69, 115
浸漬（しんせき）……62, 68
新日本酒……154
心白……14, 28
神力……29
酢……30, 107, 171
水車精米……145, 151
『水鳥記』……175
垂直飲み……102
水平飲み……102
杉玉……115, 149
スサノオノミコト……25, 132
鈴木酒造店……25
涼冷え……116
ステンレスタンク……34
須藤本家……181
スパークリング日本酒（清酒）……24, 32, 176
スパイス……35, 59, 110, 111, 113
素濾過……21
製麹……63, 68, 74, 147
清酒酵母……32, 33, 152, 169
清酒製造免許……10, 27, 92, 94
清酒専門評価者……130
製造部長……72, 75
精白……14, 62, 140, 170
精米機……14, 62, 68, 145
精米歩合……13-15, 37, 128
責め……20
セルレニン耐性酵母……33
全国燗酒コンテスト……129
全国きき酒選手権大会……130
全国新酒鑑評会……102, 128, 153, 183
千住の酒合戦……175
船頭……74
全米日本酒歓評会……129
洗米……62, 68, 144
造石税……26, 150, 155
爽酒……59
僧坊酒……138, 139, 141
添……65, 69
ソーテルヌ……25
速醸……17, 64, 69, 153
ソトロン……26
その他の醸造酒……27, 35, 93, 94, 96
そやし水……18, 64, 87, 140

大吟醸酒……14, 15, 170
太鼓樽……124
大師河原酒合戦……175
大七酒造……84, 85
大正時代……154, 162, 163
高木酒造……29, 75, 159
高桑美術印刷……38
高嶋酒造……88
高田公理……174
暖気樽（だきだる）……64, 81
濁酒……27, 100
竹筒……124
竹鶴酒造……77
出汁……111, 171

竪型精米機 62, 68
種切り 63, 90
種麹 30, 31, 63, 68
『多聞院日記』 139, 140
樽廻船 143
短稈 86
単行複発酵 16
炭酸ガス 24, 32, 105
タンパク質 14, 169
単発酵 16
淡麗 17, 63
淡麗辛口 84, 159
チーズ 111, 114
千葉麻里絵 114
チャーリー・パパジアン 100
チャン 9
曲(チュイ) 135
中国料理 59
長期熟成酒研究会 26
銚子 121, 122
調湿理論 62
『鳥獣戯画』 122
『庁中漫録』 141
超扁平精米 85
長粒種 28, 29
猪口 119, 120
貯蔵 22, 23, 67, 69
ちろり 118, 122
月の井酒造店 77
土田酒造 29, 90
角樽 125
低アルコール原酒 34
テイスティング 102, 103, 130
低精白 35, 170
出麹 63
デザートワイン 25
でじま芳扇堂 93
テロワール 42, 178
出羽燦々 29, 79
デンプン 14, 16, 30
糖 16
東京駅酒造場 92, 93
東京港醸造 93
杜康 70
刀自 70
杜氏 70-77
杜氏集団 70-73, 75, 76
『東方アジアの酒の起源』 177
東北銘醸 26
『童蒙酒造記』 18, 140, 142
動力式精米機 89, 151
遠野1号 27, 172
とおの屋 要 27, 172
特定名称/特定名称酒 13, 15, 37, 158
特別純米酒 15
特別本醸造酒 15
独立行政法人酒類総合研究所 76, 102, 104, 105, 128, 153
床もみ 63
土佐錦 29
豊島屋 148
屠蘇 115
徳利 118-124
飛びきり燗 116
どぶろく 27, 93, 100, 114
どぶろく特区 27, 93
どぶろく祭 27, 179
『ドブロクをつくろう』 27
十水 145
留 25, 65, 69
トヨニシキ 29

な

仲 65, 69
中汲み 20
仲仕事 63
中糠 170
ナショナルブランド 156, 157
灘 80, 81, 144, 145
灘の生一本 145
『夏子の酒』 29, 75
生原酒 23, 159
奈良県菩提酛による清酒製造研究会 141
奈良時代 133, 136, 160
奈良漬け 141
縄のれん 149
軟水 42
南都諸白 140, 141
にいがた酒の陣 183
新潟大学日本酒学センター 169, 181
仁井田本家 25
新嘗祭 133
煮売茶屋 148
苦味 104, 105, 108, 109, 116
にごり酒 19
日露戦争 150
日清戦争 150
日本吟醸酒協会 157
ニホンコウジカビ 30, 31
日本酒イベント 182, 183
日本酒造組合中央会 78, 128, 181, 183
日本酒造杜氏組合連合会 70, 72, 77
日本酒度 108
日本酒の定義 10, 11
日本酒の日 115, 183
日本酒フェア 128, 183
にほん酒や 177
日本醸造協会認定きき酒マイスター 130
『日本書紀』 132
日本食品海外プロモーションセンター(JFOODO) 59
日本の酒情報館 181
日本晴 29
日本貿易振興機構(JETRO) 59
乳酸 16, 17, 64, 69
ニューヨーク・ワイン・エクスペリエンス 182
糠 62, 68
ぬる燗 116, 129
ヌルク 135
練り粕 171

は

配給制度……155
白酒（バイジョウ）……57, 135
パウチパック……125
麦芽……16, 30
白鶴酒造資料館……181
白牡丹酒造……75
柱焼酎……142, 156
バスマティ米……29
破精（はぜ）……63
八海山……159
八反錦……14
ハッピー太郎醸造所……95, 96
鳩徳利……124
花冷え……116
花酛……96
撥ね木式……19, 66, 147
バラ粕……171
散麹（ばらこうじ）……134
『播磨国風土記』……133, 134
パン酵母……32
ビール……9, 16, 100, 182
ビール酵母……32
『ビールでブルックリンを変えた男』……177
火入れ……22, 23, 67-69, 140
火落ち……152
火落菌……22, 164
菱垣廻船……143
引き込み……63
提子（ひさげ）……122
一桁酵母……33
人肌燗……116
日向燗……116
老香（ひねか）……26, 107, 127
冷や……23, 116
ひやおろし……23, 115, 145
氷結取り……19
飛良泉本舗……181
廣木酒造本店……159
瓶燗……118
瓶燗火入れ……22, 67
瓶内二次発酵……24
貧乏徳利……119, 123
黄酒（ファンジョウ）……9, 134, 135
副原料……35, 94, 96, 97
富久千代酒造……179
ふぐひれ酒用酒器……124
含み香……104
福光屋……26
袋吊り……19
藤井製桶所……34, 83
腐造……31, 142, 151-153
二桁酵母……33
普通酒……13
船徳利……124
槽搾り……20, 66, 91
富美菊酒造……38
踏込粕……171
プリンセスサリー……29
フルーティなタイプ……110, 112
ブルーマスター……70
ブルックリンクラ……44, 45
無礼講……175
プレート熱交換器……67
フレーバーホイール……104-107
ブレンド……35, 81
プロテアーゼ……22, 30
『風呂とエクスタシー』……177
文安の麹騒動……139, 141
ペアリング……58, 59, 87, 111, 114
平安時代……121, 136, 138, 160
並行複発酵……16, 25, 32
瓶子……122
平和どぶろく兜町醸造所……93
北京料理……59
紅麹……30
ヘルマン・アールブルック……152
扁平精米……14
ペンラオ……135
ホームブルワー……100
ホーロータンク……87, 157
保管……22, 127
菩提泉……138-141
菩提山正暦寺……18, 138
菩提酛……18, 64, 140, 141
ボタニカル……35
ボタニカルサケ……35, 48, 49, 94
ホップ……35, 45, 96
ホノルル日本酒醸造会社……50, 156
本醸造酒……13, 15
本朝食鑑……26

ま

前田俊彦……27
摩擦式精米機……62
満寿泉……35, 91
枡酒……126
増田徳兵衛商店……26
松尾大社……179
マッコリ……9, 135
松山三井……29
マルチャ……135
ミード……9
三浦仙三郎……42, 89, 151
造酒司（みきのつかさ）……136, 137
水酛……18, 86, 87
味噌……30, 148, 171
未納税移出……157
美山錦……28, 29, 79
宮水……81, 145
冥加金……146
美吉野醸造……86, 87
みりん……30, 115, 171
無鑑査……158
蒸し燗……88, 118
蒸米……18, 62-65, 68, 69
無濾過……21
無濾過生原酒……22, 159
室町時代……18, 138, 139, 160, 161

明治時代 150-153, 162
餅麹 134, 135
もっきり 126
酛摺り 18
酛摺り唄 18
酛屋 74
戻り香 103, 104
もやし 63
モラキュラー SAKE 60
盛り 63
森喜酒造場 75
『守貞謾稿』 119
諸白 138-142
醪（もろみ） 19, 20, 65, 66
醪日数 65

や

八重垣式 66
八塩折之酒（やしおりのさけ） 25, 132, 179
柳酒 139, 151
柳田國男 174, 175
ヤブタ式 19, 66
矢部規矩治 152
山卸 18, 64
山田錦 28, 42, 81, 128
ヤマタノオロチ 25, 132
山廃 16-18, 64, 81, 153
ヤマロク醤油 34
和らぎ水 103
結樽 124, 125
有孔鍔付土器 132
雪冷え 116
輸出用清酒製造免許制度 56, 92
酔い 174-177
葉酸 169
吉田集而 177
四段仕込み 65
糵（よねのもやし） 134

ら

ラギ 135
ラベル 12, 36-38, 56, 108
理研酒 154
ルークペン 135
レトロネーザル 104
連続蒸米機 62
ロウワインフェア 182
ローカリティ 178, 179
ロール 62
濾過 21, 22
濾過圧搾機 19, 66, 69
ロバート・ウィリアム・アトキンソン 152
『論衡』 132
『論集　酒と飲酒の文化』 174

ワイン 9, 16, 23, 46, 57, 182
ワイングラス 103, 120, 129
ワイングラスでおいしい日本酒アワード 129
ワイン酵母 43, 48
ワインメイカー 70
和食 49, 111-113
ワンカップ大関 125

4MMP 104
4-VG 26
5-ALA 169
6号酵母 33, 82, 83

A-Z

α-EG（アルファ・エチルグルコシド） 169
BY 26, 115
Culinary Institute of America 53
DMTS（ジメチルトリスルフィド） 26
EUREKA ! 114
FRPタンク 34
GEM by moto 114
GI（地理的表示） 11, 178
haccoba-Craft Sake Brewery- 95-97
Islander Sake Brewery 41, 53
IWC 129, 179
Jカーブ効果 168
KURA GRAND PARIS 40, 48
Kura Master 24, 129
LAGOON BREWERY 95, 96
LIBROM Craft Sake Brewery 95, 97
Nøgne Ø（ヌグネ・オー） 52
SAKE 11, 40-53, 60, 129
SAKE COMPETITION 129
SAKE DIPLOMA 130
Sakeria 酒坊主 177
SALON DU SAKÉ 58
WAKAZE 35-37, 40, 48, 49, 93
WHO（世界保健機関） 166
WSET 57
YK35 28, 128

参考文献

ほかのChapterと共通の文献は書誌情報に続いて※で表記

Chapter 1　日本酒とは何か？

加藤百一「酒は諸白 日本酒を生んだ技術と文化」（平凡社、1989年）　※Chapter5

小泉武夫「日本酒の世界」（講談社学術文庫、2021年）　※Chapter3、5

坂口謹一郎「日本の酒」（岩波文庫、2007年）　※Chapter 4

副島顕子「酒米ハンドブック 改訂版」（総合出版、2017年）　※Chapter3

新潟大学日本酒学センター（編）「日本酒学講義」（ミネルヴァ書房、2022年）
※Chapter3, 4, 6

ニコラ・ボーメール（著）、寺尾 仁ほか（訳）「酒 日本に独特なもの」
（晃洋書房、2022年）

山本洋子「ゼロから分かる！図解日本酒入門」（世界文化社、2018年）　※Chapter3

吉田元「酒 ものと人間の文化史 172」（法政大学出版局、2015年）
※Chapter3、4、5

和田美代子、高橋俊成「日本酒の科学 水・米・麹の伝統の技」
（講談社ブルーバックス、2015年）　※Chapter3, 4, 5

Chapter2　日本酒ニューワールド

喜多常夫「お酒の輸出と海外産清酒・焼酎に関する調査（I）
—日本の清酒，焼酎，梅酒の未来図」（日本醸造協会誌104巻7号、2009年）

喜多常夫「お酒の輸出と海外産清酒・焼酎に関する調査（II）
—日本の清酒，焼酎，梅酒の未来図」（日本醸造協会誌104巻8号、2009年）

黒田利朗「L' art du saké」（La Martiniere、2013年）

きた産業株式会社Web サイト「海外における清酒・焼酎生産の 100年 の歴史」
2024年1月9日最終閲覧　https://kitasangyo.com/archive/sake-info.html

きた産業株式会社Web サイト「清酒ではないSAKE、イタリアの『NERO』」
2024年1月9日最終閲覧　https://kitasangyo.com/pdf/archive/sake-watching/sake-nero.pdf

きた産業株式会社Web サイト「世界サケ醸造所マップとリストA：データ編」
2024年1月9日最終閲覧　https://kitasangyo.com/archive/sake-info.html

国税庁「最近の日本産酒類の輸出動向について」2024年1月9日最終閲覧
https://www.nta.go.jp/taxes/sake/yushutsu/yushutsu_tokei/pdf/0023007-090.pdf

国税庁「輸出用清酒製造免許の取得をご検討の方へ」2024年1月9日最終閲覧
https://www.nta.go.jp/taxes/sake/menkyo/seishuseizo/index.htm

日本食品海外プロモーションセンター（JFOODO）、
国税庁「輸出用の「標準的裏ラベル」と「表記ガイド」」（2019.8）
2024年1月9日最終閲覧　https://www.nta.go.jp/taxes/sake/yushutsu/pdf/0019007-162_02.pdf

JFOODO Webサイト「日本酒・焼酎と中国料理のペアリング類型表」
2024年1月9日最終閲覧　https://www.jetro.go.jp/jfoodo/archive/pairing.html

Wine & Spirit Education Trust　Webサイト　2024年1月9日最終閲覧
https://www.wsetglobal.com/jp/japanese-qualifications/

Chapter 3　日本酒を造る

麻井宇介「対論集「酒」をどうみるか」
「麻井宇介著作選　風土に根ざした輝ける日本ワインのために」（イカロス出版、2018年）
※Chapter6

貝原浩、笹野好太郎、新屋楽山「つくる・呑む・まわる　諸国ドブロク宝典」
（農山漁村文化協会、1989年）

スティーブ・ヒンディ（著）、和田侑子（訳）
「クラフトビール革命 地域を変えたアメリカの小さな地ビール起業」
（DU BOOKS、2015年）

チャーリー・パパジアン（著）、大森治樹（監修）、こゆるぎ次郎（訳）
「自分でビールを造る本」（技報堂出版、2001年）

藤田千恵子「杜氏という仕事」（新潮選書、2004年）

前田俊彦「ドブロクをつくろう」（農山漁村文化協会、1981年）

吉田集而・玉村豊男（編）「酒がSAKIと呼ばれる日　日本酒グローバル化宣言」
（TaKaRa酒生活文化研究所、2001年）

米山俊直、吉田集而、TaKaRa酒生活文化研究所「アペセデス・マトリクス 酒の未来図」
（世界文化社、2000年）　※Chapter6

きた産業「日本の清酒蔵元リストと、県別の蔵元数」2024年1月12日最終閲覧
https://kitasangyo.com/pdf/archive/sake-info/sakelist2021.pdf

国税庁「構造改革特別区域法による酒税法の特例措置の認定状況一覧」
2024年1月9日最終閲覧　https://www.nta.go.jp/taxes/sake/qa/30/03/01.pdf

日本酒造組合中央会「酒蔵検索」2024年1月12日最終閲覧
https://japansake.or.jp/sakagura/jp/

Chapter4　日本酒の味わい方

朝倉敏夫・伊澤裕司・新村猛・和田有史編
「シリーズ食を学ぶ 食科学入門 食の総合的理解のために」（昭和堂、2018年）

石村真一「ものと人間の文化史 82-1 桶・樽 I」（法政大学出版局、1997年）

井上喬「やさしい醸造学 うまさづくりのメカニズム」（工業調査会、1997年）

上原浩「純米酒を極める」（光文社新書、2002年）

加藤百一「日本の酒 5000年」（技報堂出版、1987年）

蟹沢恒好「香り—それはどのようにして生成されるのか—」
（フレグランスジャーナル社、2010年）

財団法人 日本醸造協会「改訂 清酒入門」（財団法人日本醸造協会、2007年）

佐藤成美「おいしさの科学」（講談社ブルーバックス、2018年）

鈴木規夫（著）、文化庁・東京国立博物館・京都国立博物館・奈良国立博物館（監修）
「日本の美術 No.266 酒器」（至文堂、1988年）

鈴木芳行「日本酒の近現代史 酒造地の誕生」（吉川弘文館、2015年）　※Chapter5

田崎真也「言葉にして伝える技術—ソムリエの表現力」（祥伝社新書、2010年）

田崎真也「No.1ソムリエが語る、新しい日本酒の味わい方」（SB新書、2016年）

田崎真也「日本酒を味わう 田崎真也の仕事」（朝日新聞出版、2002年）

玉村豊男（編）「燗酒ルネサンス なごみ・ぬくもり・いやしの酒」
（TaKaRa酒生活文化研究所、2000年）

千葉麻里絵、宇都宮仁「最先端の日本酒ペアリング」（旭屋出版、2019年）

東原和成、佐々木佳津子、伏木亨、鹿取みゆき
「においと味わいの不思議 知ればもっとワインがおいしくなる」（虹有社、2013年）

日本酒造組合中央会「&SAKE　二十歳からの日本酒BOOK」

伏木亨「味覚と嗜好のサイエンス」（丸善出版、2008年）

松崎晴雄「日本酒のテキスト1 香りや味わいとその造り方」（同友館、2001年）

本山荻舟「飲食事典 上巻 あ-そ」（平凡社ライブラリー、2012年）

柳田國男「木綿以前の事」（岩波文庫、1979年）　※Chapter6

山崎正和（監修）、サントリー不易流行研究所（編）「酒の文明学」
（中央公論新社、1999年）

山本隆「楽しく学べる味覚生理学―味覚と食行動のサイエンス」（建帛社、2017年）

吉田元「江戸の酒 つくる・売る・味わう」（岩波現代文庫、2016年）　※Chapter5

吉田元「日本の食と酒」（講談社学術文庫、2014年）

和歌森太郎「酒が語る日本史」（河出文庫、1987年）

国税庁「酒類のリターナブルびんの普及に関する委託調査報告書」（2008年）

「dancyu」2013年3月号 新しい日本酒の教科書（プレジデント社、2013年）

独立行政法人 酒類総合研究所広報誌「エヌリブ No.37 特集 お酒のおいしさII」
（2020年）

独立行政法人 酒類総合研究所Webサイト
「清酒の香味に関する品質評価用語及び標準見本」2024年1月9日最終閲覧
https://www.nrib.go.jp/data/seikoumi.html

日本酒サービス研究会・酒匠研究会連合会『新訂 日本酒の基』

日本ソムリエ協会（J.S.A）『SAKE DIPLOMA教本』

Chapter 5　日本酒の歴史

飯野亮一「居酒屋の誕生 江戸の呑みだおれ文化」（筑摩書房、2014年）

伊藤善資「江戸の居酒屋」（洋泉社、2017年）

尾瀬あきら「夏子の酒」1-12巻（講談社漫画文庫、1995年）

坂口謹一郎「坂口謹一郎 酒学集成」1-5巻（岩波書店、1997-98年）

佐々木久子「酒の旅人 佐々木久子の全国酒蔵あるき」（実業之日本社、1994年）

佐々木久子「酒縁歳時記」（鎌倉書房、1977年）

原田信男「江戸の食文化 和食の発展とその背景」（小学館、2014年）

ferment books、おのみさ「発酵はおいしい！ イラストで読む世界の発酵食品」
（PIE International、2019年）

三浦仙三郎「改醸法実践録 復刻版（廣島酒文庫 其の1）」（広島杜氏組合、2019年）

吉田元「近代日本の酒づくり 美酒探求の技術史」（岩波書店、2013年）

国税庁「酒レポート　令和5年6月」2024年1月12日最終閲覧
https://www.nta.go.jp/taxes/sake/shiori-gaikyo/shiori/2023/pdf/0002.pdf

国税庁「令和4年度 酒税 都道府県別の課税状況」2024年1月12日最終閲覧
https://www.nta.go.jp/publication/statistics/kokuzeicho/sake2022/pdf/08_sokatsu_kazeijokyo.pdf

国税庁「租税史料叢書　解題」2024年1月12日最終閲覧
https://www.nta.go.jp/about/organization/ntc/sozei/05sake/kaidai.htm

Chapter 6　日本酒ウェルビーイング

麻井宇介「『酔い』のうつろい 酒屋と酒飲みの世相史」（日本経済評論社、1988年）

浅井直子［シャンパーニュのマエストロが選んだ第2ステージは、なんと日本酒
日本で、日本酒を造るということ］「RiCE No.20 特集 日本酒は宇宙だ」
（ライスプレス、2021年）

石毛直道（編）「論集 酒と飲酒の文化」（平凡社、1998年）

伊藤信博（編）「酔いの文化史 儀礼から病まで」（勉誠出版、2020年）

スティーブ・ヒンディ（著）、和田侑子（訳）
「ビールでブルックリンを変えた男 ブルックリン・ブルワリー起業物語」
（DU BOOKS、2020年）

都留康「お酒の経済学 日本酒のグローバル化からサワーの躍進まで」
（中公新書、2020年）

前野隆司、前野マドカ「ウェルビーイング」（日本経済新聞出版、2022年）

山中祥子「食の心理とウェルビーイング 栄養・健康・食べること」
（ナカニシヤ出版、2021年）

伊豆英恵・鎌田直樹・髙橋千秋「清酒及び醸造副産物の機能性」
（日本醸造協会誌第110巻4号、2015年）

独立行政法人 酒類総合研究所広報誌「エヌリブ No.25 特集 お酒と健康・微生物」
（2014年）

橋本直樹「日本人の飲酒動態」（日本醸造協会誌105巻8号、2010年）

川島鉄平、中莉杏、中村沙希「酒造産業の観光化」
（神戸国際大学「学が丘論集」第27号、2018年）2024年1月12日最終閲覧
https://www.arskiu.net/book/pdf/1524457787.pdf

国税庁「酒のしおり　令和5年6月」2024年1月12日最終閲覧
https://www.nta.go.jp/taxes/sake/shiori-gaikyo/shiori/2023/pdf/0001.pdf

国税庁「酒類製造業及び酒類卸売業の概況　令和3年調査分」
2024年1月12日最終閲覧　https://www.nta.go.jp/taxes/sake/shiori-gaikyo/seizo_oroshiuri/r03/index.htm

国税庁「酒類の地理的表示一覧」2024年1月12日最終閲覧
https://www.nta.go.jp/taxes/sake/hyoji/chiri/ichiran.htm

国税庁「清酒の製造状況等について　令和3酒造年度分」
2024年1月12日最終閲覧　https://www.nta.go.jp/taxes/sake/shiori-gaikyo/seizojokyo/2021/pdf/001.pdf

「日本酒カレンダー」2024年1月12日最終閲覧　https://nihonshucalendar.com/

ワダヨシ

編集者。『ガパオ タイのおいしいハーブ炒め』『リンダー・キャッツの発酵教室』『味の形』（ferment books）『クック・トゥ・ザ・フューチャー』『フードペアリング大全』（グラフィック社）『発酵はおいしい！』（PIE International）などの書籍を手がける。マイクロ出版社／編集翻訳ユニット「ferment books」を翻訳家の和田侑子と運営。

浅井直子

編集者。食の専門誌の編集部を経て独立。食と酒を社会学的な視点で眺めながら、雑誌やwebメディアなどへ寄稿もしている。日本酒にはまって以来、「日本酒を知ることは、日本を知ること」、ひいては「世界を知ること」だと実感中。また、日本酒と音楽のイベントなど、日本酒とカルチャーをつなげる企画も手がける。

日本酒はおいしい！

イラストで読む日本酒のすべて

2024年3月25日　初版第1刷発行

編・著	ワダヨシ／浅井直子
アドバイザー	石川達也（日本酒造杜氏組合連合会会長） p12～35, 62～75, 132, 133, 136～147, 150～159 和田有史（立命館大学 食マネジメント学部 教授） p104, 108
写真提供	p2, 8：Shutterstock、Chapter1：寺田伸介／アフロ、Chapter2：ブルックリンクラ、Chapter3：稲とアガベ醸造所、Chapter4：KURA GRAND PARIS（WAKAZE）、Chapter5：大七酒造、Chapter6：ブルックリンクラ
制作協力	和田侑子（ferment books）、勅使河原加奈子
校正	株式会社ぷれす
デザイン・イラスト	桂川菜々子
制作進行	關田理惠

発行人　三芳寛要
発行元　株式会社 パイ インターナショナル
〒170-0005　東京都豊島区南大塚2-32-4
TEL 03-3944-3981　FAX 03-5395-4830
sales@pie.co.jp

印刷・製本　株式会社シナノ印刷

ISBN 978-4-7562-5564-8 C0077